"十二五"职业教育国家规划教材
经全国职业教育教材审定委员会审定

21世纪高职高专电子信息类规划教材

数据通信与计算机网（第3版）

乔桂红 主编
赵艳春 范兴娟 张震强 编

人民邮电出版社
北京

图书在版编目（CIP）数据

数据通信与计算机网 / 乔桂红主编 ; 赵艳春, 范兴娟, 张震强编. -- 3版. -- 北京 : 人民邮电出版社, 2014.9（2022.1重印）
21世纪高职高专电子信息类规划教材
ISBN 978-7-115-36129-5

Ⅰ. ①数… Ⅱ. ①乔… ②赵… ③范… ④张… Ⅲ. ①数据通信－高等职业教育－教材②计算机网络－高等职业教育－教材 Ⅳ. ①TN919②TP393

中国版本图书馆CIP数据核字(2014)第165283号

内容提要

本书系统介绍数据通信的基础知识，差错控制技术、数据交换、数据通信协议、Internet 网络、局域网以及数据通信的接入技术，详细讲述数据通信交换技术、差错控制技术、通信协议及 Internet 网络和局域网，并进行了相关的实训项目介绍。

本书紧扣行业标准和规范，具有较强的实用性，既可作为高职高专院校通信、电子信息类相关专业的教材，也可作为数据通信技术培训用书，并可作为技能鉴定的参考用书。

◆ 主　　编　乔桂红
编　　　赵艳春　范兴娟　张震强
责任编辑　滑　玉
责任印制　彭志环　焦志炜

◆ 人民邮电出版社出版发行　北京市丰台区成寿寺路 11 号
邮编　100164　电子邮件　315@ptpress.com.cn
网址　http://www.ptpress.com.cn
北京九州迅驰传媒文化有限公司印刷

◆ 开本：787×1092　1/16
印张：16.25　　2014 年 9 月第 3 版
字数：403 千字　　2022 年 1 月北京第 9 次印刷

定价：39.80 元

读者服务热线：(010)81055256　印装质量热线：(010)81055316
反盗版热线：(010)81055315

前　言

在当今的信息化时代，随着数据业务、特别是 IP 业务的快速发展，使得数据通信技术与计算机技术的结合更加紧密，这种不断融合的发展趋势，引领着世界进入信息与网络时代。为适应这一形势的发展，本书在原教材的基础上进行了修订。

本书以“十二五”规划教材精神为指导，精心组织编写队伍，在修订过程中注重教、学、做结合的一体化教学，设计了实训教学项目，使教学与实践有机结合，着重培养学生的实践能力和创新能力。将教材与岗位技术标准对接，注重实训操作，以突出技能、重在应用为主，同时适当增加新技术的内容。

本书在每章的开始明确本章的学习重点和难点，引导读者深入学习，在相关章节编写了实训项目，使得理论与实践紧密结合。本书力求基本概念简明扼要，基本原理描述准确清晰，轻理论推导，重实训技能操作，并且特别注意以形象直观的图表形式来配合文字的叙述，以帮助读者全面理解本书内容。全书内容共分 7 章。

第 1 章介绍数据通信系统的构成、数据传输方式、数据传输速率和复用技术等。

第 2 章介绍差错控制的基本方式、编码和滑窗协议，重点介绍循环码的编解码和 ARQ 原理。

第 3 章介绍数据通信的交换方式，包括电路交换、报文交换、分组交换、IP 交换、MPLS 技术与 NGN 技术等，重点介绍分组交换方式。

第 4 章介绍数据通信协议，包括 OSI 参考模型，TCP/IP 模型，物理层、数据链路层和网络层的通信协议。

第 5 章介绍 Internet 网络，主要有 IPv4 和 IPv6 地址，网络层、传输层和应用层协议，以及 RIP、OSPF 等路由选择协议和相应的实训项目。

第 6 章介绍局域网的基本概念、拓扑结构和参考模型，各种以太网的结构及组建，局域网设备，局域网规划设计，局域网配置命令，局域网仿真设计。

第 7 章介绍数据通信的接入技术，包括有线接入和无线接入技术，重点介绍 xDSL 接入技术、光纤接入技术和无线接入技术。

本书由石家庄邮电职业技术学院乔桂红负责修订第 1 章和第 2 章，赵艳春负责修订第 4 章和第 5 章，范兴娟负责修订第 3 章和第 6 章，张震强负责修订第 7 章。全书由乔桂红统稿。本书的修订得到了陕西通信职业技术学院刘省贤老师的全力指导与帮助，同时本书还得到了石家庄邮电职业技术学院教务处领导的大力支持和帮助，在此表示最诚挚的谢意！

由于通信技术发展迅猛，编者水平有限，加上时间仓促，书中难免有错误和不妥之处，敬请广大读者批评指正。

编　者

目录

第 5 章 Internet

第 6 章 局域网

第 1 章 数据通信基础知识

【本章内容】

- 数据通信的基本概念、特点和数据通信系统的构成。
- 数据传输代码、传输速率、信道容量。
- 数据通信的主要性能指标和传输方式。
- 数字数据信号的数字编码与调制。
- 数据通信的复用技术、传输介质和数据通信网。

【本章重点、难点】

- 数据通信系统的构成。
- 数据传输速率、信道容量、传输方式和性能指标。
- 数据通信的数字编码和复用技术。

【本章学习的目的和要求】

- 掌握数据通信的基本概念、数据通信系统的构成。
- 掌握数据通信的数据传输速率、传输方式、信道容量和性能指标。
- 掌握数据通信的传输方式、复用技术和数字编码。
- 了解数据传输介质、数据通信网的构成和分类。

1.1 数据通信概述

随着社会的进步，传统的电话、电报通信方式已不能满足大信息量的需要，以数据作为信息载体的通信手段已成为人们的迫切要求。计算机出现以后，为了实现远距离的资源共享，计算机技术与通信技术相结合，产生了数据通信，所以说数据通信是为了实现计算机与计算机之间或终端与计算机之间信息交互而产生的一种通信技术，是计算机与通信相结合的产物。

1.1.1 数据通信的基本概念

数据是信息的表示形式，是信息的物理表现。所有信息都要用某种形式的数据表示和传播。例如，“汽车”可以使用文字、声音、图画等数据形式表示。信息是数据表示的含义，是数据的逻辑抽象。信息不会因数据的表示形式不同而改变。但在一般情况下并不严格地区分信息与数据，比如把数据帧也叫信息帧，传递数据也叫传递信息。

数据通信主要研究二进制编码信息的通信过程。无论信息采用什么数据形式表示，在数

据通信系统中都必须转化成二进制编码。例如，轿车可以使用“轿车”、“Car”等文字或轿车图片表示。在计算机网络中传递这个信息时，文字和图片对于计算机来说都是不可识别的形状，此时必须对图形或文字进行二进制编码。例如，文字“Car”可以使用“01000011 01100001 01110010”的 ASCII 编码表示。

数据通信中传递的是二进制编码数据。数据通信不能理解成是传递数字的通信。例如，需要传递数字“123”，在数据通信中不能直接传送这个数字，可以使用“00110001 00110010 00110011”ASCII 编码表示，也可以使用二进制数“1111011”表示。当然，具体采用哪种形式取决于通信双方约定的协议。数据通信可以传递数字，也可以传递表示信息的任何数据，包括文字、图像、数字和声音。

数据通信的严格定义是依照通信协议，利用数据传输技术在两个功能单元之间传递数据信息。它可实现计算机与计算机、计算机与终端或终端与终端之间的数据信息传递。

数据通信包括的内容有数据传输和数据传输前后的数据处理。数据传输指的是通过某种方式建立一个数据传输通道传输数据信号，它是数据通信的基础；数据处理是为了使数据更有效、可靠地传输，包括数据集中、数据交换、差错控制和传输规程等。

1.1.2 数据通信系统的构成

数据通信系统是指通过数据电路将分布在远端的数据终端设备与计算机系统连接起来，实现数据传输、交换、存储和处理的系统。

典型的数据通信系统主要由中央计算机系统、数据终端设备和数据电路 3 部分构成，如图 1-1 所示。

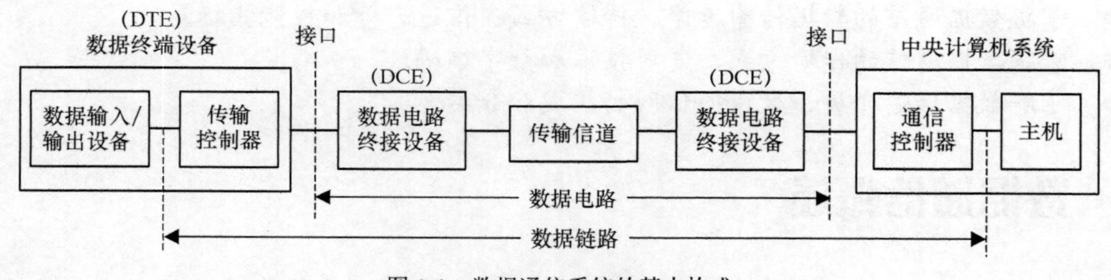

图 1-1　数据通信系统的基本构成

1．数据终端设备

（1）功能

数据终端设备（DTE）是产生数据的数据源或接收数据的数据宿。它把人可识别的信息变成以数字代码表示的数据，并把这些数据送到远端的计算机系统，同时可以接收远端计算机系统的数据，并将它变为人可以理解的信息，即完成数据的接收和发送。

（2）组成

数据终端设备由数据输入设备（产生数据的数据源）、数据输出设备（接收数据的数据宿）和传输控制器组成。

- 数据输入/输出设备。数据输入/输出设备是操作人员与终端之间的界面，它把人可以识别的信息变换成计算机可以处理的信息或者相反的过程。数据的输入/输出可以通过键

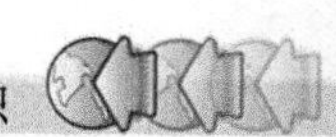

盘、鼠标、手写、声、光等手段。最常见的输入设备是键盘、鼠标和扫描仪，输出设备可以是显示器、打印机、绘图机、磁带或磁盘的写入部分、传真机和各种记录仪等。

- 传输控制器。传输控制器主要执行与通信网络之间的通信过程控制，由软件实现，包括差错控制、流量控制、接续和传输等通信协议的实现。

2．数据电路

（1）功能

数据电路位于数据终端设备和中央计算机系统之间，为数据通信提供一条传输通道。

（2）组成

数据电路由传输信道及两端的数据电路终接设备（DCE）组成。

- 传输信道。传输信道由通信线路和通信设备组成。通信线路一般采用电缆、光缆、微波和卫星等。通信设备可分为模拟通信设备和数字通信设备，从而使传输信道分为模拟传输信道和数字传输信道。

- DCE。DCE 是 DTE 与传输信道之间的接口设备，其主要作用是信号变换，即将 DTE 发出的数据信号变换成适合信道传输的信号，或完成相反的变换。

当传输信道为模拟传输信道时，发送方将 DTE 送来的数字信号进行调制（频谱搬移），使其变成模拟信号送往信道，或进行相反的变换，这时 DCE 是调制解调器（Modem）。

当传输信道是数字信道时，DCE 实际是数字接口适配器，包含数据服务单元（DSU）与信道服务单元（CSU）。其完成码型转换、定时、同步等功能，常见的 DCE 设备有基带 Modem、数据终端单元（DTU）等。

3．中央计算机系统

（1）功能

中央计算机系统处理从数据终端设备输入的数据信息，并将处理结果向相应数据终端设备输出。

（2）组成

中央计算机系统由主机、通信控制器（又称前置处理机）及外围设备组成。

- 主机。主机又称中央处理机，由中央处理单元（CPU）、主存储器、输入/输出设备等组成，其主要功能是进行数据处理。

- 通信控制器。通信控制器是数据电路和计算机系统的接口，用于管理与数据终端相连接的所有通信线路，接收从远程 DTE 发来的数据信号，并向远程 DTE 发送数据信号。

当考察正在通信的一个 DTE 和中央计算机系统时，中央计算机系统等同于一个 DTE，这时通信控制器的作用与传输控制器相同。

一个中央计算机系统可通过通信线路连接多个数据终端，实现主机资源共享。在实际应用中数据通信系统的例子如图 1-2 所示。

4．数据线路、数据电路及数据链路的区别

数据线路（传输信道）：包括有线线路和无线线路，根据通信设备的不同有模拟信道和数字信道之分。

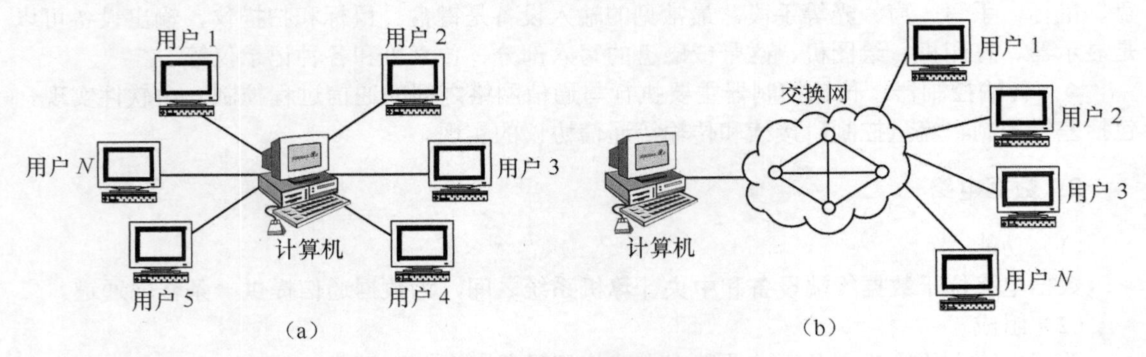

图 1-2　数据通信系统示例

数据电路：数据线路+DCE，是物理上的概念。

数据链路（Data Link）：数据电路+控制装置（传输控制器和通信控制器），是逻辑上的概念。

数据线路是指实际的物理线路，是传输的基础。数据电路是在数据线路的基础上加信号变换装置（DCE）构成的。数据链路是由控制装置（传输控制器和通信控制器）和数据电路所组成的，它是在数据电路建立后，为了进行有效的数据通信，通过传输控制器和通信控制器，按照事先约定的传输控制规程来对传输过程进行控制，以使双方能够协调和可靠地工作，包括收发方同步、工作方式选择、差错检测与纠正和流量控制等。一般来说，只有建立起数据链路以后，通信双方才能真正有效地进行数据通信。

1.2　数据传输代码

在各种计算机和终端设备构成的数据通信系统中，内部信息是用二进制数表示的，而数据终端设备或计算机发出的数据信息则是由各种字母、数字或符号的组合来表示的。因而，为了实现正确的数据通信，需将二进制数和字母、数字或符号的对应关系做统一的规定，这种规定称为传输代码或编码。目前常用的传输代码有：ASCII、国际电报 2 号码（ITA2 码）、EBCDIC、信息交换用汉字代码等。

1. ASCII

ASCII（IA5）称为美国信息交换用标准代码，1963 年由美国国家标准学会（ANSI）最早提出，后被 ISO 和原 CCITT 采纳并发展成为国际通用的信息交换用标准代码。

ASCII 也称为国际 5 号码（IA5），是一种 7 单位代码，即以 7 位二进制码来表示一个字母、数字或符号。

7 位二进制共有 2^7=128 种组合，可以表示 128 个不同的数字、字母和符号，如表 1-1 所示。其分配是：大、小写英文字母各 26 个，数字 10 个，图形符号 33 个，控制符号 32 个，还有一个 DEL（删除）符号。表 1-1 中二进制为 $b_7b_6b_5b_4b_3b_2b_1$，其中 b_7 为高位，b_1 为低位。

表 1-1 中第 0 列和第 1 列是 32 个控制字符集，称为 C 集（控制集）。C 集不能被显示或打印，只产生控制功能，如回车、换行、移位等。C 集的 32 个控制字符从功能上可分为以下 5 大类。

表 1-1　　ASCII（IA5）编码表

列 / 行				b_7	0	0	0	0	1	1	1	1
				b_6	0	0	1	1	0	0	1	1
				b_5	0	1	0	1	0	1	0	1
b_4	b_3	b_2	b_1		0	1	2	3	4	5	6	7
0	0	0	0	0	NUL	TC_7(DLE)	SP	0	@	P	、	p
0	0	0	1	1	TC_1(SOH)	DC_1	!	1	A	Q	a	q
0	0	1	0	2	TC_2(STX)	DC_2	″	2	B	R	b	r
0	0	1	1	3	TC_3(ETX)	DC_3	#	3	C	S	c	s
0	1	0	0	4	TC_4(EOT)	DC_4	¤	4	D	T	d	t
0	1	0	1	5	TC_5(ENQ)	TC_8(NAK)	%	5	E	U	e	u
0	1	1	0	6	TC_6(ACK)	TC_9(SYN)	&	6	F	V	f	v
0	1	1	1	7	BEL	TC_{10}(ETB)	’	7	G	W	g	w
1	0	0	0	8	FE_0(BS)	CAN	(	8	H	X	h	x
1	0	0	1	9	FE_1(HT)	EM	)	9	I	Y	i	y
1	0	1	0	10	FE_2(LF)	SUB	*	:	J	Z	j	z
1	0	1	1	11	FE_3(VT)	ESC	+	;	K	[	k	{
1	1	0	0	12	FE_4(FF)	IS_4(FS)	,	<	L	\	l	|
1	1	0	1	13	FE_5(CR)	IS_3(GS)		=	M	]	m	}
1	1	1	0	14	SO	IS_2(RS)	.	>	N	^	n	—
1	1	1	1	15	SI	IS_1(US)	/	?	O	-	o	DEL

（1）FE_0～FE_5 为页面格式控制字符，用于控制所要打印或显示字符的位置。

（2）TC_1～TC_{10} 为传输控制字符，用于各种数据终端设备或系统之间的基本数据传输控制。

（3）DC_1～DC_4 为外围设备控制字符，用于控制同数据处理系统或数据通信系统相联系的设备，而不能用于控制通信传输。

（4）IS_1～IS_4 为分隔字符，用于标识信息的构成。

（5）其他特殊功能控制字符，用于特殊功能控制。

表中的第 2～7 列除 SP（Space，空格）和 DEL（Delete，删除）两个字符外，其余均为可显示或打印用的图形字符，简称 G 集（图形字符集），包括大、小写英文字母各 26 个，数字 10 个，图形符号 32 个，共 94 个。例如，“A”的代码为“1000001”。

代码在顺序传输过程中一般以 b_1 为第一位，b_7 为最后一位。为了提高可靠性，常在 b_7 之后附加一位 b_8 用于奇偶校验。

ASCII 是当前在数据通信中使用最普遍的一种代码，我国在 1980 年颁布的国家标准 GB1988-80“信息处理交换用的七位编码字符集”也是根据 ASCII 制定的，它与 ASCII 的差别只在于 2/4 位置上，将国际通用货币符号“¤”改为“￥”，在国内通用。

2. 国际电报 2 号码

国际电报 2 号码（ITA2）是一种 5 单位代码，又称波多码，是起止式电传电报通信中的标准代码。目前在采用普通电传机作为终端的低速数据通信系统中，仍使用这种代码。

3．EBCDIC

EBCDIC 是扩充的二—十进制码的简称，是一种 8 单位代码。由于第 8 位用于扩充功能，不能用于奇偶校验，故这种码一般不用于远距离传输，而用于计算机的内部码，尤其为 IBM 机采用。

4．信息交换用汉字代码

信息交换用汉字代码是汉字信息交换用的标准代码，它适用于一般的汉字处理、汉字通信等系统之间的信息交换。其对于任何一个图形字符都采用两个字节表示，每个字节均采用国家标准 GB1988-80“信息处理交换用的七位编码字符集”的 7 单位代码。

1.3 数据传输速率

数据传输速率是衡量系统传输能力的主要指标，通常可用调制速率、数据传信速率描述。

1．调制速率

调制速率反映信号波形变换的频繁程度，其定义是每秒传输信号码元（波形）的个数，又称符号速率、码元速率或波特率，记为 N_{Bd}，单位为波特（baud）。

若一个信号码元的持续时间为 T（秒），则波特率 N_{Bd} 为

$$N_{Bd}=1/T \qquad \text{(baud)}$$

其中，T 为码元宽带或码元持续时间长度。

例如，若 T=833×10^{-6} 秒，则调制速率 $N_{Bd}=1/T=1/(833\times10^{-6})\approx1\,200$baud。

图 1-3（a）所示为二电平信号码元，一个信号码元有两种状态，0 或 1；图 1-3（b）所示为四电平信号，一个码元有 4 种不同的状态，01、11、00 或 10，因此每个信号码元可以是 4 种状态之一；图 1-3（c）所示为调频波，以 f_1 表示代码“1”，f_0 表示代码“0”。

由此可见，对于调制速率，不论一个信号码元有多少状态，也不论一个信号码元用多少二进制代码表示，只计算一秒内所传输的信号码元（波形）的个数。这里的信号码元的持续时间长度 T 是信号码元中的最短时间长度。如图 1-3（a）所示的

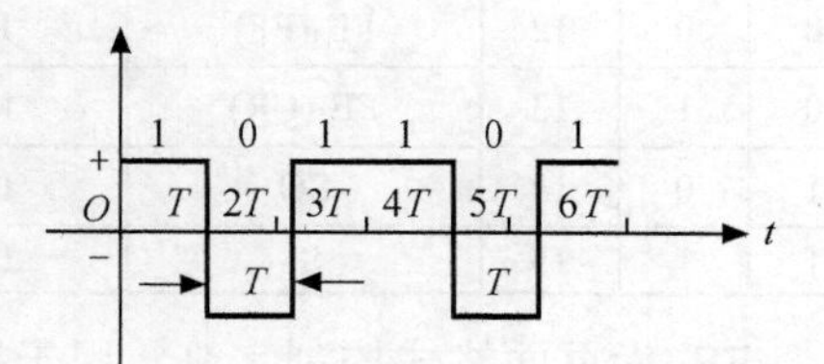

（a）二电平信号

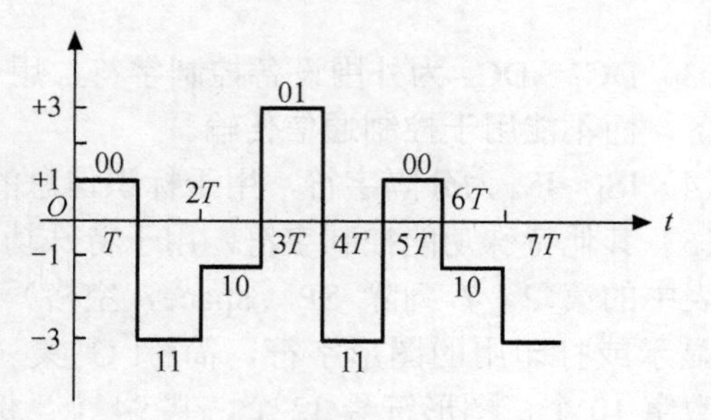

（b）四电平信号

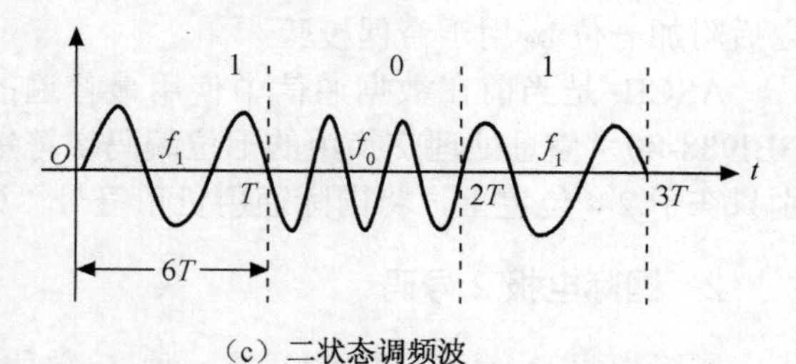

（c）二状态调频波

图 1-3 数据信号举例

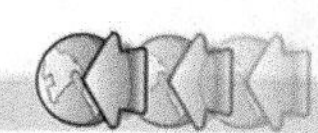

连续两个“1”代码，其信号正电压持续时间长度为 $2T$，而不能以 $2T$ 作为信号码元时间长度。

2．数据传信速率

数据传信速率是指每秒传输二进制码元的个数（或单位时间内传送的比特数），又称比特率，记为 R，单位为比特/秒（bit/s），有时用千比特/秒（kbit/s）、兆比特/秒（Mbit/s）、吉比特/秒（Gbit/s）等。它是反映传输速率的另一个指标。

比特一词是英文（binary digital）的缩写，在信息论中作为信息量的度量单位，其为最小的信息单位。在数字通信中习惯上用它来表征二进制代码中的位。在数据通信中，如果使用代码“1”或“0”的概率是相同的，则每个“1”或“0”含有 1bit 的信息量。因此传递了一个代码就相当于传递了 1 比特的信息，故数据传信速率又称信息传输速率。

根据实际需要，数据传信速率已形成国际标准系列，一般按 $2^n \cdot 150$（bit/s）算式确定，式中 n 为整数。比如有 300bit/s、600bit/s、1 200bit/s、2 400bit/s……19 200bit/s 等速率，也有不按这一等式的速率，如 14.4kbit/s、28.8kbit/s、33.6kbit/s、56kbit/s、64kbit/s 等。

3．调制速率与传信速率的关系

以上所讲的调制速率和数据传信速率的物理意义是不同的，前者描述了单位时间内系统所传输的码元数，而后者说明系统在单位时间内所传输的信息量，两者具有不同的定义，不应混淆，但是它们之间有确定的关系。当数据信号是二进制脉冲（即二状态或二电平）时，调制速率和数据传信速率相同，当数据信号采用多进制（多电平制、多状态制）时，则两者的速率是不相同的。

例如，图 1-3（b）与图 1-3（a）相比，四进制中一个信号码元（T）包含 2 个代码。这样对于图 1-3（b）来说，它的调制速率 $N_{\mathrm{Bd}}=1/T=1/(833\times10^{-6})\approx1\,200$baud（当 $T=833\times10^{-6}$s），但它的传信速率 $R=2N_{\mathrm{Bd}}=2\,400$bit/s（当 $T=833\times10^{-6}$s）。

一般而言，对于四电平信号，需要 2 位二进制码元表示，可表示 2^2 种不同的状态，$R=2N_{\mathrm{Bd}}$（bit/s）。对于八电平信号，需要 3 位二进制码元表示，可表示 2^3 种不同的状态，$R=3N_{\mathrm{Bd}}$（bit/s）。以此类推，若一个信号波形有 M 个电平，则需要用 $\log_2 M$ 个二进制码元表示。调制速率与数据传信速率的关系为

$$R=N_{\mathrm{Bd}}\log_2 M \qquad \text{(bit/s)}$$

可见，在相同码元周期（T）的情况下，每个码元可以变化的状态数越多，传送的数据也越多。据此通常可用增加信号码元的可变状态数（M）来提高数据传信速率。但是信号码元的宽度 T 受到信道带宽的限制，码元的可变状态数的增加会引起接收方错误判决的增多，因此在一定信道的条件下数据传信速率不可以无限增加。

1.4　信道容量

信道容量是指在单位时间内所能传送的最大信息量，即信道的最大传信速率，单位是比特/秒（bit/s）。其与数据传信速率的区别是：前者表示信道的最大传信速率，是信道传输数据能力的极限，而后者是实际的数据传输速率，就像公路上的最大限速与汽车实际速度的关系一样。

1. 模拟信道的信道容量

模拟信道的信道容量可以根据香农（Shannon）定律计算。香农定律指出：在信号平均功率受限的高斯白噪声信道中，信道的极限信息传输速率（信道容量）为

$$C = B\log_2\left(1+\frac{S}{N}\right) \quad \text{(bit/s)}$$

其中，S 为信号功率，N 为噪声功率，S/N 是平均信号噪声功率比，通常把信噪比表示成 10log（S/N）分贝（dB），B 为信道带宽，C 为信道容量。

【例 1-1】 若信道带宽为 3 000Hz，信号噪声功率比为 30dB，求信道容量。

解 因为 $10\log_2(S/N) = 30$，所以 $S/N = 10^{30/10} = 1\,000$，即当信号噪声功率比为 30dB 时，信号功率比噪声功率大 1 000 倍，则该信道容量为

$$C = B\log_2\left(1+\frac{S}{N}\right) = 3\,000\log_2(1+1\,000) \approx 30\text{kbit/s}$$

可见，信道容量是在一定 S/N 下信道能达到的最大传信速率，实际通信系统的传信速率要低于信道容量，但随着技术进步，可接近极限值。

2. 数字信道的信道容量

数字信道的信道容量可以依据奈奎斯特（Nyquist）定理计算。奈奎斯特定理指出：带宽为 BHz 的信道，所能传送信号的最高码元速率（即调制速率）为 $2B$ 波特。因此，数字信道的信道容量 C 可表示为

$$C = 2B\log_2 M \quad \text{(bit/s)}$$

其中，M 为码元符号所能取的离散值个数，即指 M 进制。

【例 1-2】 设数字信道的带宽为 3 000Hz，采用 16 进制传输，计算无噪声时该数字信道的通信容量。

解 $C = 2B\log_2 M = 2 \times 3\,000 \times \log_2 16 = 24\,000$（bit/s）

当存在噪声时，传送将出现差错，从而造成信息的损失和信道容量的降低。

1.5 数据通信系统的主要性能指标

数据通信系统的性能指标主要有两个，可靠性指标和有效性指标。可靠性指标用于衡量系统的传输质量，有效性指标用于衡量系统的传输效率。

1. 可靠性指标

由于数据信号在传输过程中不可避免地会受到外界的噪声干扰，信道的不理想也会带来信号畸变，当噪声干扰和信号畸变达到一定程度时就可能导致接收的差错。常用误码（比特）率（即指二进制码元在传输中出错的概率）来衡量数据通信系统可靠性的指标。从传统的理论讲，当所传送的数字序列无限长时，误码率等于被传错的二进制码元数与所传码元总数之比，即

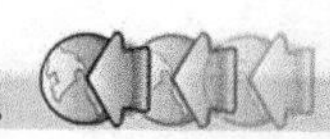

误码率（P_e）＝接收出现差错的比特数（N_e）/总的发送比特数（N）

在计算机网络通信系统中要求误码率低于 10^{-6}。传统的铜线信道误码率在 10^{-6} 以下，光纤信道误码率在 10^{-9} 以下。

2．有效性指标

衡量系统有效性的主要指标是频带利用率。它反映了数据传输系统对频带资源的利用水平和有效程度。频带利用率是指单位频带内的调制速率或传信速率，即每赫兹的波特数（baud/Hz）或每赫兹每秒的比特数（bit/(s・Hz)）。用公式表示为

η＝系统的调制速率（baud）/系统的频带宽度（Hz）　　（baud/Hz）

η＝系统的传信速率（bit/s）/系统的频带宽度（Hz）　　（bit/(s・Hz)）

一般来说，数据传输系统所占的频带越宽，传输信号的能力就越大。若两个传输系统的传信速率相同，但所占频带不同，则它们的传输效率也不同。

1.6　数据信号的传输方式

数据传输方式是指数据在信道上传送所采取的方式。如按数据代码传输的顺序可以分为并行传输和串行传输，如按数据传输的同步方式可分为同步传输和异步传输，如按数据传输的流向和时间关系可分为单工、半双工和全双工数据传输，如按数据传输的频带可分为基带传输和频带传输。

1.6.1　并行传输与串行传输

1．并行传输

并行传输指的是数据以成组的方式，在多条并行信道上同时进行传输。常用的是将构成一个字符的几位二进制码同时分别在几个并行的信道上传输，另外加一条“选通”线用来通知接收设备，以指示各条信道上已出现某一字符信息，可对各条信道上的信号进行取样了。图 1-4 给出了一个采用 8 单位二进制码构成一个字符进行并行传输的示意图。

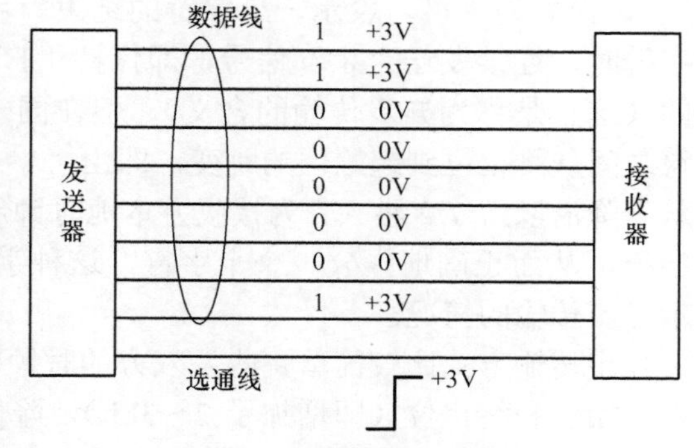

图 1-4　并行传输示意图

并行传输的主要优点是：①系统采用多个信道并行传输，一次传送一个字符，因此收、发双方不存在字符同步的问题，不需要额外的措施来实现收发双方的字符同步；②传输速度快，一位（比特）时间内可传输一个字符。

并行传输的主要缺点是：①通信成本高，每位传输要求一个单独的信道支持，因此如果一个字符包含 8 个二进制位，则并行传输要求 8 个独立的信道支持；②不支持长距离传输，由于信道之间的电容感应，远距离传输时，可靠性较低，适于设备之间的距离较近时采用，例如，计算机和打印机之间的数据传送。

2．串行传输

串行传输指的是组成字符的若干位二进制码排列成数据流以串行的方式在一条信道上传输。通常传输顺序为由高位到低位，传完一个字符再传下一个字符，因此收、发双方必须保持字符同步，以使接收方能够从接收的数据比特流中正确区分出与发送方相同的一个个字符。这就需要外加同步措施，这是串行传输必须解决的问题。

在铜线系统中，串行传输方式的一条信道总是使用两根信号线，而并行传输方式中的信号线数目和并行传输的数据位数有关。在远距离通信系统中，通信线路的成本是最高的，所以并行传输方式一般只在系统的内部或短距离的系统之间使用。计算机网络中的通信方式一般都是串行传输方式，通信课程中涉及的内容一般都是针对串行传输方式的。

1.6.2 异步传输与同步传输

在串行传输方式中，数据是按位传输的，发送方和接收方必须按照相同的时序发送和接收数据，才能够进行正确的数据传送。根据传输时序的控制技术可以分为异步传输方式和同步传输方式。

1．异步传输

异步传输方式是收、发双方不需要传输时钟同步信号的传输时序控制技术。RS-232C接口一般使用异步传输方式（RS-232C的9针连接器只能使用异步传输方式）。异步传输方式的传输时序控制简单，一般用于字节（字符）数据传输。

异步传输方式一般以字符为单位传输，不论字符所采用的代码为多少位，在发送每一个字符代码时，都要在前面加上一个起始位，长度为1个码元长度，极性为“0”，表示一个字符的开始；后面加上一个终止位，长度为1、1.5或2个码元长度（对于国际电报2号码，终止位长度为1.5个码元长度；对于国际5号码或其他代码，终止位长度为1个或2个码元长度），极性为“1”，表示一个字符的结束。字符可以连续发送，也可以单独发送。当不发送字符时，连续发送“止”信号，即保持“1”状态。因此，每个字符的起始时刻可以是任意的（这正是称为异步传输的含义），但在同一字符内部各码元长度相等。接收方可以根据字符之间从终止位到起始位的跳变，即由“1”→“0”的下降沿来识别一个字符的开始，然后从下降沿以后 $T/2$ 秒（T 为接收方本地时钟周期）开始每隔 T 秒进行取样，直到取样完整个字符，从而正确地区分一个个字符，这种字符同步方法又称为起止式同步。图1-5（a）表示异步传输的情况。

异步传输方式比较简单，收发双方的时钟信号不需要严格同步。缺点是对每个字符都需加入起始位和终止位（即增加了2～3bit），降低了传输效率。如字符采用国际5号码，起始位为1位，终止位为1位，并采用1位奇偶校验位，则传输效率 $\eta=7/(7+1+1+1)=70\%$。

2．同步传输

同步传输是以固定的时钟节拍来发送数据信号的，因此在一个串行数据流中，各信号码元之间的相对位置是固定的（即同步）。接收方为了从接收到的数据流中正确地区分一个个信号码元，必须建立准确的时钟信号。

在同步传输中，数据的发送一般以组（或帧）为单位，一组或一帧数据包含多个字符代

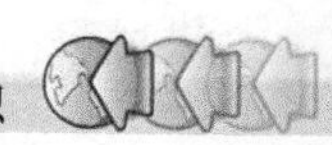

码或多个比特，在组或帧的开始和结束需加上预先规定的起始序列和结束序列作为标志。起始序列和结束序列的形式根据所采用的传输控制规程而定，有两种同步方式，即字符同步和帧同步，分别如图 1-5（b）和图 1-5（c）所示。

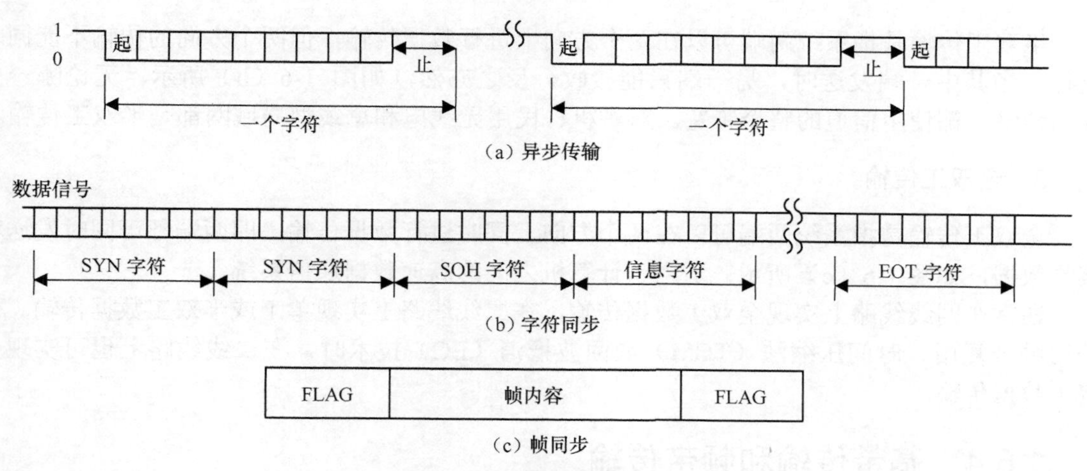

图 1-5　异步传输和同步传输示意图

字符同步在 ASCII 中用 SYN（码型为“0010110”）作为“同步字符”，通知接收设备表示一帧的开始，用 EOT（码型为“0000100”）作为“传输结束字符”，以表示一帧的结束。

帧同步用标志字节 FLAG（码型为“01111110”）来表示一帧的开始或结束。由于帧的发送长度可变，且不能预先确定何时开始帧的发送，故用标志字节表示一帧的开始和结束。

同步传输与异步传输相比，由于它发送每个字符时不需要对每个字符单独加起始位和终止位，只是在一串字符的前后加上标志字节，故具有较高的传输效率，但实现起来比较复杂，通常用于速率为 2.4kbit/s 及以上的数据传输。

1.6.3　单工、半双工和全双工传输

数据传输是有方向的，根据数据电路的传输能力，有单工、半双工和全双工 3 种不同的传输方式或通信方式，如图 1-6 所示。

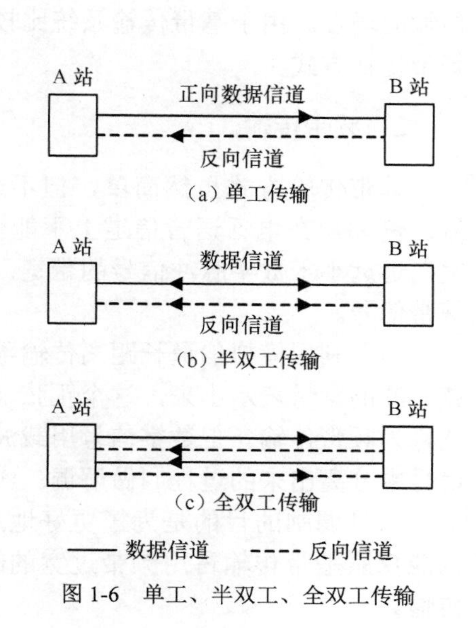

图 1-6　单工、半双工、全双工传输

1．单工传输

单工传输是指传输系统的两数据站之间只能沿单一方向进行数据传输，如图 1-6（a）所示的数据只能由 A 传送到 B，而不能由 B 传送到 A，但是允许由 B 向 A 传送一些简单的控制信号（联络信号）。由 A 到 B 的信道称为正向信道，由 B 向 A 的信道称为反向信道。

这种传输方式，系统的一端固定为发送端，另一端固定为接收端。一般正向信道传输速率较高，反向信道的传输速率较低，为 5～75bit/s。在实际应用中

可用反向信道，也可不用。气象数据的收集，计算机与监视器及键盘与计算机之间的数据传输就是单工传输的例子。

2．半双工传输

半双工传输是指系统两端可以在两个方向上进行数据传输，但两个方向的传输不能同时进行，当其中一端发送时，另一端只能接收，反之亦然，如图 1-6（b）所示。无论哪一方开始传输，都使用信道的整个带宽。对讲机、民用无线电和总线型局域网都是半双工传输。

3．全双工传输

全双工传输是指系统两端可以在两个方向上同时进行数据传输，即两端都可同时发送和接收数据，如图 1-6（c）所示，适用于计算机之间的高速数据通信系统。

通常在四线线路上实现全双工数据传输，在二线线路上实现单工或半双工数据传输。当采用频分复用、时间压缩法（TCM）或回波抵消（EC）技术时，在二线线路上也可实现全双工数据传输。

1.6.4　基带传输和频带传输

数据信号在信道中的传输形式有基带传输和频带传输。

1．基带传输

在数据通信中传输的都是二进制编码数据信号，数据终端设备把数据转换成数字脉冲信号。数字脉冲信号所固有的基本频带，简称基带。未经调制的电脉冲信号呈现方波形式，所占据的频带通常从直流和低频开始，因而称为基带信号。在信道中直接传送基带信号称为基带传输。

基带传输可以理解为直接传输数字信号，由于数字信号中包含从直流到数百兆赫的频率成分，信号带宽较大。采用基带传输数据时，数字信号将占用较大的信道带宽，适应短距离传输的场合。由于基带传输系统比较简单，且传输速率较高，在近距离的局域网中一般采用基带传输方式。

2．频带传输

基带传输方式虽然简单，但不适合长距离传输，而且不适合在模拟信道上传输数字信号。例如，在电话语音信道上不能传输基带数字信号，因为电话语音信道只有 4kHz 的带宽，远远小于数字脉冲信号的带宽，不适于直接传输频带很宽，但能量集中在低频段的数字基带信号。

为了利用模拟信道长距离传输数字信号，需要把基带数字信号利用某一频率正弦（或余弦）波的参量表示出来，这个正弦（或余弦）波称为载波，利用载波参量传输数字信号的方法称为频带传输。把数字信号用载波参量表示的过程叫做调制，在接收端把数字信号从载波信号中分离出来的过程叫做解调。实现信号调制和解调的设备称为调制解调器（Modem）。

信号调制的目的是为了更好地适应信号传输通道的频率特性，传输信号经过调制处理也能克服基带传输占用频带过宽的缺点，提高线路的利用率。远距离通信时通常采用频带传输。

1.7　数字数据信号的编码

1．数字数据信号的数字编码

在基带传输系统中，直接传输 DTE 产生的数字信号。为了正确无误地传输数字数据，一般需要在 DCE 中对数字数据进行编码。数字数据的数字信号编码的目标是：经过编码，使二进制“1”和“0”的特性有利于传输。在基带传输系统中常用的数字信号编码方式如图 1-7 所示。

（1）传号交替反转（AMI）码。在 AMI 码中，二进制信息“0”变换为三码元信号序列中的“0”，二进制信息“1”交替地变换为“+1”和“−1”的归零码，通常脉冲宽度为码元周期之半，其波形如图 1-7（a）所示。

这种码型在“1”、“0”码不等概率的情况下也无直流成分，且零频附近低频分量小，因此，对具有变压器或其他交流耦合的传输信道来说，不易受隔直流特性的影响；若接收端收到的码元极性与发送端的完全相反，也能正确判决，便于观察误码情况；此外，AMI 码还有编译码电路简单等优点，是一种基本的线路码，得到广泛使用。

（2）CMI 码。CMI 码是传号反转码的简称，其编码规则为：“1”码交替用“00”和“11”表示，“0”码用“01”表示。图 1-7（b）给出其编码的例子。CMI 码的优点是没有直流分量，且又频繁出现波形跳变，便于定时信息提取，具有误码监测能力，且编、译码电路简单，容易实现，因此，在高次群脉冲编码调制终端设备中广泛用作接口码型。

（3）双相码（曼彻斯特码）。双相码又称分相码或曼彻斯特码。该码型的特点是每个码元用两个连续极性相反的脉冲来表示。例如，“1”码用正、负脉冲表示，“0”码用负、正脉冲表示，如图 1-7（c）所示。由于双相码的每位信号中间都发生电平跳变，所以不含直流分量。另外，可以从位中间的跳变点获取时钟信号，两个跳变点之间为一个信号周期，所以双相码中不需要传输同步时钟信号，信号编码中自带同步时钟信号。

双相码适用于数据终端设备在中速短距离上传输，如以太网采用双相码作为线路传输码。双相码的每个信号周期需要占用两个系统时钟周期，其编码效率为 50%，编码效率低。如在 10Mbit/s 的局域网中，为了达到 10Mbit/s 的传输速率，系统必须提供 20MHz 以上的时钟频率。

（4）差分双相码（差分曼彻斯特码）。双相码当极性反转时会引起译码错误，为解决此问题，可以采用差分双相码。

差分双相码是将双相码中用绝对电平表示的波形改用电平的相对变化来表示，从而解决双相码因极性反转引起的译码错误。

在差分双相码中，每个信号编码位中间的跳变只起携带时钟信号的作用，与信号表示数据无关。数字“1”和“0”用数据位之间的跳变表示。如果下一位数字是“0”，码元之间要发生电平跳变；如果下一位数字是“1”，码元之间不发生电平跳变，如图 1-7（d）所示。差分双相码提高了抗干扰能力，在信号极性发生翻转时并不影响信号的接收判决，其编码效率仍然是 50%。

（5）非归零交替码。双相码虽然有很多优点，但编码效率太低，影响信道的数据传输速率。非归零交替编码的编码效率为 100%，但存在着直流分量大，难以提取同步时钟信号的缺

点。非归零交替编码采用电平跳变表示数字“1”，无电平变化表示数字“0”，如图 1-7（e）所示。

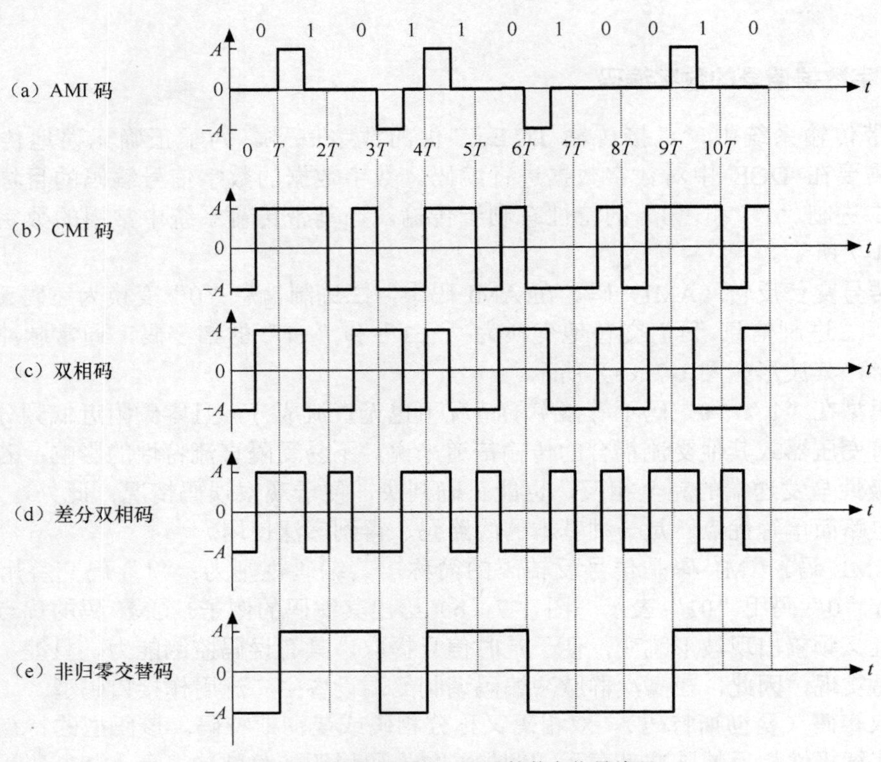

图 1-7 基带传输系统中常用的数字信号编码

非归零交替编码提高了编码的抗干扰能力，信号极性翻转不影响接收判决。同步时钟信号可以在包含连续几个“1”的同步字符中提取。但非归零交替编码中如果包含的数字“0”的个数较多时，电路中的直流分量依然较大。

（6）其他编码。为了解决非归零交替编码中直流分量较大的问题，在 IEEE 802.3u 标准（100Base-TX）中使用了 4B/5B 编码。5B 编码使用 5 位二进制进行编码，可以得到 32 组编码，4B/5B 表示使用 5B 编码传送 4 位二进制数据。4 位二进制数只需使用 16 组编码，在 32 组编码中挑选 16 组包含多个“1”的编码是容易做到的。

4B/5B 编码在 5 个时钟周期内传送 4 位有效数据，其编码效率为 80%。在 100Base-TX 局域网中，时钟频率为 125MHz，每 5 个时钟周期为一组，每组发送 4 位数据，传输速率为 100Mbit/s。这种码型输出虽比输入增加 20%的码速，但却换来了便于提取定时、低频分量小、同步迅速等优点。

另外，还有 8B/10B 编码，它是在 Gbit/s 以太网和 10Gbit/s 以太网中使用的数据编码。

2．数字数据信号的调制编码

数字信号调制过程是利用数字信号控制载波信号的参量变化的过程。在实际通信中有不少信道都不能直接传送基带信号，必须进行调制。所谓调制就是用基带信号对载波波形的某些参数进行控制，使这些参量随基带信号的变化而变化。用以调制的基带信号是数字信号，

所以又称为数字调制。数字调制有幅度调制、相位调制和频率调制 3 种基本形式，并可派生出多种其他形式。

（1）幅度调制编码

幅度调制编码使用数字信号控制载波的幅度，通过载波幅度变化表示二进制数字“0”或“1”，又称数字调幅或幅移键控（ASK），图 1-8 所示为 2ASK 信号波形。

幅度调制编码使用信号幅度的大小表示数据，调制方法简单，容易实现，但信号中的直流成分较大，而且容易受外界电磁波干扰，一般较少使用。

（2）频率调制编码

频率调制编码使用数字信号控制载波的频率，通过载波频率变化表示二进制数字“0”或“1”，又称数字调频或频移键控（FSK）。图 1-9 所示为 2FSK 信号波形。

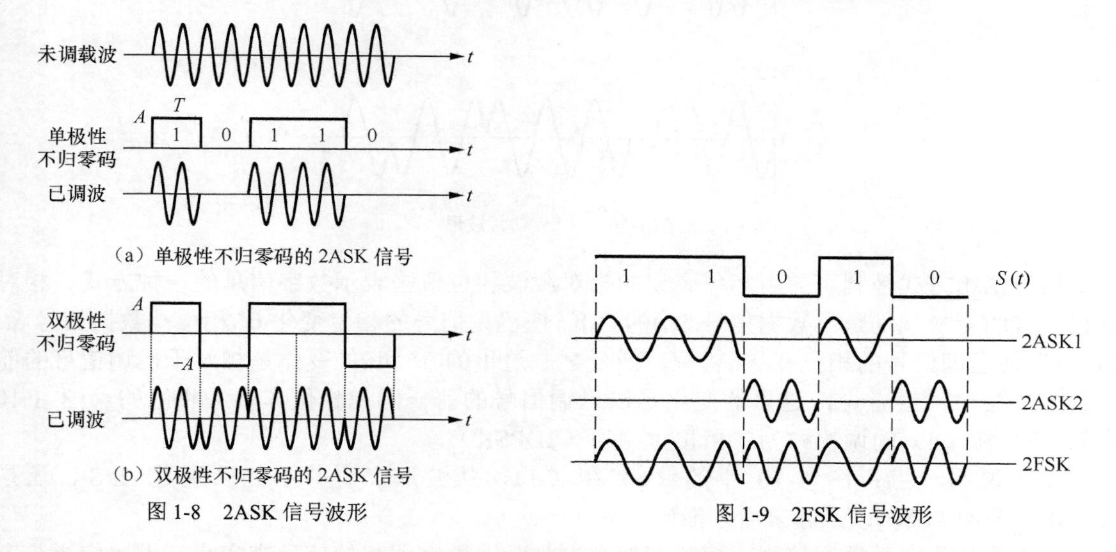

图 1-8　2ASK 信号波形

图 1-9　2FSK 信号波形

频率调制编码方式比较简单，而且抗干扰能力较强。频率调制需要使用两个或多个频率的载波。使用频率调制时，各个载波之间为了避免干扰，必须留出一定的频率间隔，所以频率调制信号占用的频带较宽，特别是使用多个载波频率时，占用信道的频率更宽。

（3）相位调制编码

相位调制编码使用数字信号控制载波的相位，通过载波相位变化表示二进制数字“0”或“1”，又称为数字调相或相移键控（PSK）。

图 1-10 所示给出了二相数字调相波形。其中，图 1-10（a）所示为数据信号序列；图 1-10（b）所示为未调载波信号；图 1-10（c）所示为二相绝对调相信号，记为 2PSK；图 1-10（d）所示为二相相对调相信号，或称二相差分调相信号，记为 2DPSK。

以载波的不同相位直接表示相应数字信息的相移键控，称为“绝对调相”。绝对调相信号的变换规则是：数据信号 $S(t)$的“1”都对应于已调信号 $e(t)$中的载波 0° 相位；数据信号 $S(t)$的“0”都对应于已调信号 $e(t)$的载波π相位，或反之。

这种绝对调相方式，在接收端必须用相干载波来解调，存在相干载波相位模糊问题，即在二相绝对调相接收中可能出现“倒π”现象或“反向”工作现象。实际中一般不采用 2PSK 方式，而采用一种相对（差分）调相方式，如图 1-10（d）中所示波形。图中每一个码元载波相位的变化都不是以未调载波信号的相位作参考，而是以前一码元载波的相位作参考。

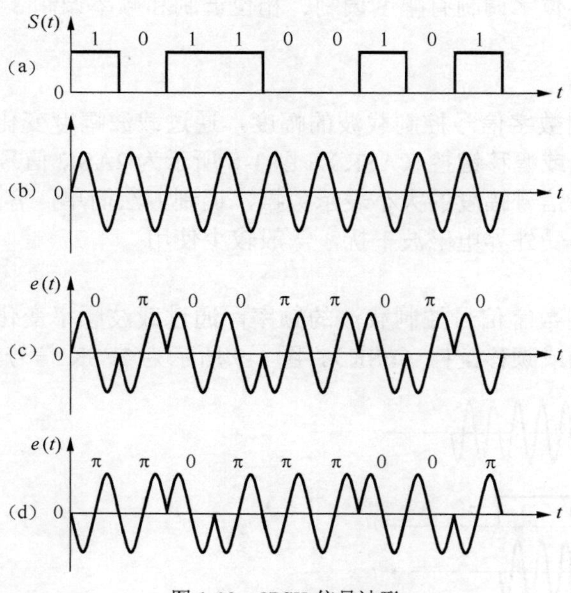

图 1-10 2PSK 信号波形

相对调相方式是利用前后相邻码元的相对载波相位值去表示数字信息的一种方式。相对调相信号的变换规则是：数据信号 $S(t)$的“0”使已调信号的相位变化 0° 相位；数据信号 $S(t)$的“1”使已调信号的相位变化π相位，或反之。这里的 0° 和π的变化是相对于已调信号的前一码元的相位，或者说，这里的变化是以已调信号的前一码元相位作参考相位的。图 1-10 中的（a）和（d）的调相称为二相相对调相（2DPSK）。

需要说明一点：图 1-10 中的（c）和（d），从波形上看并不能区别是 2PSK 还是 2DPSK，只有与 $S(t)$联系起来看才能确定。

数字调相是在数据通信中应用最多的调制技术。数字调相的信号带宽小，占用信道带宽小。数字调相在实际应用中多使用四相位、八相位和十六相位调制，在一个信号码元中可以传输 2 位、3 位和 4 位二进制数据。表 1-2 所示为八相位绝对相位调制的信号编码表。

表 1-2 八相位绝对相位调制信号编码表

初相角	0	π/4	π/2	3π/4	π	5π/4	3π/2	7π/4
二进制码	000	001	010	011	100	101	110	111

（4）混合调制编码

多相位调制在一个信号码元中可以包含多比特数据信息，但如果相位差太小，接收方就难以识别不同的信号码元，所以不能无限制地增加调制相位。为了进一步提高码元表示的数据比特数，在频带传输中还采用幅度—相位、频率—相位混合调制编码技术。

幅度—相位调制使用不同的幅度和不同的相位值表示数字数据。例如，在十六相位调制中，每个码元包含 4bit 二进制数字，这时假定载波信号的幅度值是 A_1，在同样的相位编码信号中，使用幅度是 A_2 的载波信号，就可以得到另一组包含 4bit 二进制数字的编码信号，两组信号合起来相当于每个信号码元中包含了 5bit 二进制数字。表 1-3 所示是八相位两幅度混合调制编码举例。

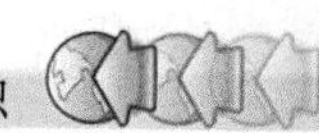

表 1-3　八相位两幅度混合调制信号编码表

初相角	0	π/4	π/2	3π/4	π	5π/4	3π/2	7π/4
幅度 A_1	0000	0001	0010	0011	0100	0101	0110	0111
幅度 A_2	1000	1001	1010	1011	1100	1101	1110	1111

1.8　多路复用技术

多路复用技术就是使多路单个信号复用在一起在一个信道上进行传输的技术。在实际的数据通信系统中，传输介质的传输能力几乎总是比传输单个信号所需的容量大得多。使用多路复用技术的目的就是为了充分发挥传输介质的效益，提高线路的利用率。常用的多路复用技术有电信号传输中的频分复用、时分复用、统计时分复用，光信号传输中的波分复用，无线移动通信中的码分复用等。在计算机网络中主要采用统计时分复用技术，在无线局域网中主要采用码分多址复用技术。

1.8.1　频分复用

频分复用（Frequency Division Multiplexing，FDM）是在传输介质的有效带宽超过被传输的信号带宽时，把多路信号调制在不同频率的载波上，实现在同一传输介质上同时传输多路信号的技术。

图 1-11 所示为频分复用示意图。可见，频分复用技术对整个物理信道的可用带宽进行分割，并利用载波调制技术，实现原始信号的频谱搬移，使得多路信号在整个物理信道带宽允许的范围内，实现频谱上的不重叠，从而共用一个信道。为了防止多路信号之间的相互干扰，使用隔离频带来隔离每个子信道。

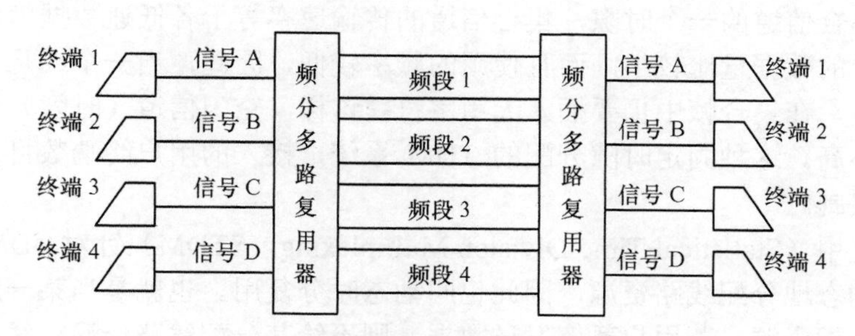

图 1-11　频分复用示意图

FDM 主要适用于传输模拟信号的频分制信道，无线调频广播就是频分复用最简单的例子。非对称数字环路（ADSL）和电话共用一条电话线路利用的就是频分复用技术。

虽然 FDM 可使多个用户共享一条传输线路资源，但由于 FDM 给每个用户预分配好子频带，各用户独占子频带，因而使得线路的传输能力不能充分利用。

1.8.2　时分复用

时分复用（Time Division Multiplexing，TDM）是一种当传输介质可以达到的数据传输速率超过被传输信号的传输速率时，把多路信号按一定的时间间隔传送的方法，是实现在同

一传输介质上“同时”传输多路信号的技术。通过时分复用技术，多路低速数字信号可复用到一条高速数据信道中进行传输。例如，数据传输速率为 48kbit/s 的信道可传输 5 路传输速率为 9.6kbit/s 的信号，也可传输 20 路传输速率为 2.4kbit/s 的信号。

图 1-12 给出了一个同步时分复用器的示意图。我们可以把复用器比做一个旋转开关，开关的每个接点与一个低速信道相连，当开关的刀旋转到某一接点时，发送端就对该信道的数据抽样，然后送到复用信道上去。接收端开关的刀和发送端开关的刀同步旋转，把复用信道中的数据分别传到相应的低速信道上去。PCM30/32 路系统就是 TDM 的一个典型例子。

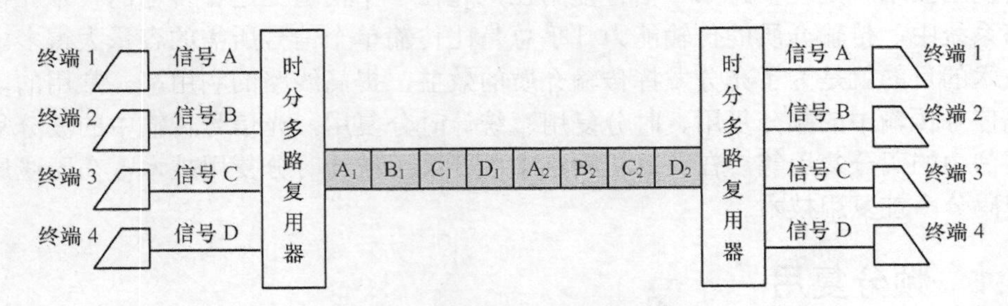

图 1-12　同步时分复用示意图

在 TDM 方式中可使多个用户共享一条传输线路资源，但是 TDM 方式的时隙是预先分配的，且是固定的，每个用户独占时隙，不是所有终端在每个时隙内都有数据输出，所以时隙的利用率较低，线路的传输能力不能充分利用，这样就出现了统计时分复用。

1.8.3　统计时分复用

在前面讨论的 TDM（又称静态时分复用，或同步时分复用）中，每个低速数据信道固定分配到高速集合信道的一个时隙，集合信道的传输速率等于各低速数据信道速率之和。由于一般数据用户的数据量比较小，而且使用的频率较低，因此，当一个或几个用户终端没有有效数据传输时，在集合帧中仍要插入无用字符。这样，空闲信道（时隙）就浪费了，这使得信道利用率不高。这种固定时隙分配的 TDM 系统，接入的用户终端数目及速率受集合信道传输速率的限制。

统计时分复用（Statistical Time Division Multiplexing，STDM）针对 TDM 的缺点，根据用户实际需要动态地分配线路资源，因此也叫动态时分复用。也就是当某一路用户有数据要传输时才给他分配资源，若用户暂停发送数据，则不给其分配线路资源，线路的传输能力可用于为其他用户传输更多的数据，从而提高了线路利用率。这种根据用户的实际需要分配线路资源的方法称为统计时分复用。

图 1-13 所示给出了 TDM 和 STDM 复用原理的基本差别示意图。可见，采用 TDM 时，虽然在第一个扫描周期中的 C_1、D_1 时隙，第二扫描周期中的 A_2 时隙，第三个扫描周期中的 A_3、B_3、C_3 时隙中无待发送的数据信息，但仍占用固定时隙，这样，等于白白浪费信道的资源，降低了传输效率。而 STDM 是按需分配时隙的，各路输入数据信息并不占用固定的时隙，所以就不会发送空的时隙。如在第一个周期（时间段）中，只有来自 A 和 B 的时隙被发送，使时隙得到充分利用，从而提高传输效率。因此，在 STDM 系统中，集合信道的传输速率可以大于各低速数据信道速率之和。

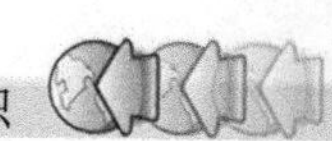

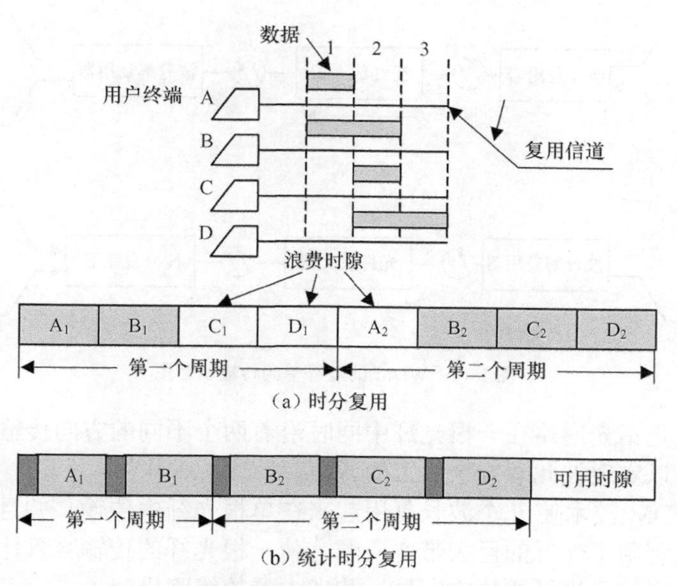

图 1-13　TDM 与 STDM 复用原理的基本差别示意图

由此可见，统计时分复用方式可以提高线路传输的利用率，计算机通信多采用此种方式，IP 电话就是 STDM 的一种应用。

在统计时分复用方式中，时隙位置失去了意义，因此当用户数据到达接收端时，由于它们不是以固定的顺序出现的，接收端就不知道应该将哪一个时隙内的数据送到哪一个用户。为了解决这个问题，必须在所传数据单元前附加地址信息，并对所传数据单元加上编号。这种机理就像把传输信道分成了若干子信道，称之为逻辑信道，每个子信道可用相应的号码表示，称做逻辑信道号，逻辑信道号作为传输线路的一种资源。逻辑信道为用户提供了独立的数据流通路，对同一个用户，每次通信可分配不同的逻辑信道号。

1.8.4　波分复用

波分复用（Wavelength Division Multiplexing，WDM）技术是在一根光纤中同时传输多个波长光信号的一项技术。其基本原理是在发送端将不同波长的信号复合起来（复用），送入到光缆线路上的同一根光纤中进行传输，在接收端又将复合波长的光信号分开（解复用），并做进一步处理，恢复出原信号后送入不同的终端。也就是说利用波分复用设备，在发端将不同波长的光信号复用到一条光纤上进行传输，在收端采用波分解复用设备分离不同波长的光信号。

WDM 系统的基本构成主要有两种形式，即双纤单向（也称双纤双向）传输和单纤双向传输。双纤单向传输是指采用两根光纤实现两个方向的信号传输，完成全双工通信。如图 1-14 所示，在发送端将载有各种信息的、具有不同波长的、已调制的光信号 λ_1，$\lambda_2 \cdots \lambda_n$ 通过波分复用器组合在一起，并在一根光纤中单向传输，在接收端通过波分解复用器将不同波长的光信号分开，分别送入不同的光接收机，完成多路光信号传输的任务，反方向通过另一根光纤传输，其原理相同。

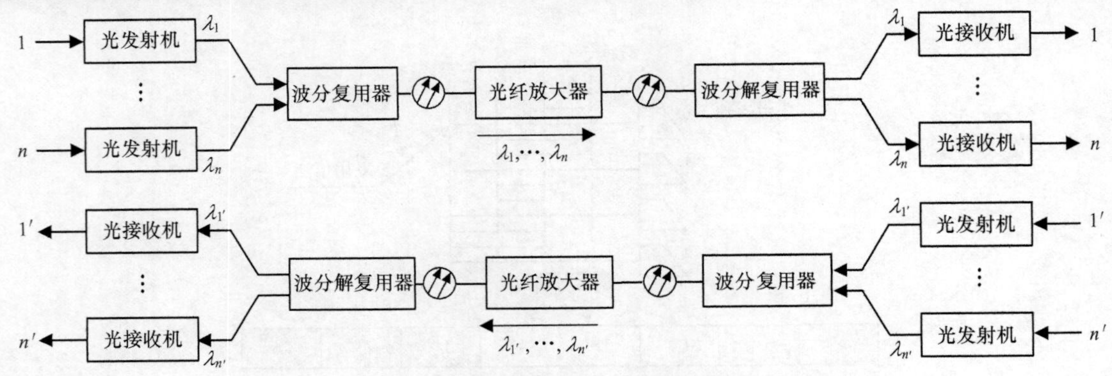

图 1-14　WDM 的双纤单向传输示意图

单纤双向传输是指光通路在一根光纤中同时沿着两个不同的方向传输，此时，双向传输的波长相互分开，以实现彼此双方全双工的通信。

由此可见，WDM 技术使 n 个波长复用起来在单根光纤中传输，并且可以实现单根光纤的双向传输，充分利用了光纤的巨大带宽资源，使一根光纤的传输容量比单波长传输增加几倍至几十倍，从而增加了光纤的传输容量，节省大量的线路投资。

1.8.5　码分复用

码分复用（Code Division Multiplexing，CDM）是靠不同的编码来区分各路原始信号的一种复用方式，常称为码分多址（Code Division Multiple Access，CDMA），是另一种共享信道的方法。码分复用在移动通信中主要解决多用户使用相同频率同时传送数据的问题。由于各用户使用经过特殊挑选的不同码型，因此不会造成干扰。

码分复用最初是用于军事通信，因为这种系统发送的信号有很强的抗干扰能力，其频谱类似于白噪声，不易被敌人发现。随着技术的进步，CDMA 设备的价格和体积都大幅度下降，因而现在已广泛使用在民用的移动通信中，无线局域网也采用 CDMA 技术。采用 CDMA 可提高通信的语音质量和数据传输的可靠性，减小干扰对通信的影响，增大通信系统的容量。

1.9　数据传输介质

数据传输介质是在数据通信中实际传送信息的载体。数据通信中采用的物理传输介质可分为有线和无线两大类。双绞线、同轴电缆和光纤属于有线传输介质，而无线电波、微波和红外线等属于无线传输介质。

1．有线传输介质

有线传输介质包括双绞线、同轴电缆和光纤，下面分别介绍。

（1）双绞线。双绞线（Twisted Pair，TP）是一种最经常使用的数据传输介质，是由两根具有绝缘保护层的铜导线互绞在一起构成的，并由此而得名。相对于其他有线传输介质（同轴电缆和光纤）来说，双绞线价格便宜，也易于安装和使用，是综合布线工程中最常用的一种传输介质，但是其性能（如传输距离、信道带宽和数据传输速率等）也较差。

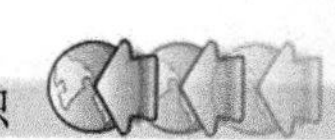

把两根绝缘的铜导线按一定密度互相绞在一起，可降低信号干扰的程度，每一根导线在传输中辐射的电波会被另一根线上发出的电波抵消。若将一对或多对双绞线放在一个绝缘套管中便成了双绞线电缆。粗的电缆可以包括数百对双绞线。

根据组成双绞线的两根铜导线是否屏蔽，可将双绞线分为屏蔽双绞线（Shielded Twisted Pair，STP）和非屏蔽双绞线（Unshielded Twisted Pair，UTP）两种，如图 1-15 所示。前者抗干扰性能好，能够提供较好的传输质量，但价格较贵，安装困难。随着工艺提高，UTP 也能提供较好的传输质量，且易安装，适用于结构化综合布线。一般在保密性能要求不高的场合使用非屏蔽双绞线，屏蔽双绞线通常用于安全性能要求极高的场合。

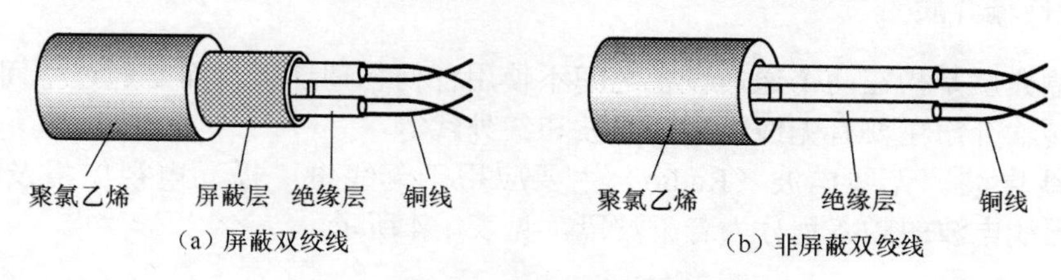

图 1-15　双绞线示意图

UTP 有 1 类线、2 类线、3 类线、4 类线、5 类线、超 5 类线、6 类线和 7 类线等，其主要区别在于单位距离上的旋绞次数。旋绞得越紧则价格越贵，但是性能也越好。目前 3 类线主要用于语音传输及最高传输速率为 10Mbit/s 的数据传输，如 10base-T 网络，线缆包括从 2 对到 100 对等类型。5 类线增加了绕线密度，外套一种高质量的绝缘材料，传输频率为 100MHz，用于语音传输和最高传输速率为 100Mbit/s 的数据传输，如 100base-T 网络，这是最常用的以太网电缆。超 5 类线主要用于高速数据传输，如 1 000Mbit/s 以太网。6 类线和 7 类线主要用于超高速数据传输。

（2）同轴电缆。同轴电缆（Coaxial Cable）由内部导体、环绕绝缘层以及绝缘层外的金属屏蔽网和最外层的护套组成，如图 1-16 所示。这种结构的金属屏蔽网可防止中心导体向外辐射电磁场，也可用来防止外界电磁场干扰中心导体的信号。同轴电缆在传输频率增高时，由于外导体的屏蔽作用增强，所受外界干扰和同轴管间串音都将减小，因而适用于高频传输。

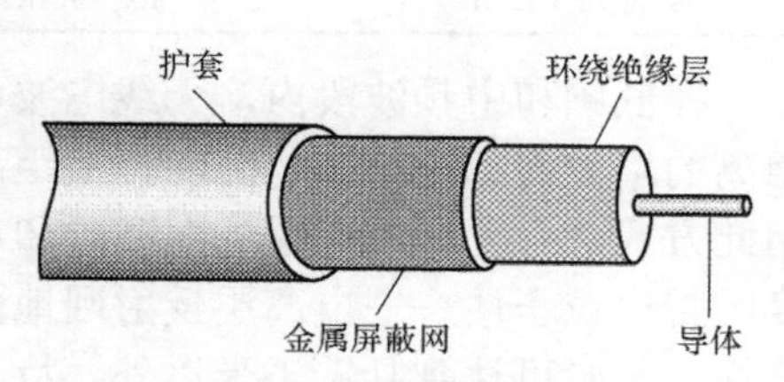

图 1-16　同轴电缆示意图

同轴电缆又分为基带同轴电缆（阻抗 50Ω）和宽带同轴电缆（阻抗为 75Ω）。基带同轴电缆用于数字传输，宽带同轴电缆用于模拟传输。宽带同轴电缆利用频分复用（FDM）技术可以同时传输多路信号，CATV 电缆就是宽带同轴电缆。在局域网中多使用基带同轴电缆，基带同轴电缆又分为粗同轴电缆和细同轴电缆两种。

与双绞线比较，同轴电缆可支持极宽的频宽和具备极好的噪声抑制特性，故可同时传输数据、语音及图像。在光缆大量使用之前，同轴电缆在有线传输中占据主要地位。

（3）光纤。光纤是导光性能极好、直径很细的圆柱形玻璃纤维。光纤由纤芯、包层、涂敷层及外套组成，是一个多层介质结构的对称圆柱体。纤芯的主体是二氧化硅，里面掺有微量的其他材料，用以提高材料的光折射率。纤芯外面有包层，包层与纤芯有不同的光折射率，纤芯的光折射率较高，用以保证光信号主要在纤芯里进行传输。包层外面是涂覆层，主要用来增加光纤的机械强度，以使光纤不受外来损害。光纤的最外层是外套，也是起保护

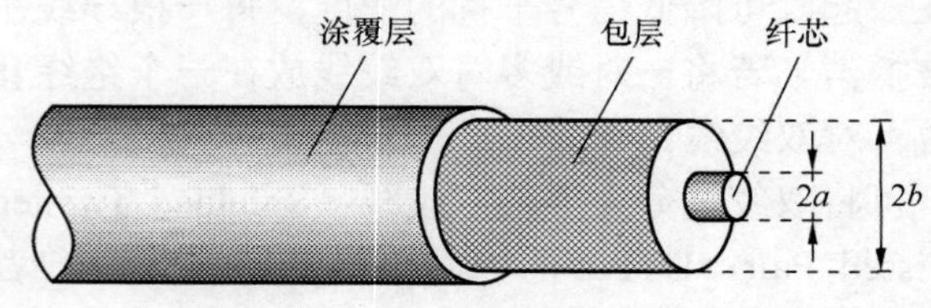

图 1-17　光纤结构示意图

作用的。图 1-17 所示为涂覆光纤结构示意图。

光纤通信是利用光波作载波，以光纤作为传输媒质将信息从一处传至另一处的通信方式，被称之为“有线”光通信。当今，光纤以其传输频带宽、抗干扰性高和信号衰减小等优点，已成为世界通信中的主要传输介质。

2．无线传输介质

无线传输介质是指在两个通信设备之间不使用任何物理连接，而是通过空间传输的一种技术。无线传输介质主要有无线电波、微波和红外线等。

（1）无线电波。无线电波（Radio）主要应用于无线电广播、电视广播及通信领域。ITU-R 已将无线电波的频率划分为若干波段，见表 1-4 所示。

表 1-4　无线电波频段和波段名称

频段名称	频率范围	波段名称	波长范围
低频（LF）	30～300kHz	长波	10^4～10^3m
中频（MF）	300～3 000kHz	中波	10^3～10^2m
高频（HF）	3～30MHz	短波	10^2～10m
甚高频（VHF）	30～300MHz	超短波	10～1m
特高频（SHF）	300～3 000MHz	分米波	1～0.1m
超高频（UHF）	3～30GHz	厘米波	10～1cm
极高频（EHF）	30～300GHz	毫米波	10～1mm

在低频和中频波段内，无线电波可轻易地绕过障碍物沿地表传播，但能量随着与信号源距离的增大而急剧减少，因而传播距离有限，一般在几百千米范围内，长波、中波和中短波用此方式进行无线电广播。在高频和甚高频波段内的电波会被离地面数十千米到数百千米高度的带电粒子层——电离层反射回地面，因而可达到更远的距离，短波广播最适宜以此形式传播，一般可达到几千千米以外。特高频、超高频和极高频已是微波的范围。

（2）微波。微波（Microwave）是指频率为 300MHz～300GHz 的电磁波，是无线电波中一个有限频带的简称。微波传输是利用无线电波在对流层的视距范围内进行传输。由于微波是沿直线传输的，而地球表面是曲面，故直线传输的距离与天线塔的高度有关，塔越高则距离越远。由于受地形和天线高度的限制，两站间的通信距离一般为 30～50km，长距离传输时，必须建立多个中继站接力。

在无线局域网中也使用微波信道。在 2.4～2.483 5GHz 频段，带宽为 835MHz。该频段无需无线电管理部门的许可，世界上许多国家对该频段都是开放的。

（3）红外线。红外线（infrared）的波长在 850～950nm 之间，是太阳光线中不可见光线中的一种。红外线路采用小于 1μm 波长的红外线作为传输媒介，有较强的方向性。由于其采用低于可见光的部分频谱作为传输介质，使用上不受无线电管理部门的限制。红外线已经在计算机通信中得到了应用，例如两台笔记本电脑的红外接口相对，可传输文件。

红外信号必须视距传输，其安全性好，抗干扰能力强，但其通信有较强的方向性，容易

受光线、雨雾天气的影响。

1.10　数据通信网

数据通信最简单的形式是在两个用户的通信终端之间直接用传输媒介连接起来进行通信。然而，这种工作方式是不实际的，特别当多个用户之间要进行数据通信时，更不可能在每个用户之间都相互建立直达的线路，因为若有 N 个数据终端，则需要有 $N(N-1)/2$ 条传输线路。显然当数据终端数增加时，传输线路将迅速增多。因此，必须建立数据通信网。

一般来讲，以传输数据为主的网络称为数据通信网。数据通信网可以进行数据交换和远程信息的处理，其交换方式普遍采用存储-转发方式的分组交换技术。

1．数据通信网的构成

数据通信网是一个由分布在各地的数据终端设备、数据交换设备和通信线路所构成的网络，在网络协议（包括 OSI 下 3 层协议）的支持下，实现数据终端间的数据传输和交换。

数据通信网通常是由硬件和软件组成的，硬件包括数据终端设备、数据交换设备及传输线路，如图 1-18 所示，软件是为支持这些硬件而配置的网络协议等。一般把网络中完成数据传输和数据交换功能的一个点称为节点，正是通过这些节点使与其相连的计算机或终端之间进行数据通信。

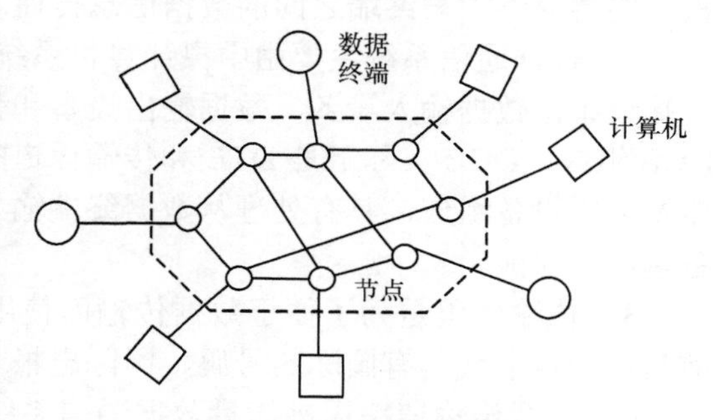

图 1-18　数据通信网示意图

（1）数据终端设备。数据终端设备是数据网中信息传输的源点和终点，它的主要功能是向网（向传输链路）输出数据和从网中接收数据，并具有一定的数据处理和数据传输控制功能。

（2）数据交换设备。数据交换设备是数据通信网的核心。它的基本功能是完成对接入交换节点的数据传输链路的汇集、转接接续和分配。

这里需要说明的是：在数字数据网（DDN）中是没有交换设备的，它采用数字交叉连接设备（DXC）作为数据传输链路的转接设备；在广播式数据网中也没有交换设备，它采用多路访问技术来共享传输介质。

（3）通信线路。通信线路在数据通信网中完成数据信息比特流的传输，包括有线和无线通信线路。

2．数据通信网的分类

（1）按网络拓扑结构分类。数据通信网可分为网状形网、不完全网状形网（网格形网）、星形网、树形网、环形网和总线型网等。在数据通信中，骨干网一般采用网状网或网格形网，本地网中可采用星形网。

（2）按传输技术分类。数据通信网可分为交换网和广播网。

在交换网中，数据从源点出发经过一系列中间交换节点传送到终点。此种网络由交换节点和通信线路构成，用户之间的通信要经过交换设备。

在广播网中，每个数据站的收发信机共享同一传输介质，从任一数据站发出的信号可被所有的其他数据站接收。在广播网中没有中间的交换节点，如总线型局域网和环形局域网。

（3）按传输距离分类。数据通信网可分为局域网、城域网和广域网。

局域网。传输距离一般为几十米到几千米，数据传输速率在 10Mbit/s 以上，协议标准采用 IEEE802。局域网往往用于某一群体，比如某个公司、某个单位、某幢楼、某个学校等。

城域网。传输距离一般在 50～100km，传输速率比局域网还高，目前以光纤为主要传输介质，可支持数据、语音和图像的综合业务，通常覆盖整个城区和城郊。

广域网（核心网）。作用范围通常为几十到几千千米，如 Internet 就是广域网。

小结

1．数据通信主要研究二进制编码信息的通信过程。数据通信的严格定义是依照通信协议，利用数据传输技术在两个功能单元之间传递数据信息。它可实现计算机与计算机、计算机与终端或终端与终端之间的数据信息传递。

2．数据通信系统主要由中央计算机系统、数据终端设备和数据电路 3 部分构成。数据终端设备由数据输入设备、数据输出设备和传输控制器组成；数据电路由传输信道及两端的 DCE 组成，DCE 实际上是 DTE 和传输信道的接口设备；中央计算机系统由主机、通信控制器及外围设备组成，具有处理从数据终端输入的数据信息，并将处理结果向相应数据终端设备输出的功能。

3．传输代码是为了便于数据传输而使用的表示数据的二进制“0”或“1”的组合。目前常用的传输代码有国际 5 号码、国际电报 2 号码、EBCDIC 码和信息交换用汉字代码。

4．数据传输速率用来衡量数据通信系统的传输能力，通常采用调制速率和数据传信速率来描述。数据传信速率和调制速率的关系是 $R=N_{\mathrm{Bd}}\log_2 M$。

5．数据传输的信道容量是指在单位时间内所能传送的最大信息量，单位是比特/秒（bit/s）。

6．衡量数据通信系统的性能指标主要有可靠性指标和有效性指标两种。可靠性指标是衡量数据传输质量的重要指标，常用误码率来衡量。衡量有效性的主要指标是频带利用率，它反映了数据传输系统对频带资源的利用程度。

7．在数据通信系统中，数据传输方式一般需要考虑是并行传输还是串行传输，是同步传输还是异步传输，是单工、半双工还是全双工传输，是基带传输还是频带传输。

8．数字数据信号的数字编码有 AMI 码、CMI 码、双相码、差分双相码、非归零交替码等，数字数据信号的调制编码有幅度调制编码、相位调制编码和频率调制编码等。

9．在数据通信系统中，为了提高线路的利用率，使用多路复用技术。常用的多路复用技术有频分复用、时分复用、统计时分复用、波分复用和码分复用。

10．数据传输介质有双绞线、同轴电缆和光纤等有线传输介质和无线电波、微波、红外线等无线传输介质。

11．数据通信网可以分为硬件和软件两个组成部分。硬件包括数据传输设备、数据交换设备和通信线路，软件是为支持这些硬件而配置的网络协议等。数据通信网可按不同的分类方法进行分类。按网络拓扑结构分类，可分为网状形网、不完全网状形网、星形网、树形

网、环形网和总线型网等；按传输技术分类，分为交换网和广播网；按传输距离分类，分为局域网、城域网和广域网。

思考题与练习题

1-1　什么是数据通信？

1-2　说明数据通信系统的构成模型及各部分的功能。

1-3　什么是数据线路、数据电路和数据链路？它们的主要功能是什么？

1-4　数据信号码元长度为 833×10^{-6}s，如采用 16 电平传输，试求数据传信速率和调制速率。

1-5　信道容量与数据传信率的区别是什么？

1-6　9 600bit/s 的线路上，进行 1h 的连续传输，测试结果为有 150bit 的差错，问该系统的误码率是多少？

1-7　在异步传输中，假设停止位为 1bit，无奇偶校验，数据位为 8bit，求传输效率为多少？

1-8　什么是异步传输、同步传输、并行传输和串行传输？

1-9　什么是单工、半双工、全双工传输？

1-10　什么是基带传输，什么是频带传输？

1-11　数字数据信号的数字编码和调制编码都有哪些？

1-12　什么是多路复用技术？简述 FDM、TDM、STDM、WDM 和 CDM 的含义。

1-13　数据传输介质有哪些？每种传输介质的优缺点是什么？

1-14　数据通信网是如何构成的？目前有哪些类型的数据通信网？

第2章 差错控制

【本章内容】

- 差错控制的基本概念、基本原理及基本方式。
- 检错与纠错的基本概念、码距与检错纠错能力。
- 奇偶校验码、汉明码、循环码和卷积码。
- ARQ原理及滑窗协议。

【本章重点、难点】

- 差错控制的基本方式。
- 码距与检错纠错能力。
- 汉明码与循环码的编码。
- ARQ原理及滑窗协议。

【本章学习的目的和要求】

- 了解差错控制的基本概念和基本原理。
- 掌握差错控制的基本方式和码距与检错纠错能力。
- 掌握奇偶校验码、汉明码和循环码的编码与解码。
- 掌握ARQ原理及滑窗协议。

2.1 差错控制的基本概念

数据通信要求信息传输具有高度的可靠性，即要求误码率足够低。然而，数据信号在传输过程中不可避免地会发生差错，即出现误码。造成误码的原因很多，但主要原因可以归结为两方面：一是信道不理想造成的符号间干扰，二是噪声对信号的干扰。对于前者通常通过均衡方法改善以至消除，因此，常把信道中的噪声作为造成传输差错的主要原因。差错控制是对信道中的噪声采取的技术措施，目的是提高传输的可靠性。

1. 差错控制的基本概念

差错即误码。差错控制的核心是差错控制编码，即在信息码之外附加监督码，从而具有检错和纠错能力，也称为纠错编码。

差错控制指的是在发送端通过对信息序列做某种变换，使原来彼此独立的、互不相关的信息码元变成具有一定的相关性、一定规律的数据序列，从而在接收端能够根据这种规律性检查（检错）或进而纠正（纠错）。采用不同的变换方法也就构成不同的纠（检）错编码。

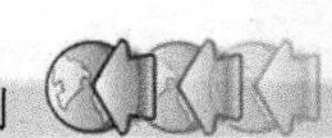

2．差错类型

数据信号在信道中传输，会受到各种不同的噪声干扰。噪声大体分为两类：随机噪声和脉冲躁声。随机噪声包括热噪声、传输介质引起的噪声等，脉冲噪声包括雷电、开关等引起的瞬态电信号变化。不同的噪声，引起的差错类型也不同，随机噪声导致随机差错，脉冲噪声造成突发差错。

- 随机差错又称独立差错，是指错码的出现是随机的，且错码之间是统计独立的。存在这种差错的信道称为随机信道，例如，微波接力和卫星转发信道。
- 突发差错是指成串集中出现的错码，也就是说，在一些短促的时间区内会出现大量错码，而在这些短促的时间区间之间又存在较长的无错码区间。产生突发差错的信道称为突发信道，如短波、散射等信道。

例如，数据序列为 00000000…，由于噪声干扰，接收端收到的数据序列为 01100100…，其中 11001 为成串集中出现的差错，此差错为突发差错。

既存在随机差错又存在突发错误，而且哪一种都不能忽略不计的信道称为混合信道。

一般来说，针对随机错误的编码方法与设备比较简单，成本较低，效果较显著，而纠正突发错误的编码方法和设备较复杂，成本较高，效果不如前者显著。

2.2　差错控制的基本方式与基本原理

1．差错控制的基本方式

在数据通信系统中，常用的差错控制方式一般有下面 4 种类型，如图 2-1 所示。

（1）检错重发

检错重发又称自动请求重发（Automatic Repeat reQuest，ARQ），如图 2-1（a）所示。这种差错控制方式在发送端对数据序列按一定的规则进行编码，使之具有一定的检错能力，成为能够检测错误的码组（检错码）。接收端收到码组后，按编码规则校验有无错码，并把校验结果通过反向信道反馈到发送端。如无错码，就反馈继续发送信号。如有错码，就反馈重发信号，发送端把前面发出的信息重新传送一次，直到接收端正确收到为止。

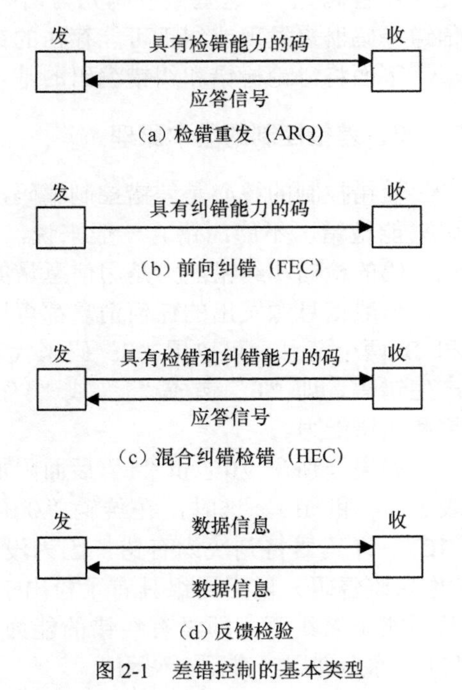

图 2-1　差错控制的基本类型

这种方式的优点是：检错码构造简单，插入的监督码位不多，设备不太复杂。缺点是：实时性差，且必须有反向信道，通信效率低，当信道干扰增大时，整个系统可能处在重发循环中，甚至不能通信。

（2）前向纠错

图 2-1（b）所示为前向纠错（Forword Error Correction，FEC）方式。前向纠错系统

中，发送端的信道编码器将输入数据序列按某种规则变换成能够纠正错误的码，接收端的译码器根据编码规律不仅可以检测出错码，而且能够确定错码的位置并自动纠正。

这种方式的优点是不需要反馈信道（传递重发指令），也不存在由于反复重发而延误时间，实时性好。其缺点是要求附加的监督码较多，传输效率低，纠错设备比检错设备复杂。

（3）混合纠错检错

混合纠错检错（Hybrid Error Correction，HEC）方式是前向纠错方式和检错重发方式的结合，如图 2-1（c）所示。在这种系统中，发送端发送同时具有检错和纠错能力的码，接收端收到码后，检查错误情况。如果错误少于纠错能力，则自行纠正；如果错误很多，超出纠错能力，但未超出检错能力，即能判决有无错码而不能判决错码的位置，此时收端自动通过反向信道发出信号要求发端重发。

混合纠错检错方式在实时性和译码复杂性方面是前向纠错和检错重发方式的折衷，因而近年来，在数据通信系统中采用较多。

（4）反馈校验

反馈校验方式又称回程校验，如图 2-1（d）所示。接收端把收到的数据序列原封不动地转发回发送端，发端将原发送的数据序列与返送回的数据序列比较。如果发现错误，则发送端进行重发，直到发端没有发现错误为止。

这种方式的优点是：不需要纠错、检错的编解码器，设备简单。缺点是需要有双向信道，实时性差，且每一信码都相当于至少传送了两次，所以传输效率低。

上述差错控制方式应根据实际情况合理选用。在上述方法中，除反馈校验方式外，都要求发送端发送的数据序列具有纠错或检错能力。为此，必须对信息源输出的数据加入多余码元（监督码元）。这些监督码元与信息码之间有一定的关系，使接收端可以根据这种关系由信道译码器来发现或纠正可能存在的错码。

下面将讨论检错和纠错编码的基本原理和一些常用的检错纠错码。

2．差错控制的基本原理

差错控制的核心是差错控制编码，不同的编码方法，有不同的检错或纠错能力，有的编码只能检错，不能纠错。一般来说，付出的代价越大，检（纠）错的能力就越强。具体来说，码的检错和纠错能力是用信息量的冗余度来换取的。

一般信息源发出的任何消息都可以用二进制信号“0”和“1”来表示。例如，要传送 A 和 B 两个消息，可以用“0”码来代表 A，用“1”码来代表 B。在这种情况下，若传输中产生错码，即“0”错成“1”或“1”误为“0”，接收端都无从发现，因此这种编码没有检错和纠错能力。

如果分别在“0”和“1”后面附加一个“0”和“1”，变为“00”和“11”（本例中分别表示 A 和 B）。这时，在传输“00”和“11”时，如果发生一位错码，则变成“01”或“10”，译码器将判决为有错，因为没有规定使用“01”或“10”码组。这表明附加一位码（称为监督码）以后码组具有了检出 1 位错码的能力。但因译码器不能判决哪位是错码，所以不能予以纠正，即没有纠错的能力。本例中“01”和“10”称为禁用码组，而“00”和“11”称为许用（准用）码组。

进一步分析，若在信息码之后附加两位监督码，即用“000”代表消息 A，用“111”表示消息 B，这时，码组成为长度为 3 的二进制编码，而 3 位的二进制码有 $2^3=8$ 种组合，本

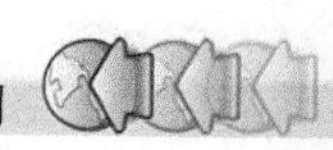

例中选择“000”和“111”为许用码组。此时，如果传输中产生一位错误，收端将成为 001、010、100、011、101 或 110，这 6 组码均为禁用码组。因此，接收端译码器都将判决为有错。不仅如此，在只有一位错码的情况下，还可以判决哪位码有错并予以纠正。一般可以根据“大数”法则来纠正一个错误，即 3 位码组中如有 2 个或 3 个“0”码，则判为“000”码组（消息 A），如有 2 个或 3 个“1”码，则判为“111”码组（消息 B），所以，此时还可以纠正一位错码。这说明本例中的码具有检出两位和两位以下的错码以及纠正一位错码的能力。

可见，纠错编码之所以具有检错和纠错能力，是因为在信息码之外附加了监督码。监督码不载荷信息，它的作用是用来监督信息码在传输中有无差错，对用户来说是多余的，最终也不传送给用户，但它提高了传输的可靠性。但是，监督码的引入，降低了信道的传输效率。因此可说，通过纠错编码所提高的可靠性是以牺牲信道利用率为代价换取的。一般来说，引入监督码越多，码的检错、纠错能力越强，但信道的传输效率下降也越多。目标是寻找一种编码方法使所加的监督码元最少，而检错、纠错能力又高，且又便于实现。

2.3　检错与纠错的基本概念

由以上的讨论可知，码的检错纠错能力与插入的监督码位的多少有关，下面具体介绍检错纠错能力与码距的关系。

2.3.1　码距与检错纠错能力

1．基本概念

在信道编码中，定义码组中非零码元的数目为码组的重量，简称码重。例如，“010”码组的码重为 1，“011”码组的码重为 2。

把两个码组中对应码位上具有不同二进制码元的位数定义为两码组的距离，简称码距。例如，（00）与（01）码距为 1，（110）与（101）码距为 2。

在一种编码中，任意两个码组间距离的最小值，称为这一编码的最小码距，或称为这一编码的汉明（Hamming）距离，以 $d_{\min}$ 表示。

在以上 3 位码组例子中，若 8 种码组都作为许用码组时，任意两码组间的最小距离为 1，我们称这种编码的最小码距为 1，记作 $d_{\min}=1$；若选用最小码距 $d_{\min}=2$ 的码组，则只有 4 种码组为许用码组，即“000”、“011”、“101”、“110”或“010”、“100”、“001”、“101”；若选用最小码距 $d_{\min}=3$ 的码组，则只有两种码组为许用码组，即“000”和“111”。

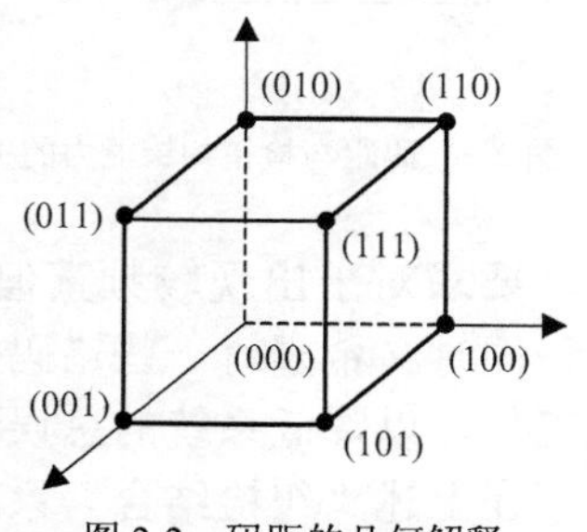

图 2-2　码距的几何解释

对于 $n=3$ 的编码组，可以在三维空间中说明码距的几何意义。如前所述，3 位二进制码共有 8 种不同的可能码组。因此在三维空间中，它们分别位于一个单位立方体的各顶点上，如图 2-2 所示。每一码组的 3 个码元的值就是此立方体各顶点的坐标，而上述码距概念在此图中则对应于各顶点之间沿立方体各边行走的几何

距离（最少边数）。

2．码距与纠检错能力

下面将具体讨论一种编码的检错和纠错能力与这种编码的最小码距 $d_{\min}$ 之间的数量关系。在一般情况下，对于分组码有以下结论。

（1）为检测 e 个错码，要求最小码距

$$d_{\min} \geqslant e+1 \tag{2-1}$$

或者说，若一种编码的最小距离为 $d_{\min}$，则它能检出 $e \leqslant d_{\min}-1$ 个错码。

式（2-1）可以用图 2-3（a）证明如下。设一码组 A 位于 0 点。若码组 A 中发生一位错码，则可以认为 A 的位置将移动至以 0 点为圆心、以 1 为半径的圆上某点，A 的位置不会超出此圆；若码组 A 中发生两位错码，则其位置不会超出以 0 点为圆心、以 2 为半径的圆。因此，只要最小码距不小于 3（如图中 B 点），在此半径为 2 的圆上及圆内就不会有其他码组。这就是说，码组 A 发生两位（包含两位）以下错码时，不可能变成另一任何许用码组。因而能检测错码的位数等于 2。同理，若一种编码的最小码距为 $d_{\min}$，则将能检测（$d_{\min}-1$）个错码；反之，若要求检测 e 个错码，则最小码距 $d_{\min}$ 至少应不小于（$e+1$）。

（2）为纠正 t 个错码，要求最小码距

$$d_{\min} \geqslant 2t+1 \tag{2-2}$$

式（2-2）可以用图 2-3（b）来说明。图中画出的码组 A 和 B 的码距为 5，若码组 A 或 B 发生的错码不多于 2 位，其位置都不会超出分别以 A 和 B 为圆心，以 2 为半径的圆。在码距为 5 的条件下，这两个圆是不会重叠的。因此可以这样来判决：若接收到的码组落到以 A 为圆心的圆上或圆内，就判决成 A 码组；若接收到的码组落到以 B 为圆心的圆上或圆内，就判决成 B 码组。这样，就能纠正两位错码。这表明码距为 5 时，各码组若发生不多于 2 位的错码都能纠正。因此，当最小码距 $d_{\min}=5$ 时，能够纠正两个错码，且最多能纠正 2 个。若错码达到 3 个，就将落于另一圆上，从而发生错判。这就证明了上式的正确性。

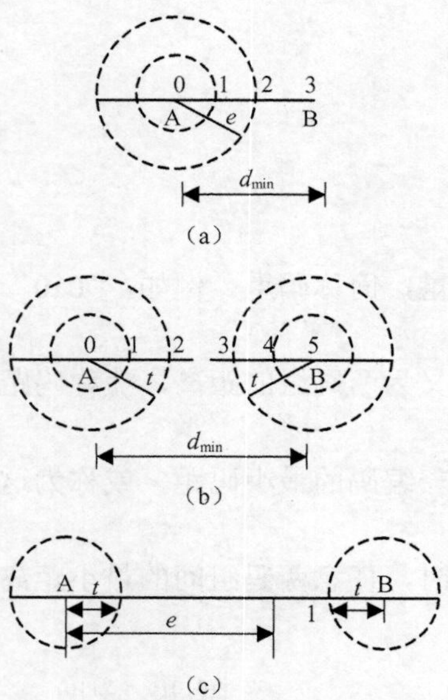

图 2-3　码距与检错纠错能力的关系

（3）为纠正 t 个错码，同时检测 e（$e>t$）个错码，要求最小码距

$$d_{\min} \geqslant e+t+1 \tag{2-3}$$

在解释式（2-3）之前，先来说明什么是“纠正 t 个错码，同时检测 e 个错码”（简称纠检结合）。在某些情况下，要求对于出现较频繁但错码数很少的码组，按前向纠错方式工作，以节省反馈重发时间，同时又希望对一些错码数较多的码组，在超过该码的纠错能力后，能自动按检错重发方式工作，以降低系统的总误码率。这种方式就是“纠检结合”。

在上述“纠检结合”系统中，差错控制设备按照接收码组与许用码组的距离自动改变工作方式。若接收码组与某一许用码组间的距离在纠错能力 t 范围内，则将按纠错方式工作；若与任何许用码组间的距离都超过 t，则按检错方式工作。

现用图 2-3（c）所示加以说明。若设码的检错能力为 e，则当码组 A 中存在 e 个错码时，该码组与任一许用码组（例如图中码组 B）的距离至少应有 $t+1$，否则将进入许用码组 B 的纠错能力范围内，而被错纠为 B。

在图 2-3（b）所示的例子中，码组 A 和码组 B 之间的码距为 5，在按检错方式工作时，由式（2-1）可知，它的检错能力为 $e=d_{\min}-1=5-1=4$，在按纠错方式工作时，由式（2-2）可知，它的纠错能力 $t=2$。但按纠检结合方式工作时，若设计的纠错能力 $t=1$，则同时只能具有检错能力 $e=3$，不可能既可检出 4 位错码又能纠正 2 位错码。这是因为当许用码组 A 中出现 4 个错码时，接收码组将落入另一许用码组的纠错能力范围内，从而转为按纠错方式工作并错纠为 B 了。这就是说式（2-1）和式（2-2）不能同时成立或同时运用。

因此，为了在可以纠正 t 个错码的同时，能够检出 e 个错码，就要像图 2-3（c）所示那样，使某一码组（图中所示的为 A 码组）发生 e 个错码之后所处的位置，与其他码组（图中所示的为 B 码组）的纠错圆的距离至少等于 1，不然将落在该纠错圆上而发生错误纠正。假设在最不利情况下，A 发生 e 个错码，而 B 发生 t 个错码，为了保证这时两码组仍不发生相混，则要求以 A 为圆心、以 e 为半径的圆必须与以 B 为圆心、以 t 为半径的圆不发生交叠，即要求最小码距 $d_{\min}\geqslant e+t+1$。同时，还可以看到若错码超过 t，两圆有可能相交，因而不再有纠错的能力，但仍可检测 e 个错码。

2.3.2 编码效率

编码效率是指一个码组中信息位所占的比重，用 R 来表示。即

$$R=\frac{k}{n} \tag{2-4}$$

其中，k 为信息码元的数目（信息位长度），n 为编码组码元的总数（编码后码组长度：$n=k+r$），r 为监督码元的数目（监督位长度）。

显然，R 越大编码效率越高。对于一个好的编码方案，不但希望其检错纠错能力强，而且还希望它的编码效率高，但两方面的要求是矛盾的，在设计中要全面考虑。

2.3.3 差错控制编码的分类

从不同的角度出发，差错控制编码可有不同的分类方法。

（1）按码组的功能分，有检错码和纠错码两类。一般地说，在译码器中能够检测出错码，但不知道错码的准确位置的码，称为检错码，它没有自动纠正错误的能力。如在译码器中不仅能发现错误，而且知道错码的准确位置，自动进行纠正错误的码，则称为纠错码。

（2）按码组中监督码元与信息码元之间的关系分，有线性码和非线性码两类。线性码是指监督码元与信息码元之间的关系呈线性关系，即可用一组线性代数方程联系起来，几乎所有得到实际运用的都是线性码；非线性码指的是二者是非线性关系，目前很少使用。

（3）按照信息码元与监督码元的约束关系，又可分为分组码和卷积码两类。所谓分组码是将信息序列以每 k 个码元分组，通过编码器在每 k 个码元后按照一定的规则产生 r 个监督码元，组成长度为 $n=k+r$ 的码组，每一码组中的 r 个监督码元仅监督本码组中的信息码元，而与其他组无关。分组码一般用符号（n，k）表示，其结构规定如图 2-4 所示的形式，图中前面 k 位（a_{n-1}，$a_{n-2}\cdots a_r$）为信息位，后面附加 r 个监督位（a_{r-1}，$a_{r-2}\cdots a_0$）。分组码按许用

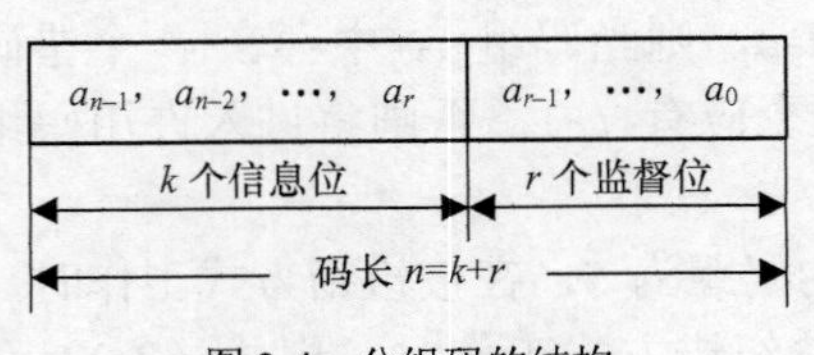

图 2-4　分组码的结构

码组（码字）有无循环性结构又可分为循环码和非循环码两类。

卷积码是把信源输出的信息序列，以每 k_0 个码元分段，通过编码器输出长为 n_0（$n_0>k_0$）的一段码。但该段码的（n_0-k_0）个监督码元不仅与本段码的信息码元有关，而且还与前面 $m-1$ 段的信息码元有关，即不是分组监督，而是每个监督码元对它的前后码元都实行监督，前后形成了约束关系，因此有时也称为连环码。卷积码一般用（n_0，k_0，m）表示。

（4）按照信息码元在编码前后是否保持原来的形式不变，可划分为系统码和非系统码。系统码的信息码元和监督码元在分组内有确定的位置，而非系统码中信息码元则改变了原来的信号形式。由于非系统码中的信息位已经改变了原有的信号形式，这给观察和译码都带来麻烦，因此很少应用，而系统码的编译码相对比较简单些，得到广泛应用。

（5）按纠正差错的类型可分为纠正随机错误的码和纠正突发错误的码。

（6）按照每个码元取值来分，可分为二进制码与多进制码。

图 2-5 所示为各种差错控制编码的类型。

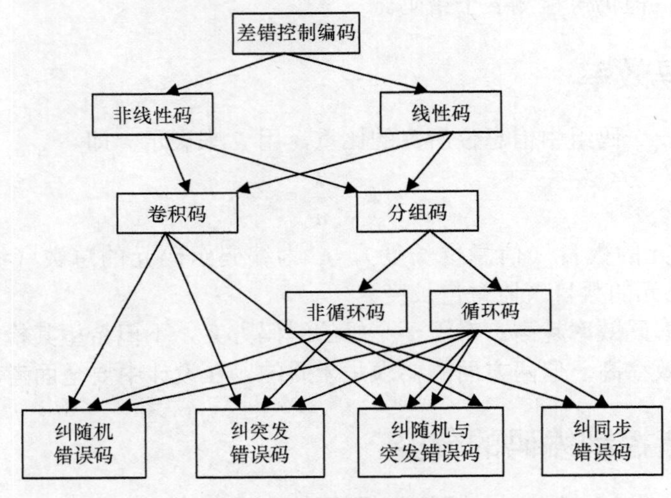

图 2-5　差错控制编码的分类

2.4　几种差错控制编码介绍

常用的差错控制编码有奇偶校验码、线性分组码、循环码和卷积码等，下面分别介绍。

2.4.1　奇偶校验码

这是一种最简单的检错码，又称奇偶监督码，是较为实用的差错控制编码，属于分组码一类，在计算机通信中得到了广泛的应用。

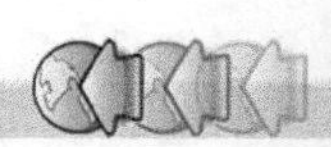

1．一般奇偶校验码

奇偶校验码分奇校验码和偶校验码，两者的构成原理是一样的。

（1）基本原理

在奇偶校验码中，一般无论信息位有多少位，校验位只有一位。其编码规则是先将所要传输的数据码元分组，在分组数据后面附加一位校验位，使得该组码连同校验位在内的码组中的“1”的个数为偶数（称为偶校验）或奇数（称为奇校验），在接收端按同样的规律检查，如发现不符就说明产生了差错，但是不能确定差错的具体位置，即不能纠错。

奇偶校验码的这种校验关系可以用公式表示。设码组长度为 n，其中前 n–1 位为信息码元，第 0 位为校验位 a_0，表示为（a_{n-1}，a_{n-2}，a_{n-3}，…，a_0）。

在偶检验时，满足下式条件

$$a_{n-1} \oplus a_{n-2} \oplus \cdots \oplus a_0 = 0 \qquad (2\text{-}5)$$

表 2-1 所示就是按偶校验规则插入监督位的。

表 2-1　偶校验监督码

消　息	信 息 位	监 督 位	消　息	信 息 位	监 督 位
晴	00	0	阴	10	1
云	01	1	雨	11	0

在奇校验时，满足下式条件

$$a_{n-1} \oplus a_{n-2} \oplus \cdots \oplus a_0 = 1 \qquad (2\text{-}6)$$

（2）纠错能力

这种奇偶检验只能发现单个或奇数个错误，而不能检测出偶数个错误，但是可以证明出错位数为 $2t$–1 奇数概率总比出错位数为 $2t$ 偶数（t 为正整数）的概率大得多，即错 1 位码的概率比错 2 位码的概率大得多，错 3 位码的概率比错 4 位码的概率大得多。因此，绝大多数随机错误都能用简单奇偶校验查出，这正是这种方法被广泛用于以随机错误为主的计算机通信系统的原因。但这种方法难于对付突发差错，所以在突发错误很多的信道中不能单独使用。最后指出，奇偶校验码的最小码距为 2。

2．垂直奇偶校验码

（1）基本原理

垂直奇偶校验是在 b_7 位表示字符的数据位后再附加第 b_8 位校验位，表 2-2 所示为以 ASCII 的七单位码数字 0～9 为例说明垂直奇偶校验的编码情况。

表 2-2　垂直奇偶校验

位 \ 字符	0	1	2	3	4	5	6	7	8	9
b_1	0	1	0	1	0	1	0	1	0	1
b_2	0	0	1	1	0	0	1	1	0	0
b_3	0	0	0	0	1	1	1	1	0	0

续表

位 \ 字符	0	1	2	3	4	5	6	7	8	9
b_4	0	0	0	0	0	0	0	0	1	1
b_5	1	1	1	1	1	1	1	1	1	1
b_6	1	1	1	1	1	1	1	1	1	1
b_7	0	0	0	0	0	0	0	0	0	0
b_8（校验）	0	1	1	0	1	0	0	1	1	0

接收端根据收到的 b_1～b_7 重新计算奇偶校验码元 b_8'，将此 b_8' 与收到的 b_8 相比较。如相同则无错，否则存在错误。

（2）纠错能力

垂直奇偶校验编码，无论是采用偶校验还是奇校验，将检出全部奇数个差错，而出现的全部偶数个差错均不能发现。

3．水平奇偶校验码

（1）基本原理

为了提高上述奇偶校验码的检错能力，特别是改正不能检测突发错误的缺点，可以将要进行奇偶校验的码元序列按行排成方阵，每行为一组奇偶校验码（见表 2-3），但发送时则按列的顺序传输 111011100110000…10101，接收端仍将码元排成发送时的方阵形式，然后按行进行奇偶校验。由于按行进行奇偶校验，因此称为水平奇偶校验码。

表 2-3 水平奇偶校验码

信息码元										校验码元
1	1	1	0	0	1	1	0	0	0	1
1	1	0	1	0	0	1	1	0	1	0
1	0	0	0	0	1	1	1	0	1	1
0	0	0	1	0	0	0	0	1	0	0
1	1	0	0	1	1	1	0	1	1	1

（2）纠错能力

采用水平奇偶校验码方法可以发现某一行上所有奇数个错误以及所有长度不大于方阵中行数（见表 2-3 中为 5 行）的突发错误。因为发送端是按列发送码元，而不是按码组发送码元，因此把本来可能集中发生在某个码组的突发错误分散到了方阵的各个码组中，因此可得到整个方阵的行监督。

4．二维奇偶校验码

（1）基本原理

二维奇偶校验码又称行列校验码或方阵码，它的方法是在水平奇偶校验的基础上对表 2-3 所示方阵中每一列再进行奇偶校验，就可得到表 2-4 所示的方阵。发送是按列序顺次传输，即 111010110011100001…101011。

表 2-4　　二维奇偶校验码

	信息码元										校验码元
	1	1	1	0	0	1	1	0	0	0	1
	1	1	0	1	0	0	1	1	0	1	0
	1	0	0	0	0	1	1	1	0	1	1
	0	0	0	1	0	0	0	0	1	0	0
	1	1	0	0	1	1	1	0	1	1	1
校验码元	0	1	1	0	1	1	0	0	0	1	1

（2）纠错能力

- 这种码能发现某行或某列上的奇数个错误和长度不大于行数（或列数）的突发错误。
- 这种码有可能检测出偶数个错码。因为如果每行的监督位不能在本行检出偶数个错误时，则在列的方向上有可能检出。当然，在偶数个错误恰好分布在矩阵的 4 个顶点时，这样的偶数个错误是检测不出来的。
- 这种码还可以纠正一些错误。例如，当某行某列均不满足监督关系而判定该行该列交叉位置的码元有错，从而纠正这一位上的错误。
- 这种码检错能力强，又具有一定纠错能力，且实现容易，因而得到广泛的应用。

此外，数据通信中应用较多的还有恒比码、正反码等。

2.4.2　汉明码

上节介绍的奇偶校验码的编码原理利用了代数关系式，我们把这类建立在代数学基础上的编码称为代数码。在代数码中，常见的是线性码。线性码中信息位和监督位是由一些线性代数方程联系着的，或者说，线性码是按一组线性方程构成的，汉明（Hamming）码为一种线性分组码，下面简单介绍汉明码编码。

为了能够纠正一位错码，在给定码组中的信息位个数后，寻求最少的监督位个数以提高编码效率。从这种思想出发进行研究，导致了汉明码的诞生。汉明码是一种能够纠正一位错码且编码效率较高的线性分组码。

（1）基本原理

在前面讨论奇偶校验时，如按偶校验，由于使用了一位监督位 a_0，故它就能和信息 $a_{n-1}a_{n-2}\cdots a_1$ 一起构成一个代数式，如式（2-5）所示。在接收端解码时，实际上就是在计算

$$S = a_{n-1} \oplus a_{n-2} \oplus \cdots \oplus a_0 \qquad (2\text{-}7)$$

若 S=0，就认为无错；若 S=1，则认为有错。式（2-7）称为监督关系式，S 称为校正子。由于简单的奇偶校验只有一位监督码元、一个监督关系式，校正子 S 只有 0 和 1 两种取值，因此它就只能代表有错和无错两种信息，而不能指出错码的位置。

可以设想，如果监督位增加一位，即变成两位，则将增加一个类似于式（2-7）的监督关系式，接收时按照两个监督关系式就可计算出两个校正子，记作 S_1 和 S_2。S_1、S_2 共有 4 种组合：00、01、10、11，故能表示 4 种不同信息。若用其中一种表示无错，则其余 $2^2-1=3$ 种就有可能用来指示一位错码的 3 种不同位置。同理，若有 r 位监督位，就可构成 r

个监督关系式，计算得出的校正子有 r 个，可用来指示一位错码的 2^r-1 个可能位置。

一般来说，若码长为 n，信息位数为 k，则监督位数 $r=n-k$。如果希望用 r 个监督位构造出 r 个监督关系式来指示一位错码的 n 种可能位置，则要求

$$2^r-1\geqslant n \text{ 或 } 2^r\geqslant k+r+1 \tag{2-8}$$

下面通过一个例子来说明如何具体构造这些监督关系式。

（2）编码示例

设分组码（n，k）中 k=4。为了纠正一位错码，由式（2-8）可知，要求监督位数 $r\geqslant3$。若取 r =3，则 $n=k+r=7$。现用 $a_6a_5\cdots a_0$ 表示这 7 个码元，用 S_1、S_2、S_3 表示 3 个监督关系式中的校正子，则 S_1、S_2、S_3 的值与错码位置的对应关系可以规定如表 2-5 所列（自然，也可规定成另一种对应关系）。

表 2-5　校正子与错码的位置

$S_1\,S_2\,S_3$	错码位置	$S_1\,S_2\,S_3$	错码位置	$S_1\,S_2\,S_3$	错码位置	$S_1\,S_2\,S_3$	错码位置
0 0 1	a_0	1 0 0	a_2	1 0 1	a_4	1 1 1	a_6
0 1 0	a_1	0 1 1	a_3	1 1 0	a_5	0 0 0	无错

由表 2-5 的规定可知，仅当发生一个错码，其位置在 a_2、a_4、a_5 或 a_6 时，校正子 S_1 为 1，否则为 0。这就意味着 a_2、a_4、a_5 和 a_6 4 个码元构成偶数监督关系，即

$$S_1 = a_6 \oplus a_5 \oplus a_4 \oplus a_2 \tag{2-9}$$

同理，a_1、a_3、a_5 和 a_6 以及 a_0、a_3、a_4 和 a_6 也分别构成偶数监督关系

$$S_2 = a_6 \oplus a_5 \oplus a_3 \oplus a_1 \tag{2-10}$$

$$S_3 = a_6 \oplus a_4 \oplus a_3 \oplus a_0 \tag{2-11}$$

在发送端编码时，a_6、a_5、a_4 和 a_3 为信息码元，其值由输入信号决定，是随机的。而监督位 a_2、a_1 和 a_0 应根据信息位的取值按监督关系来确定，即监督位应使式（2-9）、式（2-10）和式（2-11）中的 S_1、S_2、S_3 均为 0（表示编码组中无错码），于是有下列方程组：

$$\begin{cases} a_6 \oplus a_5 \oplus a_4 \oplus a_2 = 0 \\ a_6 \oplus a_5 \oplus a_3 \oplus a_1 = 0 \\ a_6 \oplus a_4 \oplus a_3 \oplus a_0 = 0 \end{cases} \tag{2-12}$$

由上式解出监督位为：

$$\begin{cases} a_2 = a_6 \oplus a_5 \oplus a_4 \\ a_1 = a_6 \oplus a_5 \oplus a_3 \\ a_0 = a_6 \oplus a_4 \oplus a_3 \end{cases} \tag{2-13}$$

已知信息位后，就可直接按上式算出监督位。由此得出如表 2-6 所示的 16 个许用码组。

表 2-6　（7，4）汉明码的许用码组

信息位				监督位			信息位				监督位		
a_6	a_5	a_4	a_3	a_2	a_1	a_0	a_6	a_5	a_4	a_3	a_2	a_1	a_0
0	0	0	0	0	0	0	1	0	0	0	1	1	1
0	0	0	1	0	1	1	1	0	0	1	1	0	0
0	0	1	0	1	0	1	1	0	1	0	0	1	0
0	0	1	1	1	1	0	1	0	1	1	0	0	1
0	1	0	0	1	1	0	1	1	0	0	0	0	1
0	1	0	1	1	0	1	1	1	0	1	0	1	0
0	1	1	0	0	1	1	1	1	1	0	1	0	0
0	1	1	1	0	0	0	1	1	1	1	1	1	1

接收端收到每个码组后，先按式（2-9）、式（2-10）和式（2-11）计算出 S_1、S_2 和 S_3，如不全为 0，再按表 2-5 确定误码的位置，然后加以纠正。例如，若接收码组为 0100101，按式（2-9）、式（2-10）和式（2-11）计算可得：$S_1 = 0$、$S_2=1$、$S_3=1$，由表 2-5 可知在 a_3 位有一错码。

（3）纠检错能力

按上述方法构成的码称为汉明码。表 2-6 所列的（7，4）汉明码的最小码距 $d_{\min}=3$，因此，根据式（2-1）和式（2-2）可知，这种码能纠正一个错码或检测两个错码。

（4）编码效率

汉明码有着较高的编码效率，它的效率为

$$R=\frac{k}{n}=\frac{2^r-1-r}{2^r-1}=1-\frac{r}{2^r-1}=1-\frac{r}{n}$$

当 n 很大时，编码效率接近 1，可见汉明码是一种高效码。对（7，4）汉明码，$r=3$，$R=57\%$。与码长相同的能纠正一位错码的其他分组码相比，汉明码的效率最高，且实现简单。因此，至今其在码组中纠正一个错码的场合还被广泛地使用。

2.4.3　循环码

循环码也是线性分组码中一类重要的码，它的编码和译码设备都不太复杂，且检错纠错能力较强，在理论和实践上都有较大的发展。

1．循环码的特性

循环码是一种线性分组码，且为系统码，即前 k 位为信息位，后 r 位为监督位。一个（n,k）循环码有以下特点。

（1）循环性

循环码中任一许用码组经过循环移位后（将最右端的码元移至左端，或相反）所得到的码组仍为该码集中的一个许用码组。表 2-7 所示给出一种（7，3）循环码的全部码组，由此表可以直观看出这种码组的循环性。例如，表中的第 2 码组向右移一位即得到第 5 码组，第 5 码组向右移一位即得到第 7 码组等。

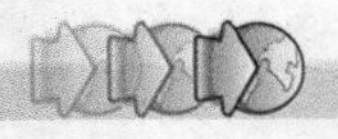

表 2-7　（7，3）循环码的一种码组

码组编号	信息位			监督位				码组编号	信息位			监督位			
	a_6	a_5	a_4	a_3	a_2	a_1	a_0		a_6	a_5	a_4	a_3	a_2	a_1	a_0
1	0	0	0	0	0	0	0	5	1	0	0	1	0	1	1
2	0	0	1	0	1	1	1	6	1	0	1	1	1	0	0
3	0	1	0	1	1	1	0	7	1	1	0	0	1	0	1
4	0	1	1	1	0	0	1	8	1	1	1	0	0	1	0

（2）封闭性

一个码集中的任何两个码组相加后所得到的新的码组仍是该码集中的一个码组。由于两个相同的码组相加得到全“0”序列，所以循环码一定包含全“0”码组。由于循环码具有这种性质，所以它是一种线性码。

2．循环码的码多项式

为了便于用代数理论来研究循环码，把长为 n 的码组与 $n-1$ 次多项式建立一一对应关系，即把码组中各码元当作是一个多项式的系数。若一个码组 $A=(a_{n-1},a_{n-2},\cdots,a_1,a_0)$，则用相应的多项式表示为：

$$A(x)=(a_{n-1}x^{n-1}+a_{n-2}x^{n-2}+\cdots+a_1x+a_0) \tag{2-14}$$

称 $A(x)$为码组 A 的码多项式。

表 2-7 中的（7，3）循环码中的任一码组可以表示为：

$$A(x)= (a_6x^6+a_5x^5+a_4x^4+a_3x^3+a_2x^2+a_1x^1+a_0)$$

例如，表中的第 7 码组可以表示为：

$$\begin{aligned} A_7(x) &= 1\cdot x^6+1\cdot x^5+0\cdot x^4+0\cdot x^3+1\cdot x^2+0\cdot x^1+1 \\ &= x^6+x^5+x^2+1 \end{aligned} \tag{2-15}$$

在这种多项式中，x 仅是码元位置的标记。例如，式（2-15）表示第 7 码组中 a_6、a_5、a_2 和 a_0 为“1”，其他均为零。因此，多项式中 x^i 的存在只表示该对应码位上是“1”码，否则为“0”码，我们称这种多项式为码多项式。由此可知码组和码多项式本质上是一回事，只是表示方法不同而已。在循环码中一般用码多项式表示码组（码字）。

3．码多项式的按模运算

在整数运算中，有模 n 运算。例如，在模 2 运算中，有 1+1=2≡0（模 2），1+2=3≡1（模 2），2×3=6≡0（模 2）等。一般来说，若一整数 m 可以表示为：

$$\frac{m}{n}=Q+\frac{p}{n} \qquad p<n$$

式中 Q 为整数。在模 n 运算下，有：

$$m\equiv p \qquad (\text{模 } n)$$

这就是说，在模 n 运算下，一整数 m 等于其被 n 除后所得之余数。

在码多项式运算中也有类似的按模运算。若一任意多项式 $F(x)$被一 n 次多项式 $N(x)$除，得到商式 $Q(x)$和一个次数小于 n 的余式 $R(x)$，即：

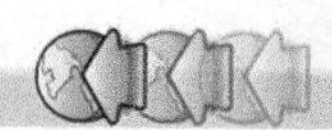

$$\frac{F(x)}{N(x)}=Q(x)+\frac{R(x)}{N(x)}$$

或：

$$F(x)=N(x)Q(x)+R(x) \tag{2-16}$$

则写为：

$$F(x)\equiv R(x) \quad （模\ N(x)） \tag{2-17}$$

这时，码多项式系数仍按模 2 运算，即只取值 0 和 1。例如，x^3 被（x^3+1）除得余项 1，即：

$$\frac{x^3}{x^3+1}=1+\frac{1}{x^3+1}$$

所以有：

$$x^3\equiv 1 \quad （模\ x^3+1）$$

同理

$$x^5+x^2+1\equiv x^2+x+1 \quad （模\ x^4+1）$$

应注意，由于在模 2 运算中，用加法代替了减法，故余项不是 x^2-x+1，而是 x^2+x+1。

就循环码来说，若是一个长为 n 的许用码组 $A(x)$，则 $x^i\cdot A(x)$在按模（x^n+1）运算下，亦是一个许用码组，即若

$$x^i\cdot A(x)\equiv A'(x) \quad （模\ x^n+1） \tag{2-18}$$

则 $A'(x)$也是一个许用码组。

例如，式（2-15）中的循环码：

$$A(x)=x^6+x^5+x^2+1$$

其码长 n=7，现给定 i=3，则

$$\begin{aligned}x^iA(x)&=x^3(x^6+x^5+x^2+1)=x^9+x^8+x^5+x^3\\&\equiv x^5+x^3+x^2+x^1 \qquad （模\ x^7+1）\end{aligned}$$

其对应的码组为 0101110，它正是表 2-7 中的第 3 码组。

由以上分析可知，一个长为 n 的（n,k）循环码，它必是按模（x^n+1）运算的一个余式。

4．循环码的生成多项式

在循环码中，一个（n,k）码有 2^k 个不同的码组。若用 $g(x)$表示其中前（$k-1$）位皆为“0”，而第 k 位及第 n 位为 1 的码组为循环码的一个许用码组，根据循环性，按式（2-18），则 $xg(x)$，$x^2g(x)\cdots x^{k-1}g(x)$都是它的许用码组，连同 $g(x)$共同构成 k 个许用码组，即为所要求的码组，而 $g(x)$称为生成多项式，一旦确定了 $g(x)$，则整个（n,k）循环码就可确定了。

由上述定义可知，$g(x)$具有如下特点。

① $g(x)$连“0”的长度最多只能有（$k-1$）位，否则，在经过若干次循环移位后将得到一个 k 位信息位全为“0”，但监督位不全为“0”的码组，这在线性码中显然是不可能的。

② $g(x)$必是一个常数项为“1”的码多项式。因为若常数项为“0”，则经过循环移位后，与 $g(x)$的（$k-1$）位连“0”连在一起，就成了与①一样的码组，这是不可能的。

③ $g(x)$的最高幂次为 $n-k$ 次。因为 $g(x)$的连“0”的长度最多只能有（$k-1$）位，而码组的最高幂次是 $n-1$，所以 $g(x)$的幂次应是$(n-1)-(k-1)=n-k$。

即 $g(x)$是幂次大于（$n-k$）的系数为“0”，x^{n-k} 及 x^0 的系数为“1”，其他系数为“0”或

“1”的码多项式。我们称这唯一的（$n-k$）次多项式 $g(x)$为循环码的生成多项式。

可以证明，生成多项式 $g(x)$必定是（x^n+1）的一个（$n-k$）因式，证明从略。

例如，（x^7+1）可以分解为：

$$(x^7+1)=(x+1)(x^3+x^2+1)(x^3+x+1) \tag{2-19}$$

为了求出（7，3）循环码的生成多项式 $g(x)$，就要从式（2-14）中找到一个 $(n-k)=7-3=4$ 次的因式。从式（2-19）不难看出，这样的因式有两个，即：

$$(x+1)(x^3+x^2+1)=x^4+x^2+x+1 \tag{2-20}$$

$$(x+1)(x^3+x+1)=x^4+x^3+x^2+1 \tag{2-21}$$

以上两式都可以作为码生成多项式 $g(x)$用。不过，选用的生成多项式不同，产生出的循环码码组也不同。用式（2-20）作为生成多项式产生的循环码，即为表 2-7 所列。

5．循环码的编码方法

编码的任务是在已知信息位的条件下求得循环码的码组，而我们要求得到的是系统码，即码组前 k 位为信息位，后 $r=n-k$ 位是监督位。设信息位的码多项式为：

$$m(x)=m_{k-1}x^{k-1}+m_{k-2}x^{k-2}+\cdots+m_1x+m_0 \tag{2-22}$$

其中，系数 m_i 为 1 或 0。

我们知道（n,k）循环码的码多项式的最高幂次是（$n-1$）次，而信息位是在它的最前面 k 位，因此信息位在循环码的码多项式中应表现为多项式 $x^{n-k}m(x)$（成为最高幂次为 $n-k+k-1=n-1$）。显然：

$$x^{n-k}m(x)=m_{k-1}x^{n-1}+m_{k-2}x^{n-2}+\cdots+m_1x^{n-k+1}+m_0x^{n-k}$$

它从幂次 x^{n-k-1} 起至 x^0 的（$n-k$）位的系数都为 0。

若用 $g(x)$除 $x^{n-k}m(x)$可得：

$$\frac{x^{n-k}m(x)}{g(x)}=Q(x)+\frac{r(x)}{g(x)}$$

式中，$r(x)$为幂次小于（$n-k$）的余式。

将上式可改写成：

$$x^{n-k}m(x)+r(x)=Q(x)\cdot g(x) \tag{2-23}$$

式（2-23）表明，多项式 $x^{n-k}m(x)+r(x)$为 $g(x)$的倍式，则 $x^{n-k}m(x)+r(x)$必定是由 $g(x)$生成的循环码中的码字，而 $r(x)$为该码字的监督码元所对应的多项式。

由此，可得到循环码的编码原则。

（1）用 x^{n-k} 乘 $m(x)$。这一运算实际上是把信息码后附上（$n-k$）个“0”。例如，信息码为 110，它相当于 $m(x)=x^2+x$。当 $n-k=7-3=4$ 时，$x^{n-k}m(x)=x^4(x^2+x)=x^6+x^5$，它相当于 1100000。

（2）用 $g(x)$除 $x^{n-k}m(x)$，得到商 $Q(x)$和余式 $r(x)$，即

$$\frac{x^{n-k}m(x)}{g(x)}=Q(x)+\frac{r(x)}{g(x)} \tag{2-24}$$

例如，若选定 $g(x)=x^4+x^2+x+1$，则

$$\frac{x^{n-k}m(x)}{g(x)}=\frac{x^6+x^5}{x^4+x^2+x+1}=(x^2+x+1)+\frac{x^2+1}{x^4+x^2+x+1}$$

上式相当于

$$\frac{1100000}{10111}=111+\frac{101}{10111}$$

（3）联合 $x^{n-k}m(x)$和 $r(x)$得到系统码多项式，编出的码组 $A(x)$为

$$A(x)=x^{n-k}m(x)+r(x) \tag{2-25}$$

在本例中，$A(x)$=1100000+101=1100101，它就是表 2-7 中的第 7 码组。其他码组读者可自行练习。

【例 2-1】 使用生成多项式 $g(x)=x^4+x^3+1$ 产生 $m(x)=x^7+x^6+x^5+x^2+x$ 对应的循环码组。

解　① 用 x^{n-k} 乘 $m(x)$得

$$\begin{aligned}x^{n-k}m(x)&=x^4(x^7+x^6+x^5+x^2+x)\\&=x^{11}+x^{10}+x^9+x^6+x^5\end{aligned}$$

② 用 $g(x)$除 $x^{n-k}m(x)$，得余式 $r(x)$

$$\begin{aligned}\frac{x^{n-k}m(x)}{g(x)}&=\frac{x^{11}+x^{10}+x^9+x^6+x^5}{x^4+x^3+1}\\&=x^2+x\end{aligned}$$

所以 $r(x)=x^2+x$。

③ 联合 $x^{n-k}m(x)$和 $r(x)$得到系统码多项式 $A(x)$

$$A(x)=x^{11}+x^{10}+x^9+x^6+x^5+x^2+x$$

得码组 A=111001100110。

6．循环码的解码方法

接收端解码的要求有两个：检错和纠错。达到检错目的的解码原理较简单。由于任一码组多项式 $A(x)$都应能被生成多项式 $g(x)$整除，所以在接收端可以将接收码组 $R(x)$用原生成多项式 $g(x)$去除。当传输中未发生错误时，接收码组与发送码组相同，即 $R(x)=A(x)$，故接收码组 $R(x)$必定能被 $g(x)$整除；若码组在传输中发生错误，则 $R(x)\neq A(x)$，$R(x)$被 $g(x)$除时可能除不尽而有余项，即有

$$\frac{R(x)}{g(x)}=Q'(x)+\frac{r'(x)}{g(x)} \tag{2-26}$$

因此，可以以余项是否为零来判别码组中有无错码。图 2-6 所示为循环码解码示意图。

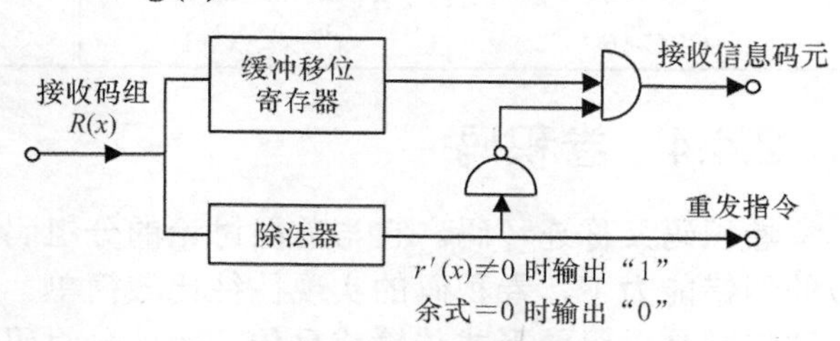

图 2-6　循环码解码示意图

这里还需指出一点，如果信道中错码的个数超过于这种编码的检错能力，恰好使有错码的接收码组能被 $g(x)$所整除，这时的错码就不能检出了。这种错

误称为不可检错误。

【例 2-2】一组 8bit 的数据块（帧）11100110 通过数据传输链路传输，采用 CRC 进行差错检测，若用的生成多项式为 11001，试举例说明：（a）监督码的产生过程，（b）监督码的检测过程。

解 对于数据块 11100110 的监督码的产生如图 2-7（a）所示。因为生成多项式的最高幂次是 4，因此监督码是 4 位的。开始，4 个“0”被加于数据块末尾，这等于数据块乘以 2^4。然后被生成多项式模 2 除，结果得到的 4 位（0110）余数即为该数据块的监督码，把它加到发送数据块的末尾发送。

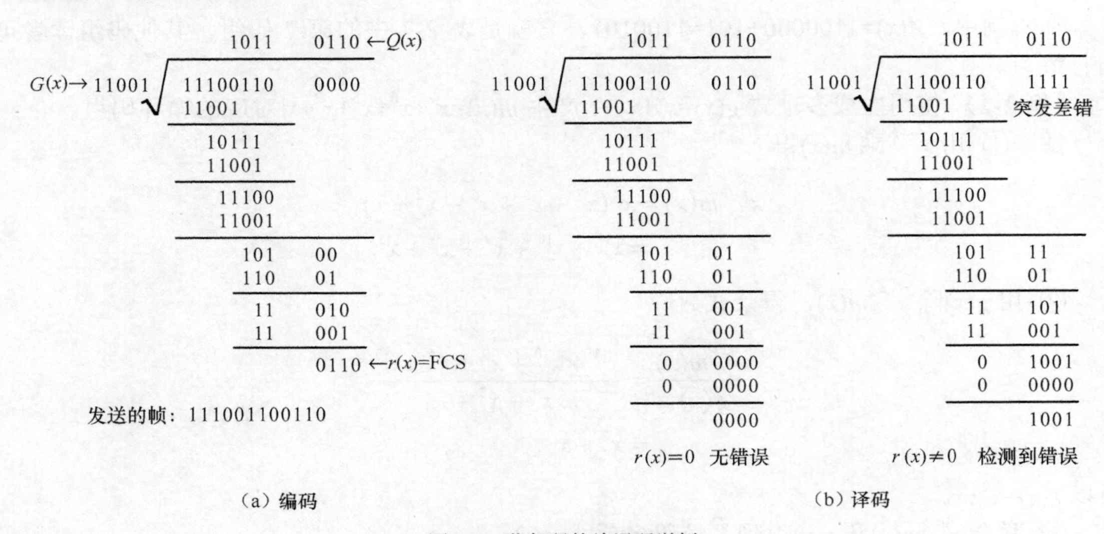

图 2-7 监督码的编译码举例

在接收机上，整个接收的比特序列被同一生成多项式除，如图 2-7（b）所示。第 1 个例子中没发生错误，得到的余数为 0；第 2 个例子中，在发送比特序列的末尾发生了 4bit 的突发差错，得到的余数不为 0，说明传输出现了差错。

7. 常用的 CRC 码

在数据通信中广泛采用循环冗余检验（Cyclic Redundancy Checks，CRC），参见例 2-2。在 CRC 生成器协议中常用的标准多项式如表 2-8 所示。

表 2-8 常用的 CRC 码

码	生成多项式	码	生成多项式
CRC-12	$x^{12}+x^{11}+x^3+x^2+x+1$	CRC-ITU	$x^{16}+x^{12}+x^5+1$
CRC-16	$x^{16}+x^{15}+x^2+1$		

2.4.4 卷积码

卷积码又称连环码。它与前面讨论的分组码不同，是一种非分组码。在同等码率和相似的纠错能力下，卷积码的实现往往比较简单。由于在以计算机为中心的数据通信中，数据通信常是以组的形式传输或重传，因此分组码似乎更适合于检测错误，并通过反馈重传

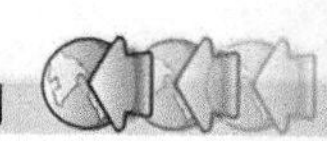

进行纠错。而卷积码将主要应用于前向纠错（FEC）数据通信系统中。下面说明卷积码的基本原理。

1. 基本概念

在分组码中，在任何一段规定时间内把 k 个信息比特的序列编成 n 个比特的码组，每个码组的 $n-k$ 个监督位仅与本码组中的 k 个信息位有关，而与其他码组无关。卷积码则不然，它在任何一段规定时间内编码器产生的 n 个码元，不仅取决于这段时间中的 k 个信息码元，而且还取决于前 $N-1$ 段规定时间内的信息码元。这时，监督位监督着这个 N 段时间内的信息。这个 N 段时间内的码元数目 nN 称为这种码的约束长度。通常把卷积码记作（n,k,N），其编码效率为 $R=k/n$。

2. 编码原理

下面用一个简单例子来说明卷积码的编码原理。图 2-8 所示为一个卷积码的编码器。

这里，编码器的输入信息位，一方面可以直接输出，另一方面暂存于 6 级移位寄存器中。每当进入编码器一个信息位，就立即计算出一监督位，并且此监督位紧跟此信息位之后发送出去，如图 2-9 所示。编码器输出端转换开关的作用即轮流将信息位 b_i 和监督位 c_i 送至信道。由图 2-8 可见，这个编码器的监督位是由信息位 6、3、2、1 的模 2 和产生的。所以这种卷积码的参量为 $k=1$、$n=2$、$N=6$，约束长度为 $nN=12$。

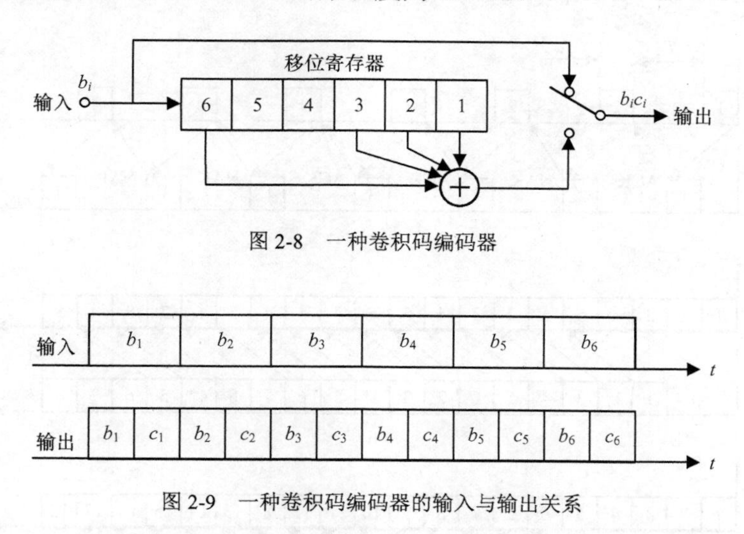

图 2-8　一种卷积码编码器

图 2-9　一种卷积码编码器的输入与输出关系

至于卷积码的解码，一般有代数解码和概率解码两种方法，这里不再介绍。

2.5 滑窗协议

前面章节的内容只是解决了数据信息如何在信道上传输以及如何检测出数据信息在传输过程中出现的差错。那么，一旦检测出差错，如何校正，在数据通信的许多场合采用的是自动重发请求（ARQ）方案。ARQ 只需发回很少的控制信息，即可确认所发帧是否被正确接收。

ARQ 分为停等式 ARQ 和连续式 ARQ，连续式 ARQ 又分为退回 N 步 ARQ 和选择重发

ARQ。无论哪一种方案均涉及缓冲器容量的分配和传输效率。下面分别讨论。

1．停等式 ARQ

（1）工作原理

停等式 ARQ 的工作原理是发送方每发完一数据帧，停下来等待接收端应答，同时启动超时定时器，若发送端收到一确认帧，接着发送下一数据帧，若接收到一否认帧或超时定时器到时仍未收到对方应答，则重发上一数据帧。

接收端每收到一帧都要给出应答，若收到一正确帧或重发帧，发回确认帧，若收到一错误帧，发回否认帧。

（2）收发示例

图 2-10（a）所示为停等式 ARQ 系统发送端和接收端信号的传递过程。发送端在 T_W 时间内发送码组 1 给接收端，然后停止一段时间 T_D，T_D 大于应答信号和线路延时的时间。接收端收到后经检验若未发现错误，则通过反向信道发回一个确认（ACK）信号给发送端，发送端收到 ACK 信号后再发出下一个码组 2。接收端检测出码组 2 有错（图中用*号表示），则由反向信道发回一个否认（NAK）信号，请求重发。发送端收到 NAK 信号后重发码组 2，并再次等候 ACK 或 NAK 信号。依此类推，可了解整个过程。图中用虚线表示 ACK 信号，实线表示 NAK 信号。这种工作形式在发送两个码组之间有停顿时间 T_D，所以传输效率低，但由于工作原理简单，在计算机通信中仍得到应用。

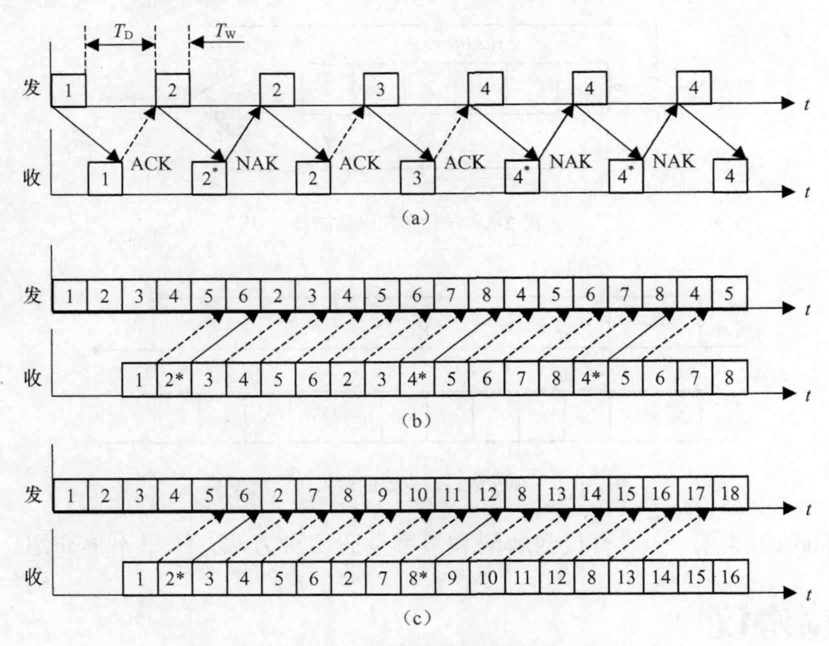

图 2-10　ARQ 差错控制系统的工作方式

2．退回 *N* 步 ARQ

停等式 ARQ，由于每发一信息帧后都要停下来等待应答，所以信道利用率很低。解决的办法是在发完一个信息帧之后，不是停下来等待应答，而是继续发送下一个数据帧，故称

之为连续式 ARQ。根据出错后重发机制的不同分为退回 N 步 ARQ 和选择重传 ARQ 两种。

（1）工作原理

发送端可不等待应答信号的到达连续发送若干个数据帧（N 帧），且每发完一帧后，都启动超时定时器，若发送端收到第 1 帧的确认帧，继续发送第（N+1）帧，若接收到一否认帧或超时定时器到时仍未收到对方应答，则重发自该帧起的所有数据帧，即重发前 N 帧。

接收端在接收到若干数据帧后发回应答，确认帧表示正确接收该帧及以前各帧，否认帧表示对当前帧的否认，同时也表示对以前各帧的确认。接收端只能按序接收，若收到乱序的帧，则一律丢弃。

（2）收发示例

退回 N 步 ARQ 示例如图 2-10（b）所示。这里 N＝5。当第一帧发出后，不再等待接收端返回的 ACK 应答信号的到达便立即发出第 2 个、第 3 个，一直到第 N 个帧。若第 1 个帧的应答信号是 ACK，则继续发送第 N+1 个帧，若应答信号是 NAK，则从错的那一帧开始重发，后面的已发的帧即便是已正确发送也要重发。图中所示的接收端收到码组 2 有错，发送端在码组 6 后重发码组 2、3、4、5、6，接收端重新接收。码组 4 连续两次出错，发送端重发两次。

（3）特点

退回 N 步 ARQ 比等待式 ARQ 传输效率要高。缺点是接收端的存储器只能存放一帧信息，若正确就把它上交，若错误就将其丢弃，重新接收该帧及以后各帧，而在重发的 N 个帧中，大部分在第 1 次发送时就是正确的，再次发送浪费了信道。当 N 较大时，效率会大大下降。

3．选择重传 ARQ

退回 N 步 ARQ 收端只能存放一帧信息，如果接收端能够存放 N 帧信息，效率可以提高，这就是选择重传 ARQ。

（1）工作原理

在退回 N 步 ARQ 基础上，当一个帧有错时，只发有错的这一帧，其余（N−1）个正确帧先接收存储起来，待有错帧经重发正确后，一起再发确认帧，接收端将收到的帧重新排序，送给用户。

（2）收发示例

选择重传 ARQ 示例如图 2-10（c）所示，图中显示发送端只重发接收端检出有错的帧 2 和 8，对其他帧不再重发，省下的时间用来传送新的帧，这样即使信道质量稍差仍可有较高的传输效率。

（3）特点

选择重传 ARQ 的传输效率最高，但它的成本也最贵，接收端必须有足够的存储空间，以便等待有错帧经重发后获得更正，然后接收端必须把接收到的帧重新排序后送给用户。由此可见，选择重传 ARQ 的收端可以接收乱序帧，而退回 N 步 ARQ 的收端只能按顺接收。

4．滑动窗口

给帧编号后，使得连续式 ARQ 得以实现，但编号太大会占去很多信道容量。在停等协议中，无论发送多少帧，使用 1bit 来编号就足够了。在连续式 ARQ 协议中，可采用同样的原

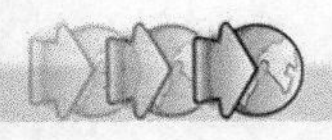

理，让编号循环地被使用，这样只需要很少几个比特就足够了。但在这种情况下，需在接收端和发送端进行适当的控制。为阐明这个原理，引入滑动窗口（Sliding Window）的概念。

假定用 3 个比特进行编号。这样，发送端从 0 号帧起按序发送，当 7 号帧发完后，序号开始循环。如果发送端一开始发送的 8 帧（0～7 号帧）均正确到达接收端，但接收端所发出的确认信息全部丢失，则经过一定的时间（定时器超时）发送端会重发未收到确认信息的帧。假定发送端在发完 7 号帧时，重发了 0 号帧、1 号帧，那么接收端怎样判断后面收到的 0 号帧和 1 号帧是超时重发的还是新的两个帧？解决的办法是：对发送端发出去的末经确认的帧的数目加以限制，即在发送端设置发送窗口。

（1）发送窗口

发送窗口是指发送端在未收到确认的条件下，最多可以连续发送数据帧的数量。可见发送窗口是一张允许连续发送的帧的序号表，只有帧的序号落在发送窗口所包含的序号之间的帧才能不等应答返回就可发送。常用“W_T”表示发送窗口。

例如，设定发送窗口 $W_T=5$，这就表明允许发送端连续发送出 5 个数据帧而不必考虑对应的应答。图 2-11（a）中的帧编号采用 3 比特，发送端发完了 5 个帧（0～4 号帧）时，发送窗口已填满，必须停止发送，进入等待状态。假定不久 0 号帧确认收到了，那么发送窗口就沿顺时针方向旋转一个号，使窗口后沿再次与一个被确认的帧号相邻，如图 2-11（b）所示。这时发送端就可以发送 5 号帧，因为现在 5 号帧的位置已在新的窗口之内了。假设又有 3 个帧（1～3 号帧）的确认帧到达发送端，于是发送窗口又可顺时针旋转 3 个号，如图 2-11（c）所示，而继续可以发送的帧号是 6、7 和 0 号。为了减少开销，接收端并不需要每接收一正确的信息帧就发一次确认帧，可以收到几个正确的数据帧后发送一次确认帧，在帧中用 $N(R)$ 通知发送端期望接收的顺序号，这就表示该帧及该帧以前所有的帧均已正确地接收到。

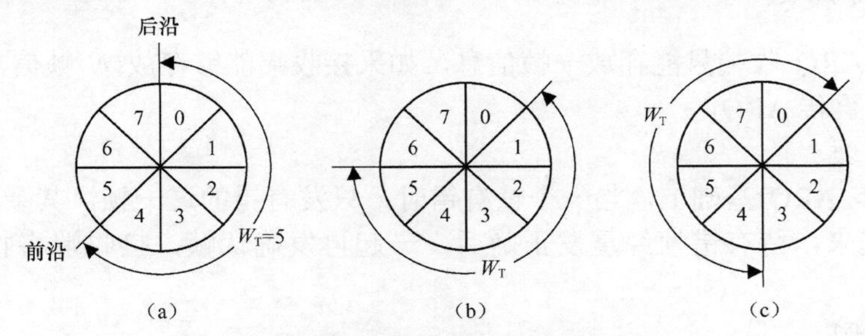

图 2-11　发送窗口控制发端的发送速率

（2）滑窗协议

规定了发送窗口 W_T 后，为了正确接收，同时也规定接收窗口 W_R，W_R 是接收端需要帧缓存的最大个数，如图 2-12 所示，只有当接收的帧号落在接收窗口内时才允许将该帧收下。

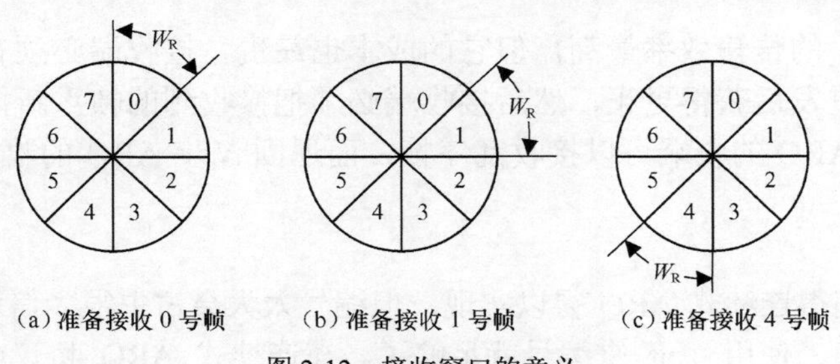

(a) 准备接收 0 号帧　　(b) 准备接收 1 号帧　　(c) 准备接收 4 号帧

图 2-12　接收窗口的意义

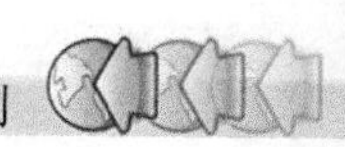

当接收窗口保持不动时，W_T 无论如何不会旋转，只有当 W_R 发生旋转后，W_T 才可向前旋转，收发窗口按照此规律不断沿顺时针方向旋转（滑动），因此这种协议称作滑窗协议。

引入“窗口”概念后，我们可用有限的位数来表示帧的序号，并可进行流量控制。并且发送窗口和接收窗口在帧序号上滑动。接收端每收到一个帧，校验正确且序号落在接收窗口就向前推进一格，并发出应答，而发送端只能发送帧号落在发送窗口内的帧，收到确认应答后将发送窗口向前推进一格。这就是滑动窗口协议的基本原理。

关于滑动窗口协议，需要说明以下几点。

① 发送窗口宽度 W_T 和接收窗口宽度 W_R 可以不等。

当 $W_T>1$、$W_R=1$ 时，滑动窗口协议即为退回 N 步 ARQ。

当 $W_T>1$、$W_R>1$ 时，滑动窗口协议即为选择重传 ARQ。

当 $W_T=1$、$W_R=1$ 时，滑动窗口协议即为停等式 ARQ。

② “捎带”确认。为进一步提高信道利用率，本协议在全双工通信时，可以采用“捎带”方法返回应答帧。

当 A 方发一数据帧到达 B 方，若 B 方正确接收，且序号落在 B 方的接收窗口内，B 方并不马上发送一个单独的 ACK 给 A 方，而是等待。等到 *B* 方主机有数据要发给 A 方时，将这个 ACK 信息附在从 B 方发往 A 方的数据帧上一起发到 A 方，这就是“捎带”的含义。一般可以做到 k 帧（$k<W_T$）才给出一次 ACK，以告知 A 方第（$k-1$）及以前各帧都正确接收，期待第 k 帧数据的到达。

当 B 方主机一直无信息要发往 A 方时，则当收到的帧数大到某一定值或 B 方从收到 A 方第一帧开始的时间超过某一定值时，B 方单独发一 ACK 帧给 A 方，避免 A 方无效等待。

当 B 方收到 A 方发来的第 i 帧有错，则马上回 NAK 应答帧。

③ 滑动窗口协议不仅起差错控制的作用，而且也用于进行流量控制。因为发送窗口限制了发端的发送速率，这将在后面的章节中介绍。

④ 窗口大小。窗口的大小是设计中主要考虑的因素。窗口越大，在接收端的响应返回之前可以发送的帧越多。但是窗口大就意味着接收端必须分配更大的缓冲空间来应付输入的数据。

对于连续式 ARQ，为了防止接收方将重发帧和新帧的序号相混，应在 W_T+W_R 范围内无重复序号，即 $W_T+W_R\leqslant 2^n$。退回 N 步 ARQ 的 $W_R=1$，所以 W_T 的序号为 $W_T\leqslant 2^n-1$。而选择重传 ARQ 的 $W_R\leqslant W_T$，当 $W_R=W_T$ 时，$W_R\leqslant \dfrac{2^n}{2}$，若 $W_R=\dfrac{2^n}{2}$，则 $W_T=\dfrac{2^n}{2}=2^{n-1}$。每种协议的发送窗口和接收窗口的限度如表 2-9 所示。

表 2-9　发送窗口和接收窗口的限度

协　议	发 送 窗 口	接 收 窗 口	协　议	发 送 窗 口	接 收 窗 口
停等式 ARQ	1	1	选择重传 ARQ	$2^{n-1}\geqslant W_T>1$	$2^{n-1}\geqslant W_R>1$
退回 N 步 ARQ	$2^n-1\geqslant W_T>1$	$W_R=1$			

由以上分析可知，退回 N 步 ARQ 协议的原则是按发送窗口大小连续发送各帧。如有错，则对出错帧及其后各帧，不管正确与否，全部重发。由于出错帧后的所有帧全部丢弃，

不发应答，故实际上是对所有帧都按顺序接收。接收端只有一个缓冲区，接收窗口为 1，采用逐帧应答方式。而选择重传 ARQ 协议不是重发有错帧及其后各帧，而是只重发有错那一帧，有错帧后的帧只要内容正确，就先存储在缓冲器内，等有错帧重发正确后再按原顺序送交上层。所以接收端必须有与发送窗口大小相应的缓冲区，接收窗口大于 1。常采用整组应答，即全部落在收方窗口内的帧都正确接收到后，给出一个确认应答，接收窗口推进 W_R 格，若遇错帧则及时给出否定应答。

小结

1．在数据通信中，为降低误码率采用差错控制编码。差错控制编码是将二进制数据序列做某种变换使其具有某种规律性，接收端利用这种规律性检出或纠正错码。

2．在一种码的集合中码组间的最小码距称为汉明距离。最小码距和它的检错能力之间存在一定的关系。

3．差错控制方式分为检错重发、前向纠错、混合纠错和信息反馈。

4．常用的差错控制编码有奇偶监督码、汉明码、循环码和卷积码等。

5．在汉明码中，当用 r 个监督位来指示一位错码的 n 种可能的位置时，要求 $2^r-1 \geqslant n$，或 $2^r \geqslant k+r+1$。

6．循环码是一种重要的线性分组码，它除了具有线性码的一般性质外，还有循环性。当循环码的长度 n 和信息位 k 给定后，生成多项式 $g(x)$必定是 x^n+1 的一个（$n-k$）次因子。确定 $g(x)$后，便可产生整个码组。

7．当信息位的码多项式为 $m(x)$时，循环码的码多项式则为 $A(x)=x^{n-k}m(x)+r(x)$，其中 $r(x)$为 $g(x)$除 $x^{n-k}m(x)$所得的余式。据此可对信息位进行循环编码。

8．卷积码是一种非分组码，它在规定的第 N 段时间内编码器产生的码元不仅取决于这段时间的 k 位信息码元，而且还取决于前 $N-1$ 段时间的信息码元。

9．ARQ 分为停等式 ARQ 和连续式 ARQ，连续式 ARQ 又分为退回 N 步 ARQ 和选择重发 ARQ。停等式 ARQ 传输效率最低，退回 N 步 ARQ 居中，而选择重传 ARQ 的传输效率最高。另选择重传 ARQ 可以接收乱序帧，而退回 N 步 ARQ 只能按顺接收。

10．发送窗口是指发送端在未收到确认的条件下，最多可以连续发送的数据帧数。当 $W_T>1$、$W_R=1$ 时，为退回 N 步 ARQ。当 $W_T>1$、$W_R>1$ 时，为选择重传 ARQ。当 $W_T=1$、$W_R=1$，为停等式 ARQ。退回 N 步 ARQ 协议的 $W_R=1$ 时，$W_T \leqslant 2^n-1$，而选择重传 ARQ 协议的 $W_R=\dfrac{2^n}{2}$、$W_T=\dfrac{2^n}{2}=2^{n-1}$。

思考题与练习题

2-1　差错控制目的是什么？差错类型有哪些？常用的差错控制方式有哪几种？

2-2　什么是奇偶校验码，其检错能力如何？

2-3　已知 8 个码组为 000000、001110、010101、011011、100011、101101、110110、

111000，求该码组的最小码距。

2-4　上题给出的码组若用于检错，能检出几位错码？若用于纠错能纠正几位错码？若同时用于检错与纠错，当纠错为 1 位码时，同时可检出几位错码？

2-5　已知两码组为 0000、1111。若用于检错，能检出几位错码？若用于纠错，能纠正几位错码？若同时用于检错与纠错，纠错、检错的性能如何？

2-6　一码长 n=15 的汉明码，监督位应为多少?编码效率为多少？

2-7　（15，5）循环码的生成多项式 $g(x)=x^{10}+x^8+x^5+x^4+x^2+x+1$，写出信息码多项式为 $m(x)=x^4+x+1$ 时的码多项式。

2-8　试说明在停止等待协议中，应答帧为什么不需要序号？

2-9　什么是退回 N 步 ARQ 和选择重传 ARQ？两者的区别是什么？

2-10　在退回 N 步 ARQ 中，如果数据帧编号采用模 8 方式，窗口尺寸 W_T=4，当接收端发回了确认编号 $N(R)$＝6 的应答帧后，发送端可以发送哪些编号帧？

第 3 章

数据交换

【本章内容】

- 电路交换、报文交换、分组交换的基本概念及原理。
- 存储转发。

【本章重点、难点】

- 电路交换、报文交换、分组交换的概念及特点。
- 分组交换原理。
- 虚电路方式和数据报方式的原理与特点。
- IP 交换原理及应用。

【学习本章的目的和要求】

- 掌握电路交换、报文交换、分组交换的基本概念和特点。
- 掌握分组交换的原理。
- 掌握数据报和虚电路的工作方式。
- 掌握 IP 交换概念。
- 了解 MPLS 交换概念。
- 了解新一代交换技术。

通信网络是由若干网络节点和链路按某种拓扑形式互连起来的网络。一个进网的数据流到达的第一个节点称为源节点，离开网前到达的最后一个节点称为目的节点。根据通信的目的，网络必须能为所有的进网数据流提供从源节点到目的节点的通路，而实现这种通路的技术被称为“数据交换技术”或称“数据交换方式”。

目前，数据通信网中可采用的信息交换方式有电路交换方式和存储-转发交换方式。存储-转发交换又分为报文交换、分组交换、IP 交换等。新一代的交换技术有多协议标签交换（MPLS）、软交换、IP 多媒体子系统等。

3.1 电路交换

数据交换最早的方式是电路交换。电路交换是利用原有的电话交换网络，为任意两个用户之间建立一个物理电路来传输数据。

1. 电路交换的概念

数据通信的电路交换方式是根据电话交换原理发展起来的一种交换方式。它是指两台计

算机或终端在相互通信之前，需预先建立起一条实际的物理链路，在通信中自始至终使用该条链路进行数据信息传输，并且不允许其他计算机或终端同时共享该链路，通信结束后再拆除这条物理链路，如图 3-1 所示。

图 3-1　电路交换方式示意图

2．电路交换过程

采用电路交换方式的交换网能为任一个入网的数据流提供一条临时的专用物理信道（又称电路）。电路是由通路上各节点内部在空间上或在时间上完成信道转接而构成的，为信源和信宿之间建立起一条临时的专用信道。

所有电路交换的通信处理过程都包括电路建立、数据传输和电路拆除 3 个阶段。

（1）电路建立阶段

开始传送数据之前，必须在源用户终端和目的用户终端之间建立一条物理电路。

（2）数据传输阶段

电路连接起来后，双方就可以通过这条临时的专用电路来传输数据了。数据传输方式为全双工的传输方式。

（3）电路拆除阶段

在数据通信结束时，当其中一个用户表示通信完毕需要拆线时，该链路上各交换机将本次通信所占用的设备和通路释放，以供后续呼叫使用。

由此可见电路交换属于预分配电路资源，即在一次接续中，电路资源预先分配给一对用户固定使用，不管在这条电路上有无数据传输，电路一直被占用着，直到双方通信完毕拆除电路连接为止，因此电路利用率比较低。

3．电路交换的优缺点

电路交换的特点是接续通信路径采用物理连接，在传输通路接续之后，交换网的控制电路就与信息的传递无关，这时通信双方终端之间就好像建立了一条专线一样，用户的数据可进行“透明”的传输。

（1）电路交换的优点

① 信息的传输时延小，且对一次接续而言，传输时延固定不变。

② 信息在通路中“透明”传输。电路接通后，信息的编码方法和信息格式由通信双方协调，不受网络的限制。

③ 信息传输效率高。交换机对用户的数据信息不存储、分析和处理。所以，交换机在处理方面的开销比较小，传输用户数据信息时不必附加许多控制信息。因而传输效率较高，且数据不会丢失，并保持原来的序列。

（2）电路交换的缺点

① 电路利用率低。在通信过程中，电路资源被通信的双方独占。

② 电路接续时间较长，短报文通信效率低。这是因为电路接续时间可能大于传输时间。

③ 不能实现不同类型的终端（终端的数据速率、代码格式、通信协议等不同）间的相互通信。这是因为电路交换机不具备变码、变速等功能。

④ 有呼损。当对方用户终端忙或交换网故障时，则出现呼损。

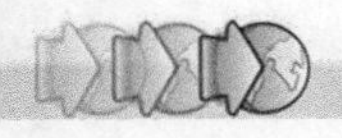

⑤ 传输质量较差。交换机不具备差错控制、流量控制功能，其传输质量较多地依赖于线路性能，因而差错率高，传输质量较差。

由此可见，电路交换方式适合于传输信息量较大、实时性要求较高、通信对象比较确定的用户。电话通信网目前大多采用电路交换方式。

3.2 报文交换

为了克服电路交换方式中不同类型的用户终端之间不能互通、电路利用率低以及有呼损等方面的缺点，提出了存储-转发交换方式。报文交换方式就是存储-转发方式中较早的一种。

1. 什么是报文交换

报文是通信站点一次性发送的数据块，数据块长度不固定。报文交换的基本思想是“存储-转发”，即当用户的报文到达交换机时，先将报文存储在交换机的存储器中，当所需要的输出电路有空闲时，再将该报文发向接收交换机或用户终端。

报文交换过程与日常生活中信件的邮寄过程非常相似，不需要通信前建立连接，需要通信时直接传输数据。

2. 报文格式

在报文交换方式中，信息是以报文为单位接收、存储和转发的。为了准确地实现转发报文，在发送的数据上应加上地址和控制信息。因此，一份报文应包括 3 个部分。

（1）报头或标题。它包括发信站地址、收信站地址和其他辅助控制信息等。

（2）报文正文。传输用户信息。

（3）报尾。表示报文的结束标志，若报文长度有规定，则可省去此标志。

3. 报文交换原理

报文交换原理如图 3-2 所示，实现报文交换的具体过程如下所述。

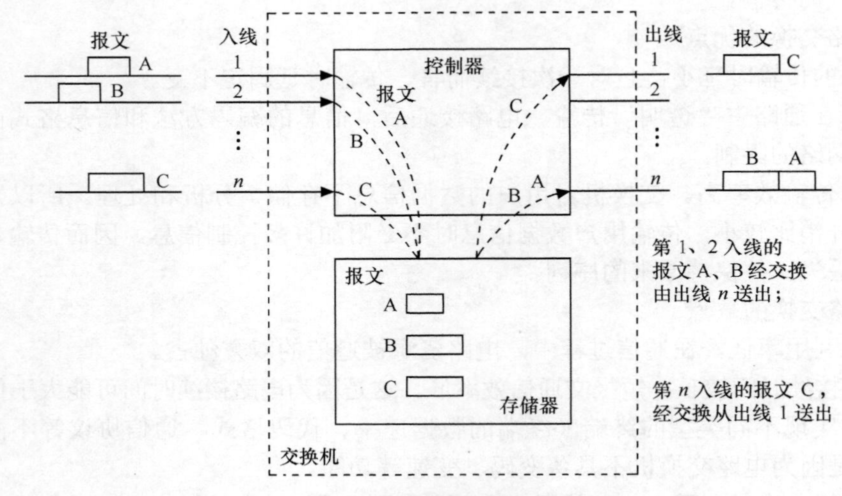

图 3-2　报文交换原理示意图

（1）交换机中的通信控制器随时探询各条输入用户线路的状态，若某条用户线路有报文输入（例如，图3-2中的A、B、C报文），则向中央处理机发出中断请求，并按一定的规则逐字把报文送入内存储器保存。

（2）当报文交换机接收到报文结束标志后，则表示一份报文已全部接收完毕，中央处理机对报文进行处理，如分析报头，判别和确定路由等。然后，将报文转存到外部大容量存储器，等待一条空闲的输出线路。

（3）当线路空闲时，报文交换机就再把报文从外存储器调入到内存储器，经通信控制器向线路发送出去。

在报文交换中，由于报文是经过存储的，因此通信就不是交互式或实时的。不过，对不同类型的信息流可以设置不同的优先等级，优先级高的报文可以提前处理输出。采用优先等级方式也可以在一定程度上支持交互式通信，在通信高峰时，也可以把优先级低的报文送入外存储器排队，以减少由于繁忙而引起的阻塞。

4．报文交换的优缺点

由上述可知，报文交换方式的特征是交换机存储整个报文，并可对报文进行必要的处理。报文交换的优缺点如下。

（1）报文交换的优点

① 可以实现不同类型的终端设备之间的相互通信，即具有适配不同类型终端的功能。

② 线路利用率高。在报文交换的过程中没有电路接续过程，来自不同用户的报文可以在同一条线路上以报文为单位实现时分多路复用，大大提高了线路的利用率。

③ 无呼损。用户不需要叫通对方就可以发送报文，所以无呼损。

④ 可实现同文报通信，即同一报文可以由交换机发送到不同的收信地点（同文多投）。

（2）报文交换的缺点

① 不利于实时或交互式通信。因为信息的传输时延大，且时延的变化也大。

② 设备费用高。由于要求报文交换机有高速处理能力，且要求存储器容量大，因此交换机的设备费用高。

可见，报文交换不利于实时通信，它适用于公众电报和电子信箱业务。

3.3 分组交换

电路交换和报文交换各有优缺点。电路交换传输时延小，但电路接续时间长，线路利用率低，且不能进行不同类型的终端相互通信。报文交换虽然可解决上述问题，但信息传输时延太长，不能满足许多数据通信系统的实时性要求。而数据交换既要求接续速度快，线路利用率高，又要求传输时延小，不同类型的终端能相互通信。为了满足这些要求，人们吸收了电路交换和报文交换的各自优点，发展了分组交换技术。

3.3.1 分组交换原理

分组交换也称包交换，它是将用户传送的数据分成一定长度的分组，在每个分组的前面加一个分组头，其中的地址标志指明该分组发往何处，然后由分组交换机根据每个分组的地

址标志，将它们转发至目的地，这一过程称为分组交换。

可见，分组交换的基本原理是存储-转发，即节点交换机采用以“分组”为单位的存储-转发机制，完成不同终端间的信息交换。

由于分组长度较短且固定，具有统一的格式，便于在交换机中存储和处理，分组进入交换机在主存储器中停留很短的时间，进行排队和处理，一旦确定新的路由，就很快输出到下一个交换机或用户终端。所以，能满足绝大多数数据通信用户对信息传输的实时性要求。

1．分组的组成

分组由分组头和用户数据部分组成，如图 3-3 所示。分组头包含收发地址和一些控制信息，用以指明该分组从何地址发往何地址，交换机根据每个分组的地址标志，将它们转发到目的地，其长度为 3～10 个字节（1 个字节为 8bit）；用户数据部分长度是固定的，一般为 128 字节，最大不超过 256 字节。

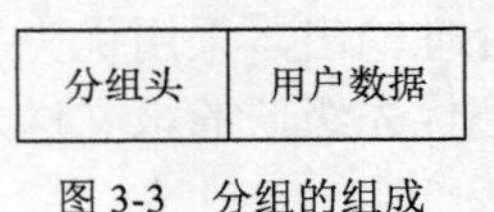

图 3-3　分组的组成

2．分组交换的工作原理

分组交换的工作原理如图 3-4 所示。假设分组交换网有 3 个分组交换机 1、2 和 3。图 3-4 中画出 A、B、C 和 D 共 4 个数据用户终端，其中 B 和 C 为分组型终端，A 和 D 为非分组型终端。分组型终端以分组的形式发送和接收信息，而非分组型终端以报文的形式发送和接收信息。所以，非分组型终端发送的报文要由分组装拆设备（PAD）将其拆成若干个分组，以分组的形式在网中传输和交换，若接收终端为非分组型终端，则由 PAD 将若干个分组重新组装成报文再送给非分组型终端。

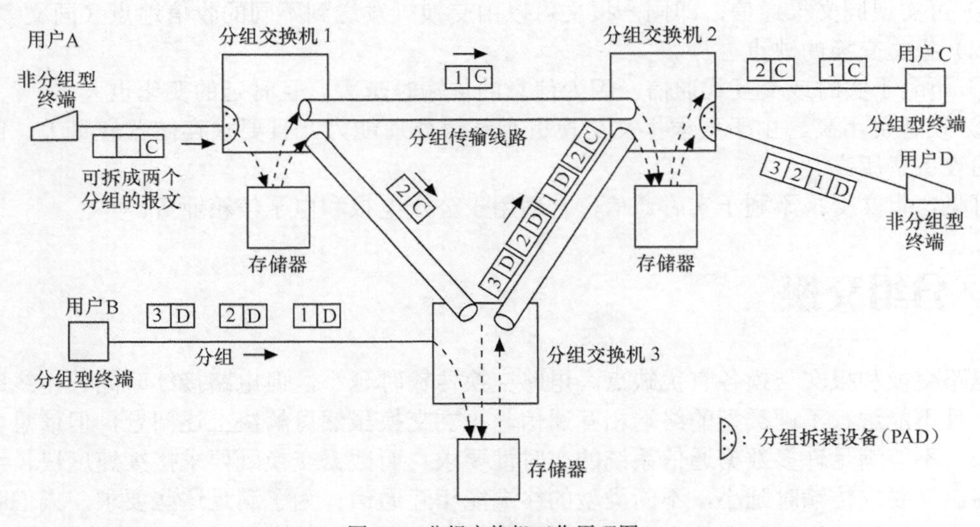

图 3-4　分组交换机工作原理图

非分组型终端 A 发出带有接收终端 C 地址的报文，分组交换机 1 将此报文拆成两个分组，存入存储器并进行路由选择，决定将分组 1C 直接传送给分组交换机 2，将分组 2C 先传给分组交换机 3（再由交换机 3 传送给分组交换机 2），路由选择后，等到相应路由有空闲，分组交换机 1 便将两个分组从存储器中取出送往相应的路由。其他相应的交换机也进行

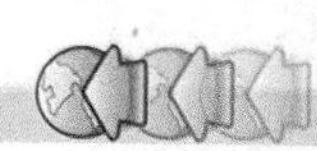

同样的操作，最后由分组交换机 2 将这两个分组送给接收终端 C。由于 C 是分组型终端，因此在交换机 2 中不必经过 PAD，直接将分组送给终端 C。

图 3-4 中的另一个通信过程，分组型终端 B 发送的数据是分组，在交换机 3 中不必经过 PAD。1D、2D 和 3D 3 个分组经过相同的路由传输到交换机 2，由于接收终端为非分组型终端，所以在交换机 2 由 PAD 将 3 个分组组装成报文送给非分组型终端 D。

3．分组交换的优缺点

（1）分组交换的优点

① 传输质量高。分组交换技术具有差错控制功能，主要表现在分组网中段到段的实现差错控制，而且对于分组型终端，在用户线部分也可以同样进行差错控制。另外，分组交换网还采用了流量控制机制，保证了数据传输的有效性。因此，与电路交换和报文交换相比，其传输质量大大提高（一般 P_e 低于 10^{-10} 以下）。

② 可靠性高。这是由于分组交换方式中，每个分组可以自由选择传输路径，当网络发生故障时，分组仍能自动选择一条避开故障地点的迂回路由传输，不会造成通信中断，即网络的适应性强。

③ 可实现分组多路通信。在分组交换网中由于采用的是统计时分复用，分组型终端尽管和分组交换机只有一条用户线相连，但可以同时和多个用户终端进行通信。

④ 能提供不同类型终端间的通信。分组交换网向用户提供统一的接口，从而实现不同速率、码型和传输规程终端间的互通。

⑤ 能满足通信实时性要求。信息的传输时延较小，而且变化范围不大，能够较好地适应会话型通信的实时性要求。

⑥ 经济性好。在网内传输和交换的是被截短的、格式化的分组，这样既可提高传输速度，又能减少交换机的处理时间，不要求交换机具有很大的存储容量，降低了网内设备的费用。

⑦ 线路利用率高。来自不同用户的分组可以在同一条线路上以分组为单位实现统计时分多路复用，大大提高了线路的利用率。

（2）分组交换的缺点

① 对长报文通信的传输效率低。报文越长附加的信息越多，传输效率就越低。

② 要求交换机有较高的处理能力。要求具有较高处理能力的交换机，故大型交换网的投资较大。

4．分组长度的选取

分组交换网中分组长度的选取至关重要。分组长度的选取与交换过程中的延迟时间、交换机费用、信道传输质量以及正确传输数据信息的信道利用率等因素有关。

一般而言，若分组选取长一些，对降低误码率，提高正确传输数据信息的信道利用率及降低分组处理费用有利，但会导致交换过程的时延加大，且使交换机存储器费用升高。综合考虑，原 CCITT 规定：分组长度以 16～4 096 字节之间的 2^n 字节为标准分组长度。例如 32、64、128、256、512 和 1 024 个字节等。一般，选用分组长度为 128 字节，不超过 256 字节（不包括分组头），分组头长度为 3～10 字节。

3.3.2 分组的传输方式

在分组网中，数据以分组为单位传输和交换。由于每个分组的分组头都带有地址路由信息和控制信息，所以分组可以在网内独立地传输。

分组在分组交换网中的传输方式有两种：数据报（Datagram，DG）方式和虚电路（Virtual Circuit，VC）方式。

1．数据报方式

（1）什么是数据报方式

数据报方式是将每一个数据分组，将其当作一份独立的报文看待。分组交换机为每一个数据分组独立地寻找路径，同一终端送出的不同分组可以沿着不同的路径到达终点。在网络终点，由于每一个分组所经过的路由不同，因此，它们到达终点的时间先后不一样，这样分组的顺序可能不同于发送端，需要重新排序。由于不需要建立连接，也称为无连接方式。图 3-4 中非分组型终端 A 和分组型终端 C 之间的通信采用的就是数据报方式。

需要说明的是：分组型终端有排序功能，而一般终端没有排序功能。所以，如果接收终端是分组型终端，排序可以由终点交换机完成，也可以由分组型终端自己完成，但若接收端是一般终端，排序功能必须由终点交换机完成，并将若干分组组装成报文再送给一般终端。

（2）数据报方式的特点

① 用户之间的通信只有数据传输阶段，不需要经历呼叫建立和呼叫清除阶段，对于数据量小的通信，传输效率比较高。

② 数据分组的传输时延大，且同一终端的不同分组的传输时延差别较大。因为不同的分组可以沿不同的路径传输，而不同传输路径的延迟时间差别较大。

③ 同一终端送出的若干分组到达终端的顺序可能不同于发送端，需重新排序。

④ 对网络拥塞或故障的适应能力较强，一旦某个经由的节点出现故障或网络的一部分形成拥塞，数据分组可以另外选择传输路径。

2．虚电路方式

（1）什么是虚电路方式

虚电路方式是两个用户终端设备在开始互相传输数据之前必须通过网络建立一条逻辑上的连接，一旦这种连接建立以后，用户发送的数据将通过该路径按顺序通过网络传送到达终点。当通信完成之后用户发出拆链请求，网络清除连接。虚电路方式原理如图 3-5 所示。图中终端 B 和 D 及 A 和 C 之间的通信采用的是虚电路方式。

需要注意的是，虚电路建立的是逻辑连接。例如，某城市道路有 4 个车道，每个车道又被分为若干子车道，可以这样理解，每辆车占用一个子车道，各种车辆就在逻辑上占用整个道路，充分提高了道路的利用率。

虚电路不同于电路交换中的物理连接，而是逻辑连接。虚电路并不独占线路，在一条物理线路上可以同时建立多个虚电路，也就是建立多个逻辑连接，以达到资源共享。但是从另一方面看，虽然只是逻辑连接，毕竟也需要建立连接，因此不论是物理连接还是逻辑连接，都是面向连接的方式。虚电路交换方式原理如图 3-5 所示。

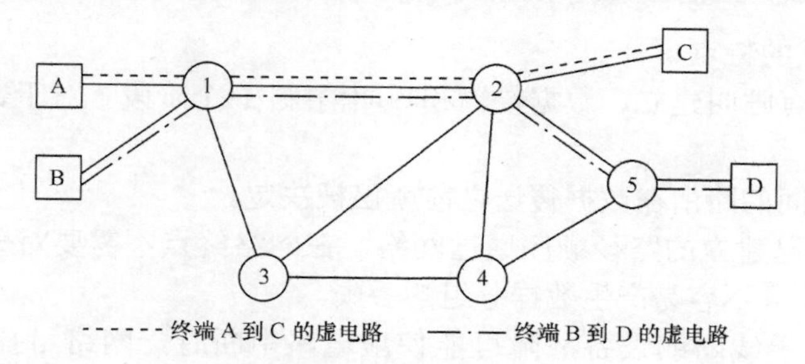

图 3-5　虚电路方式原理

假设终端 A 有数据要送往终端 C，终端 A 首先要送出一个“呼叫请求”分组到节点 1，要求建立到终端 C 的连接。节点 1 进行路由选择后决定将该“呼叫请求”分组发送到节点 2，节点 2 又将该“呼叫请求”分组送到终端 C。如果终端 C 同意接受这一连接，它发回一个“呼叫接受”分组到节点 2，这个“呼叫接受”分组再由节点 2 送往节点 1，最后由节点 1 送回给终端 A。至此，终端 A 和终端 C 之间的逻辑连接建立起来了。此后，所有终端 A 送给终端 C 的分组都沿已建好的虚电路传送，不必再进行路由选择。

为进一步说明这个问题，在图 3-5 中，假设终端 B 和终端 D 要通信，也预先建立起一条虚电路，其路径为终端 B—节点 1—节点 2—节点 5—终端 D。由此可见，终端 A 和终端 B 送出的分组都要经节点 1 到节点 2 的路由传送，即共享此路由。那么如何区分不同终端的分组呢？

为了区分不同终端的分组，需对分组进行编号，不同终端送出的分组其逻辑信道号不同，就像把一条物理线路分成若干个子信道，每个子信道用相应的逻辑信道号表示，称之为逻辑信道，如图 3-6 所示。

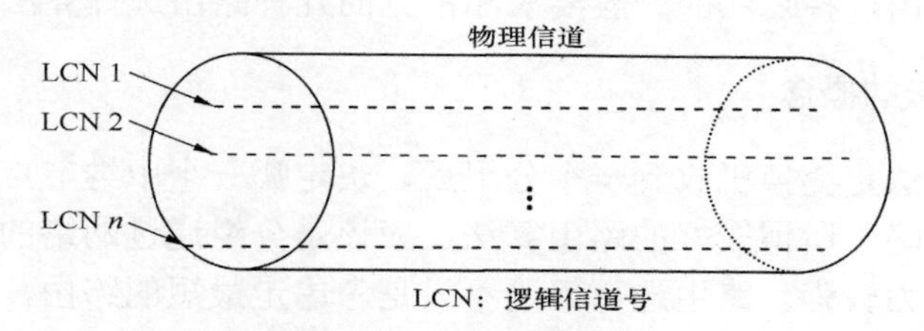

图 3-6　逻辑信道示意图

逻辑信道号只有局部意义，经过交换节点时，逻辑信道号可能要改变，多段逻辑信道链接起来构成一条端到端的虚电路。

（2）虚电路方式分类

根据虚电路的建立方式不同，虚电路可分为永久虚电路（PVC）和交换虚电路（SVC）。

永久虚电路是指在主叫用户和被叫用户之间建立相对固定的逻辑连接。此逻辑连接由网管人员建立，当用户不需要时，也由网管人员拆除该连接。用户向网络预约了该项服务之后，网管人员就在两用户之间建立虚电路，用户之间的通信，可直接进入数据传输阶段，就好像具有一条专线一样。

交换虚电路是指在主叫用户和被叫用户之间建立的临时性的逻辑连接。此逻辑连接在数据传输之前由用户终端建立该连接，然后传输数据，当用户不需要时，也由用户终端拆除该连接。

（3）虚电路方式的特点

① 一次通信具有呼叫建立、数据传输和呼叫清除 3 个阶段。对于数据量较大的通信来说传输效率高。

② 数据终端之间的路由在数据传送之前就已被决定。

③ 数据分组按已建立的路径顺序通过网络，在网络终点不需要对分组进行重新排序，分组传输时延小，而且不容易产生数据分组的丢失。

④ 当网络中由于线路或设备故障可能使虚电路中断时，网络可提供虚电路重连接的功能。

3．数据报与虚电路的异同

虚电路与数据报同属于分组交换，但虚电路更接近于电路交换，而数据报更接近于报文交换。虚电路有连接建立、数据传输和连接拆除过程，数据报只有数据传输过程；虚电路提供有连接的服务，数据报提供无连接的服务；虚电路按相同的路径传输数据，数据报可按不同的路径传输数据；虚电路分组按发送顺序接收，数据报分组可不按发送顺序接收；虚电路分组附加地址信息少，数据报分组附加地址信息多；虚电路适合长报文通信，数据报适合突发性短报文通信。

3.3.3 分组交换的路由选择

由以上讨论可知，分组能够通过多条路径从源点到达终点，那么从源点到达终点的多条路由中选择一条最佳的路由，就成为交换机必须决定的问题。所以分组交换机都存在路由选择的问题。

下面具体介绍路由选择算法的一般要求和常见的几种路由选择算法。

1．路由选择算法的概念

所谓路由选择算法是交换机收到一个分组后，决定哪一个中继节点通过哪条输出链路转发该分组所使用的策略。所谓较好的路由算法，应该是分组通过网络的平均延迟时间较短，平衡网内业务量的能力较强。路由选择问题不只是考虑走最短的路由，还要考虑通信资源的综合利用以及网络变化的适应能力，使全网的通过量最大。

对路由选择算法的一般要求是：①在最短时间内使分组到达目的地；②使网络中各节点的工作量均衡；③算法简单，易于实现；④不应过重地增加全网或各节点的开销；⑤算法要能适应通信量和网络拓扑的变化，并能适应部分网络节点暂时性障碍所带来的影响。

路由选择算法一般可分为非自适应型路由选择算法和自适应型路由选择算法两大类。

非自适应路由选择算法所依据的参数，如网络的流量、时延等是根据统计资料得来的，在较长时间内不变。而自适应路由选择算法所依据的这些参数值将根据当前通信网内的各有关因素（流量、时延、通信量和拓扑等）的变化，随时做出相应的修改。

2．非自适应路由选择算法

非自适应路由选择算法包括扩散式路由算法和固定式路由算法等。

（1）扩散式路由算法

扩散式路由算法又称泛射算法，属于非自适应路由算法的一种。网内每一节点收到一个分组后就将它同时通过各条输出链路发往各相邻节点，只有在到达目的节点时，该分组才被移出网外传输给用户终端，如图3-7所示。为了防止一个分组在网内重复循回，规定一个分组只能出入同一节点一次，这样，不管哪一个节点或链路发生故障，总有可能通过网内某一路由到达目的节点（除非目的节点有故障）。

扩散式路由算法的缺点是一个分组同时在多条链路上传送，这将使网内的业务量增加若干倍，网络中业务量的增加还会导致排队时延的加大，在公用数据通信网内这样的选择路由是不可取的。采用扩散式路由算法的优点是简单、可靠性高。因为其路由选择与网络拓扑结构无关，即使网络严重故障或损坏，只要有一条通路存在，分组也能到达终点。由此可见，扩散式路由算法适合用于整个网内信息流量较少而又易受破坏的某些军用专网。

（2）固定式路由算法

固定式路由算法也称为静态路由表法，这种方法确定路由的准则是最短路径算法，是一种应用范围较广的非自适应路由选择算法。固定式路由算法是根据网络拓扑和信息流量的统计模型事先确定各节点的路由表，每个节点的路由表指明从该节点到网络中的任何终点应当选择的下一节点。路由表的计算可以由网络控制中心（Network Control Center，NCC）集中完成，然后装入到各个节点之中，也可由节点自己计算完成。

最短路径算法确定路由表时，主要依赖于网络的拓扑结构，由于网络拓扑结构的变化并不是很经常的，所以这种路由表的修改也不是很频繁，因而这种路由算法也称为静态路由表法。

根据以上思路，结合网络结构、传输线路的速率、途径交换机的个数等计算出各交换机至各目的交换机的路由应该选取的第1选择路由、第2选择路由及第3选择路由等，然后将此表装入交换机的主存储器。只要网络结构不发生变化，此表就不做修改。例如，图3-8所示的分组交换网结构，计算出节点J的路由表如表3-1所示。

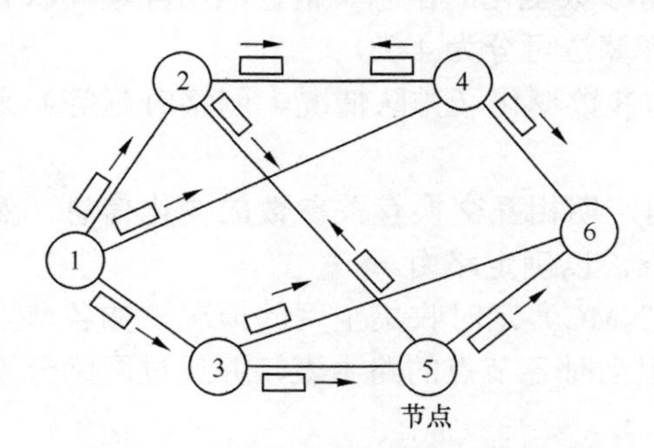

图3-7 扩散式路由算法示意图

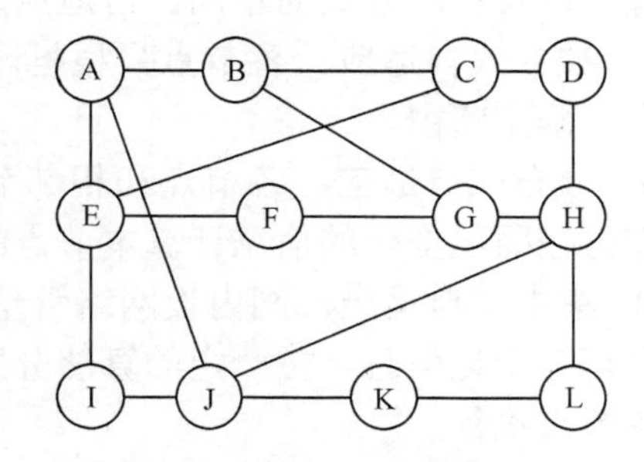

图3-8 分组交换网结构示例

表3-1 图3-8中交换机J的路由选择表

目的交换机	第1选择		第2选择		第3选择	
A	A	0.63	I	0.21	H	0.16
B	A	0.46	H	0.31	I	0.23
C	A	0.33	I	0.33	H	0.34
D	H	0.50	A	0.25	I	0.25

续表

目的交换机	第 1 选 择		第 2 选 择		第 3 选 择	
E	A	0.40	I	0.40	H	0.20
F	A	0.33	H	0.33	I	0.34
G	H	0.46	A	0.31	K	0.23
H	H	0.63	K	0.21	A	0.16
I	I	0.65	A	0.22	H	0.13
—						
K	K	0.67	H	0.22	A	0.11
L	L	0.42	H	0.42	A	0.16

当交换机 J 要对交换机 D 进行呼叫建立虚电路时，查表 3-1 得最佳路径选择为经交换机 H 到达目的交换机 D，第 2 选择为经交换机 A 到达目的交换机 D，第 3 选择为经交换机 I 到达目的交换机 D。

为了平衡源交换机与目的交换机之间多条路由的负荷，可以给 3 种选择方式分配一定的负荷比例。例如，目的交换机 D 的第 1 选择 H 分配 0.5，第 2 选择 A 分配 0.25，第 3 选择 I 分配 0.25。为了按比例选择路由，在决定选用哪一条时，在交换机 J 内调用一次 0.00～1 的随机数，当此数低于 0.50 时选用至 H 的路由，当此数在 0.50～0.75 时选用至 A 的通路，当此数在 0.75 以上时，则选用至 I 的通路。

3．自适应路由选择算法

所谓自适应是指在路由选择过程中，所用的路由表要考虑网内当前业务量的变化情况及线路畅通的情况，并在网络结构发生变化时及时更新，以便在新的情况下仍能获得较好的路由。

（1）自适应路由选择算法分类

在自适应路由选择算法中，关键是如何获得参数变化的信息。根据网络环境和状态信息的来源，以及控制方式的不同，自适应路由选择算法可分为 4 类。

① 独立式自适应。各节点只根据本节点的参数变化（排队情况、网络时延等）来计算路由表，确定路由。

② 分布式自适应。各节点和相邻节点之间定期相互交换有关参数的变化信息，然后，各节点再按照已变化的信息计算本节点的路由表，以确定路由。

③ 集中式自适应。网内设网络管理中心（NMC）定时收集全网的情况，如各节点的流量、时延等变化信息，按一定的算法分别计算出当时各节点的路由表，并通过网络分别传送通知各节点执行。

④ 混合式自适应。既有集中控制部分，又有分布控制部分。

（2）自适应路由选择算法原理

下面以分布式自适应路由选择算法为例说明具体的路由选择算法原理。

自适应路由选择算法属于动态路由表法，这种方法确定路由的准则是最小时延算法。

一般交换机中的路由表由交换机计算产生。最小时延算法的依据是网络结构（相邻关系）和两项网络参数——中继线速率（容量）和分组队列长度。其中网络结构和中继线速率通常是较少变化的，而分组队列长度却是一个经常变化的因素，这将导致时延的变化，所以

交换机的路由表要随时做调整。这种随着网络的数据流或其他因素的变化而自动修改路由表的方法称为自适应路由选择算法，即为动态路由表法。

图 3-9 标注了网络结构各条中继线的传输速率和各交换机在线路上排队等待输出的分组数（用“□”表示），并在每个节点的旁边列出了交换机计算出的有关线路的输出时延表。这里假定每个分组的长度为 1 000 比特，时延可以简单地等于等候传输的数据比特除以线路速率再乘上一个因数（该因数表示了因线路误码而引起线路重发的概率）。

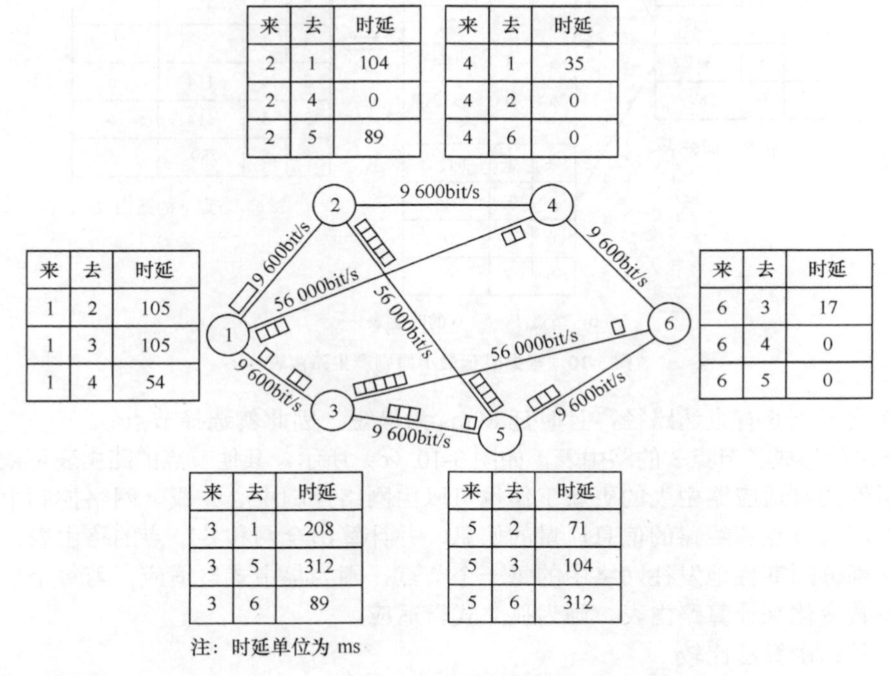

图 3-9　交换机时延表

在每个节点都计算出了它与相邻节点之间的时延估值之后，就与所有相邻节点之间交换各自的时延表的复制，以便得知相邻节点的时延表。图 3-10 所示为图 3-9 中节点 3 与相邻节点交换时延表的复制之后的结果。这样节点 3 就知道了通过相邻节点到达其他节点的时延情况，便可根据本节点和相邻节点的信息计算路由表。

假定节点接收一个分组，然后输出的处理时间（不含线路排队时间）为 25ms。

先考虑节点 3 到节点 1 的路径。由图 3-10 可见，节点 1 是节点 3 的相邻节点，且节点 3 通过其他节点均不能到达节点 1，所以节点 3 直接到达节点 1 是唯一路径，时延为 208ms。

节点 3 到节点 2 没有直达路径，它可以通过节点 1 或节点 5 到达。如果节点 3 通过节点 1 到达节点 2，总的通路时延为 208 + 105 + 25 = 338ms。如果经过节点 5 到达节点 2，总的时延为 312 + 71 + 25 = 408ms，按时延最小原则应当选择经过节点 1。

节点 3 到节点 4 没有直达路径，它可以通过节点 1 或节点 6 到达，经比较选择了经过节点 6，时延为 89 + 0 + 25 = 114ms。

节点 3 到节点 5 有直达路径，时延为 312ms。但是从图 3-10 可以看出，如果节点 3 通过节点 6 再到达节点 5，时延为 89 + 0 + 25 = 114ms，小于 312ms，因此选择了通过节点 6

的路径。由此可见，距离最短（中继线数最少）的路径时延不一定最小。

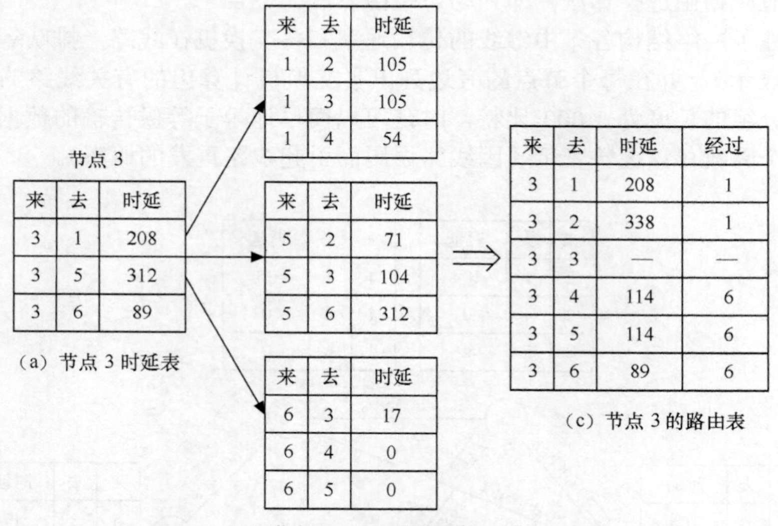

图3-10　根据时延最小原则产生路由表

节点3到节点6有直达路径，且时延89ms为最短，因此就选择节点6。

以上结果就形成了节点3的路由表，如图3-10（c）所示。其他节点的路由表可依此计算。

上述示例的自适应路由表的更新工作也可以由网络控制中心完成。网络控制中心实时收集网络中的所有节点和线路的信息流量的信息，并计算出全网和各节点的路由表，然后将路由表的变化部分周期性地发往网络中的每一个节点，则为集中式自适应。若每个节点只根据本节点的参数变化来计算路由表，则为孤立式自适应。

（3）各种路由算法比较

上述几种方法各有利弊，集中式中传输的路由信息开销少，实现也较为简单，但功能过于集中，所以可靠性较差。分布式方式与集中式方式正好相反。混合式的自适应路由算法，它既有集中控制部分又有分布控制部分，因此，它能较好地解决路由选择问题。

表3-2给出了这3种交换方式主要特性的比较。

表3-2　3种交换方式的比较

交换方式 性　能	电路交换	报文交换	分组交换
用户速率	4kHz的带宽速率	100bit/s左右	2.4～64kbit/s
时延	很短	长	较小
动态分配带宽	不支持	支持	支持
突发适应性	差	差	一般
电路利用率	差	报文短时差，报文长时好	一般
数据可靠性	一般	较好	高
媒体支持	话音、数据	报文	话音、数据

续表

性能 \ 交换方式	电路交换	报文交换	分组交换
业务互连	差	差	好
服务类型	面向连接	无连接	面向连接/无连接
成本	低	低	一般
异种终端相互通信	不可以	可以	可以
实时性会话	适用	不适用	适用

3.4　IP 交换技术与 MPLS 技术

IP 交换技术最初是由 Ipsilon 公司提出的，英文是“IP Switching”，也称之为第 3 层交换技术、多层交换技术、高速路由技术等。其实，这是一种利用第 3 层协议中的信息来加强第 2 层交换功能的机制。因为 IP 不是唯一需要考虑的协议，把它称为多层交换技术更贴切些。

3.4.1　IP 交换技术

1．IP 交换技术的产生背景

IP 交换技术的产生背景是 IP 技术与 ATM 技术在宽带多媒体通信中的竞争和融合。

一方面，因特网是全球最大的 IP 网，在因特网的迅猛发展中，暴露出带宽、效率、开销、安全、管理等诸多矛盾，随着多媒体应用的日益广泛，支持多种业务、划分业务等级、提供相应的服务质量（QoS）保证，也就成为因特网发展中亟待解决的问题。

IP Over ATM（IPOA）技术就是试图来解决上述一系列问题的。ATM 技术应用于因特网，不仅解决了带宽问题，还为将来提供具有高服务质量的 IP 业务奠定了基础，也是因特网多媒体会议电视等各种实时多媒体通信最有力的解决方案。

另一方面，电信网要采用 ATM 技术实现 B-ISDN，也存在许多困难，ATM 为了兼容语音等实时业务采用面向连接的方式，虽然能够保障较好的服务质量（QoS），但存在灵活性不足的缺点，无法为各种不同的业务都提供满意的服务特性，尤其是对于因特网上短而频繁的信息传输业务来说，无连接的 IP 技术比 ATM 技术更为适合。因此，B-ISDN 的发展也需要将 IP 技术与 ATM 技术相结合。

2．IP 与 ATM 技术的结合型

IP 技术和 ATM 技术相结合的难点在于，ATM 是面向连接的技术，而 IP 是无连接的技术。IP 有自己的寻址方式和相应的选路功能，而 ATM 技术也有其相应的信令、选路规程和地址结构。ATM 与 IP 结合的新方案、新设备层出不穷，ATM 论坛与 IETF 也在协同工作，以实现 IP 与 ATM 之间的互联。现在已有很多方法实现 ATM 与 IP 的结合。ITU-T SG13 认为，从 IP 与 ATM 协议的关系划分，IP 与 ATM 相结合的技术存在重叠和集成两种模型。

（1）重叠模型

重叠模型是将 IP 网络层协议重叠在 ATM 之上，即 ATM 网与现有的 IP 网重叠。换言之，IP 在 ATM 网络上运行，ATM 网络仅仅作为 IP 层的低层传输链路，IP 和 ATM 各自定

义自己的地址和路由协议。采用这种方案，ATM 端系统需要使用 ATM 地址和 IP 地址两者来标识，网络中设置服务器完成 ATM 地址和 IP 地址的地址映射功能（通过 ARP 实现），在发送端用户得到接收端用户的 ATM 地址后，建立 ATM SVC 连接。这种方法的优点是可以采用标准信令，与标准的 ATM 网络及业务兼容；缺点是传送 IP 数据报的效率较低，计费较难。重叠模型所包含的技术主要有 IETF（Internet Engineering Task Force）在 RFC 1577 建议中定义的 ATM 上的传统式 IP 规范（Classical IP Over ATM，CIPOA）、ATM 论坛的局域网仿真规范（LAN Emulation，LANE）和 ATM 论坛定义的 ATM 上的多协议规范（Multi-Protocol Over ATM，MPOA）等。

（2）集成模型

集成模型是将 IP 路由器的智能和管理性能集成到 ATM 交换中形成的一体化平台。在集成模型的实现中，ATM 层被看作是 IP 层的对等层，ATM 端点只需使用 IP 地址来标识，在建立连接时使用非标准的 ATM 信令协议。采用集成技术时，不需要地址解析协议，但增加了 ATM 交换机的复杂性，使 ATM 交换机看起来更像一个多协议的路由器。这种方法的优点是传送 IP 数据报的效率比较高，不需要地址解析协议；缺点是与标准的 ATM 技术融合较为困难。比较有代表性的集成技术主要有 Ipsilon 公司的 IP 交换技术、Cisco 公司的标记交换技术以及 IETF 制定的多协议标签交换（Multi-Protocol Label Switching，MPLS）技术等。

IP 交换只对数据流的第一个数据包进行路由地址处理，按路由转发，随后按已计算的路由在 ATM 网上建立虚电路（VC）。以后的数据包沿着 VC 以直通（Cut-Through）方式进行传输，不再经过路由器，从而将数据包的转发速度提高到第 2 层交换机的速度。IP 交换的核心思想就是“一次路由、多次交换”。

对持续时间长、业务量大、实时性要求较高的用户业务数据流直接进行交换传输，用 ATM 虚电路来传输；对持续时间短、业务量小、突发性强的用户业务数据流，使用传统的分组存储转发方式进行传输。

3.4.2 MPLS 技术

1．MPLS 概念

多协议标签交换（Multi-Protocol Label Switching，MPLS）技术，是一种在开放的通信网上利用标签引导数据高速、高效传输的新技术。它的价值在于能够在一个无连接的网络中引入连接模式的特性。

采用 MPLS 技术减少了网络的复杂性，兼容现有各种主流网络技术，能降低网络成本，在提供 IP 业务时能确保服务质量（QoS）和安全性，具有流量工程能力。此外，MPLS 能解决 VPN 扩展问题和维护成本问题。

2．MPLS 特点

（1）MPLS 在网络中的分组转发基于定长标签，由此简化了转发机制，使得转发路由器容量很容易扩展到太比特级。

（2）充分采用原有的 IP 路由，在此基础上加以改进，保证了 MPLS 网络路由的灵活性。

（3）采用 ATM 的高效传输交换方式，抛弃了复杂的 ATM 信令，无缝地将 IP 技术的优

点融合到 ATM 的高效硬件转发中。

（4）MPLS 网络的数据传输和路由计算分开，是一种面向连接的传输技术，能够提供有效的 QoS 保证。

（5）MPLS 不但支持多种网络层技术，而且是一种与链路层无关的技术，它同时支持 X.25、帧中继、ATM、PPP、SDH、DWDM……保证了多种网络的互连互通，使得各种不同的技术统一在同一个 MPLS 平台上。

（6）MPLS 支持大规模层次化的网络，具有良好的网络扩展性。

（7）MPLS 的标签合并机制支持不同数据流的合并传输。

（8）MPLS 支持流量工程、服务等级（CoS）、服务质量（QoS）等。

（9）MPLS 的标准化十分迅速，这是它能迅速普及成功的关键。

3．MPLS 网络结构

MPLS 技术是宽带骨干网中的一个根本性的技术。MPLS 的网络结构如图 3-11 所示。

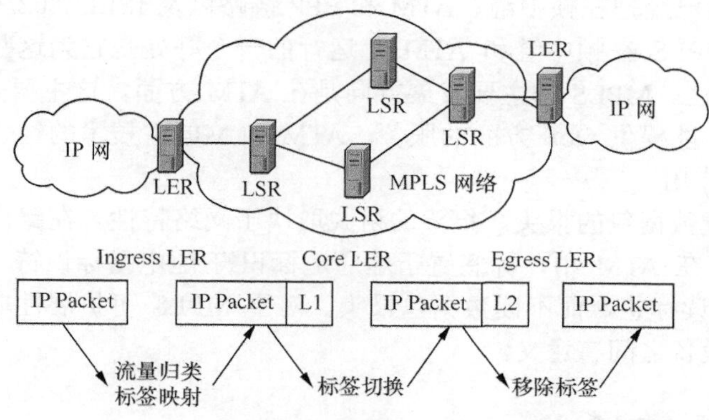

图 3-11　MPLS 网络结构

MPLS 网络的基本构成单元是标签交换路由器（Label Switching Router，LSR），主要运行 MPLS 控制协议和 3 层路由协议，并负责与其他 LSR 交换路由信息来建立路由表，实现转发等价类（Forwarding Equivalence Class，FEC）和 IP 分组头的映射，建立 FEC 和标签之间的绑定，分发标签绑定信息，建立和维护标签转发表等工作。

由 LSR 构成的网络叫做 MPLS 域，位于区域边缘的 LSR 称为边缘 LSR（Label Edge Router，LER），主要完成连接 MPLS 域和非 MPLS 域以及不同 MPLS 域的功能，并实现对业务的分类、分发标签（这时作为入口 LER）、剥去标签（这时作为出口 LER）等。

位于区域内部的 LSR 则称为核心 LSR，它提供标签交换、标签分发等功能。带标签的分组沿着由一系列 LSR 构成的标签交换路径（Label Switched Path，LSP）传送。

下面结合图 3-11，简要介绍 MPLS 的基本工作过程。

（1）首先，标签分发协议（Label Distribution Protocal，LDP）和传统路由协议（如 OSPF 等）一起，在各个 LSR 中为有业务需求的 FEC 建立路由表和标签映射表。

（2）入口 LER 接收分组，完成第 3 层功能，判定分组所属的 FEC，并给分组加上标签，形成 MPLS 标签分组。

（3）接下来，在 LSR 构成的网络中，LSR 根据分组上的标签以及标签转发表进行转

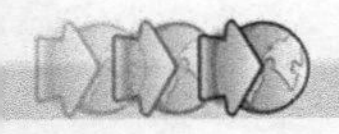

发，不对标签分组进行任何第 3 层处理。

（4）最后，在 MPLS 出口 LER 去掉分组中的标签，继续进行后面的转发。

由此可以看出，MPLS 并不是一种业务或者应用，它实际上是一种隧道技术，也是一种将标签交换转发和网络层路由技术集于一身的路由与交换技术平台。这个平台不仅支持多种高层协议与业务，而且，在一定程度上可以保证信息传输的安全性。

4．MPLS 的工作原理

MPLS 是基于标签的 IP 路由选择方法，称为多协议标签交换。这些标签可以被用来代表逐跳式或者显式路由，并指明服务质量（QoS）、虚拟专网以及影响一种特定类型的流量（或一个特殊用户的流量）在网络上的传输方式的其他各类信息。

路由协议在一个指定源和目的地之间选择最短路径，不论该路径是否超载。利用显式路由选择，服务提供商可以选择特殊流量所经过的路径，使流量能够选择一条低延迟的路径。

MPLS 协议实现将第 3 级的包交换转换成第 2 级的交换。MPLS 可以使用各种第 2 层的协议，MPLS 工作组已经把在帧中继、ATM 和 PPP 链路以及 IEEE 802.3 局域网上使用的标签实现了标准化。MPLS 在帧中继和 ATM 上运行的一个好处是它为这些面向连接的技术带来了 IP 的任意连通性。MPLS 的主要发展方向是在 ATM 方面。这主要是因为 ATM 具有很强的流量管理功能，能提供 QoS 方面的服务，ATM 和 MPLS 技术的结合能充分发挥在流量管理和 QoS 方面的作用。

标签是用于转发数据包的报头。报头的格式取决于网络特性。在路由器网络中，标签是单独的 32 位报头。在 ATM 中，标签置于虚通道标识符/虚电路标识符（VP2/VC1）信元报头。核心 LSR 只解读标签，而不读数据包报头。对于 MPLS 可扩展性非常关键的一点是标签只在通信的两个设备之间有意义。

3.5 新一代交换技术

随着通信技术的不断发展，又出现了新一代的交换技术，主要包括软交换技术、IMS 技术等。

3.5.1 软交换技术

1．软交换的概念

下一代网络（Next Generation Network，NGN）是基于分组、业务驱动、开放式综合业务架构，集话音、数据、传真和视频业务于一体的全新网络。NGN 通过业务和控制分离，控制和承载分离，实现相对独立的业务体系，使业务独立于网络。

NGN 是一个以软交换为核心、光网络和分组型传送技术为基础的开放式融合网。

软交换是一种功能实体，为 NGN 提供具有实时性要求的业务的呼叫控制和连接控制功能，是下一代网络呼叫与控制的核心。简单地看，软交换是实现传统程控交换机的“呼叫控制”功能的实体，但传统的“呼叫控制”功能是和业务结合在一起的，不同的业务所需要的呼叫控制功能不同，而软交换则是与业务无关的，这要求软交换提供的呼叫控制功能是各种

业务的基本呼叫控制。

2．软交换网络结构

如图 3-12 所示，软交换网络从功能上可以分为业务平面、控制平面、传输平面和接入平面。

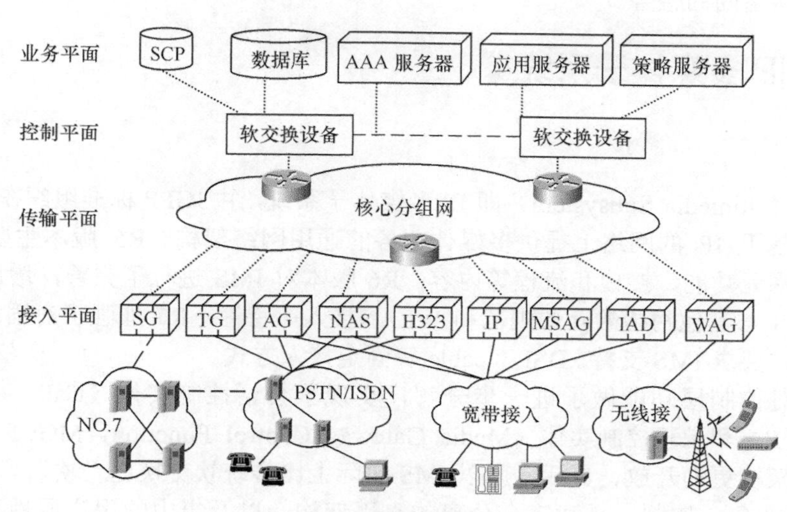

图 3-12　软交换网络体系结构

（1）接入平面：提供各种网络和设备接入到核心骨干网的方式和手段，主要包括信令网关（Signaling Gateway，SG）、媒体网关（Media Gateway，MG）、接入网关（access gateway，AG）等多种接入网关设备。

网关的作用是使一个网络中的信息能够在另一网络中传输，主要完成媒体信息格式的转换、信令信息/协议的转换和控制网关内部资源的功能。网关按功能实体分为媒体网关（MG）和信令网关（SG），按用途及在网络中的应用分为中继网关（TG）和接入网关（AG）。

① 媒体网关

媒体网关（MG）设备是处于不同媒体域之间的一种转换设备，主要功能是实现不同媒体域（如电路域、IP 域和 ATM 域等）的互连互通。

② 信令网关

信令网关（SG）是 NO.7 信令网与 IP 网的边缘接收和发送信令信息的信令代理。国际软交换协会（International Softswitch Consortium，ISC）的参考模型中定义了信令网关功能（SG-F）和接入网关信令功能（AGS-F）。

③ 接入网关

接入网关（AG）完成用户接入网络或终端用户的接入，具有媒体网关（MG）的全部功能，具有全部或部分信令网关（SG）的功能。

（2）传输平面：负责提供各种信令和媒体流传输的通道，网络的核心传输网将是 IP 分组网络。在给定的策略限制下，向业务域提供具有 QoS 保障的连接。

（3）控制平面：主要提供呼叫控制、连接控制、协议处理等能力，并为业务平面提供访问底层各种网络资源的开放接口。该平面的主要组成部分是软交换设备。

（4）应用平面：利用底层的各种网络资源为用户提供丰富多样的网络业务。主要包括应用服务器（AS）、策略/管理服务器（PS）、AAA 服务器等。其中最主要的功能实体是应用服务器（AS），它是软交换网络体系中业务的执行环境。

可以看出，软交换采用分层、开放的体系结构，将传统交换机的功能模块分离成独立的网络实体，各实体间采用开放的协议或 API 接口，从而打破了传统电信网封闭的格局，实现了多种异构网络间的融合。

3.5.2 IP 多媒体子系统

1．IMS 概念

IMS（IP Multimedia Subsystem）即 IP 多媒体子系统，由3GPP 标准组织在 R5 版本基础上提出，是在基于 IP 的网络上提供多媒体业务的通用网络架构。R5 版本主要定义了 IMS 的核心结构、网元功能、接口和流程等内容；R6 版本对 IMS 进行了完善，增加了部分 IMS 业务特性、IMS 与其他网络的互通规范和 WLAN接入等特性；R7 加强了对固定、移动融合的标准化制定，要求 IMS 支持 xDSL、cable 等固定接入方式。

IMS技术对控制层功能做了进一步分解，实现了会话控制实体（Call Session Control Function，CSCF）和承载控制实体（Media Gateway Control Function，MGCF）在功能上的分离，使网络架构更为开放、灵活，所以 IMS 实际上比传统软交换更“软”。

IMS 以其业务、控制、承载完全分离的水平架构，以及集中的用户属性和接入无关等特性，一方面解决了目前软交换技术还无法解决的问题，如用户移动性支持、标准开放的业务接口、灵活的 IP 多媒体业务提供等，另一方面，其接入无关性，也使得 IMS 成为固定和移动网络融合演进的基础。

2．IMS 网络系统结构

IMS 网络系统结构如图 3-13 所示，IMS 的目标是建立与接入无关、能被移动网络与固定网络共用的融合核心网。

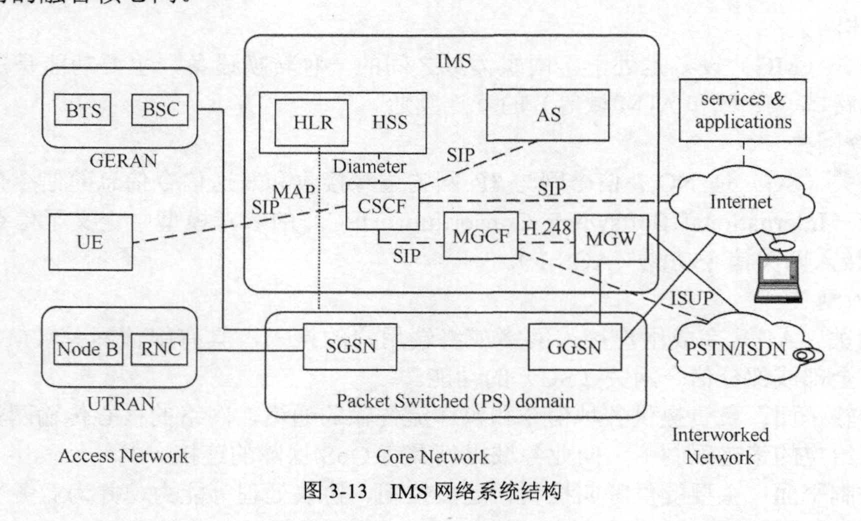

图 3-13 IMS 网络系统结构

IMS 网络功能实体分为核心功能实体、应用功能实体、互通功能实体和辅助功能实体 4 类。

（1）核心功能实体：包括呼叫会话控制功能（CSCF）、归属用户服务器（HSS）、多媒体资源功能控制器 （MRFC）、多媒体资源功能处理器（MRFP）、签约定位器功能（SLF）、策略决策功能（PDF）、计费相关的功能实体（CGF）等。

（2）应用功能实体：包括应用服务器（AS）、智能业务出发服务器（IM-SSF）、业务应用网关（OSA-SCS）等。

（3）互通功能实体：包括信令网关（SGW）、媒体网关控制功能 (MGCF)、IP 多媒体-媒体网关功能 (IM-MGW)、出口网关控制功能 (BGCF)、应用层网关（ALG）、翻译网关（TrGW）等。

（4）IMS 辅助功能实体：包括 ENUM 服务器、DNS 服务器、网管服务器等。

在无线接入技术方面，IMS 除了GSM/GPRS和 WCDMA之外，WLAN通过SIP Proxy 也可以接入。此外，固定网络的 LAN 和 xDSL 接入技术也可以接入到 IMS。

IMS 还提供了与 ISDN/PSTN传统电路交换网络的互联机制。这样，IMS 提供服务的终端除了移动终端之外，还包括固定的电话终端、多媒体智能终端、PC 机的软终端等。

小结

1．数据通信网中可采用的信息交换方式有电路交换方式和存储-转发交换方式。存储-转发交换方式又分为报文交换方式、分组交换方式。

2．电路交换方式属于电路资源预分配。数据通信需经历呼叫建立、数据传输和呼叫拆除 3 个阶段。

3．报文交换和分组交换原理都是存储-转发交换方式，报文交换是以报文为单位进行存储-转发；而分组交换，信息是以规格化的较短的分组为单位进行存储-转发。报文交换和分组交换均采用统计时分复用，动态分配带宽，以提高线路的利用率。

4．分组由分组块和用户数据组成，分组的用户数据部分长度一般为 128 字节（不包括分组头），不超过 256 字节，分组头为 3～10 字节。

5．分组交换中分组的传输方式有两种：数据报方式和虚电路方式。数据报属于面向无连接的服务。数据报方式不需要经历呼叫建立和呼叫清除阶段。虚电路方式属于面向连接方式，虚电路方式有呼叫建立、数据传输和呼叫拆除 3 个阶段。

6．为了在从源端到终端的多条路由中选择一条最佳的路由需要路由选择算法。路由选择算法有很多种，用得较多的有静态的固定路由算法以及动态的自适应路由算法。

7．IP 交换技术的产生背景是 IP 技术与 ATM 技术在宽带多媒体通信中的竞争和融合。从 IP 与 ATM 协议的关系划分，IP 与 ATM 相结合的技术存在重叠和集成两种模型。

8．多协议标签交换（MPLS）技术，是一种在开放的通信网上利用标签引导数据高速、高效传输的新技术。它的价值在于能够在一个无连接的网络中引入连接模式的特性。

9．NGN 是一个以软交换为核心、光网络和分组型传送技术为基础的开放式融合网。

10．IMS技术对控制层功能做了进一步分解，实现了会话控制实体（CSCF）和承载控

制实体（MGCF）在功能上的分离，使网络架构更为开放、灵活，所以 IMS 实际上比传统软交换更“软”。

思考题与练习题

3-1 数据通信网中可采用的信息交换方式有哪些？

3-2 比较电路交换和分组交换方式的优、缺点。

3-3 试述分组交换的基本概念及特点。

3-4 什么是数据报方式？简述数据报方式的特点。

3-5 什么是虚电路方式？虚电路方式的特点有哪些？

3-6 为什么要进行路由选择？路由选择算法有哪些？

3-7 试比较电路交换、报文交换和分组交换 3 种交换方式的特点。

3-8 什么是 IP 交换？IP 交换的核心思想是什么？

3-9 什么是 MPLS？简述 MPLS 工作原理。

3-10 什么是 NGN？说明 NGN 与软交换的关系。

第4章 数据通信协议

【本章内容】

- 通信协议的概念和协议分层。
- OSI 参考模型和 TCP/IP 模型。
- 物理层、数据链路层和网络层的通信协议。

【本章重点、难点】

- OSI 参考模型和 TCP/IP 模型以及各层功能。
- 物理层的功能、特性及典型协议。
- 数据链路层的功能和数据链路传输控制规程。

【学习本章的目的和要求】

- 掌握协议分层的基本概念、OSI 参考模型和 TCP/IP 的各层功能。
- 掌握物理层常用接口标准：RS-232C 接口。
- 掌握点对点协议：PPP。
- 了解高级数据链路传输控制规程：HDLC。
- 了解物理层、数据链路层功能。

4.1 数据通信协议与分层

数据通信是各种类型的数据终端设备之间的通信。现在的数据通信主要通过计算机网络来实现。要维护通信双方正常高效的通信，就要有相应的网络通信控制机制，所以必须事先约定一些通信双方共同遵守的规则和约定，这些规则的集合叫做通信协议。

4.1.1 通信协议的概念及作用

1. 通信协议的概念

数据通信网是由许多具有信息交换和处理能力的节点互连而成的，要使整个网络有条不紊地工作，就要求每个节点必须遵守一些事先约定好的有关数据格式及时序等的规则。这些为实现网络数据交换而建立的规则、约定或标准就称为通信协议，即协议是通信双方为了实现通信而设计的规则或约定。协议总是指某一层的协议。准确地说，在同等层之间进行实体通信时有关通信规则和约定的集合就是该层协议，例如物理层协议、传输层协议、应用层协议。

2．通信协议的组成要素

通信协议主要包括语法、语义和同步 3 个要素。

① 语法确定数据和控制信息的结构和格式。

② 语义主要确定协议的类型及含义。

③ 同步确定通信过程中时序的控制。

通俗一点说，语法确定要做什么，语义是指怎样做，同步是指什么时间来做。

4.1.2 协议分层及 OSI 参考模型

1．分层通信的概念

通过网络连接的数据通信终端之间的通信必须遵守一定的约定和规程，才能保证相互连接和正确地交换信息。而网络通信是一个比较复杂的过程，如果试图让一个通信协议解决在通信过程中出现所有的问题是不可能的，所以，在最初的网络设计时，专家们就提出了分层的概念。完整的通信分若干层，每一层完成自己的工作，层与层之间相对独立，协调配合，每层都拥有自己本层的协议，这就是网络体系结构的层次化概念。对于采用这种层次化设计的网络体系结构，在用户要求更改某一层的功能时，不必改变整个结构，只需改变相关的层次，因此，协议分层使复杂问题简单化，降低了协议设计的复杂性。协议采用这种分层结构，把实现通信的网络在功能上视为若干相邻的层组成，各层完成自己特定的功能。每一层的功能都建立在较低层的基础上，利用较低层提供的服务，同时为较高一层提供服务。通过协议分层，把复杂的协议分解为一些简单的协议，再组合成总的协议。因此，我们又将网络协议及各层次的集合称为网络体系结构。

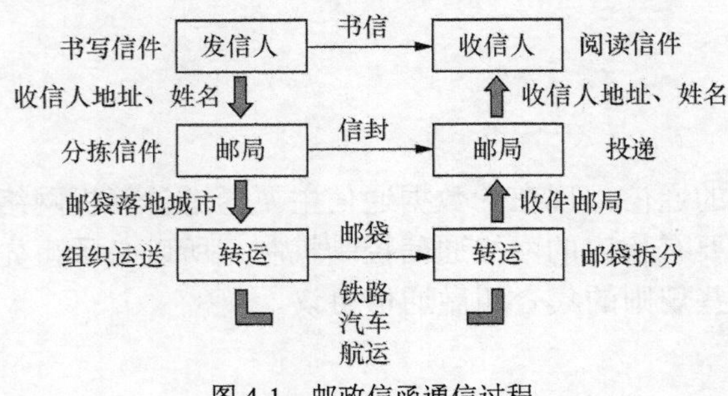

图 4-1 邮政信函通信过程

网络分层的体系结构类似于邮政信函的通信过程。图 4-1 是一个简化的邮政信函交付过程。

在邮政信函通信过程中，通信的内容是发信人书写的信件。信件的格式、语言文字等需要使用和收件人约定好的协议。信件写好后需要通过邮局传送，所以要按照邮局的要求，将信件装入信封，并且按照规定的格式书写收件人的地址、姓名等信息，便于邮局发送邮件。邮局为了提高工作效率，要对信件进行分拣，将寄往同一城市的信件装入一个邮袋，在邮袋上贴上落地城市的标签，让邮政转运部门去转送。邮政转运部门再根据落地城市信息将该邮袋和其他邮寄物品一起组织运送，邮袋可能搭乘火车、汽车或飞机等交通工具到达目的城市。邮袋到达目的城市后，邮政转运部门根据邮袋上的地址标签接收邮袋，拆包后将信件交给邮局投递部门。投递员根据信封上的地址、姓名信息将信件投递给收件人。收件人打开信封就可以看到信件内容。

网络通信刚刚发展起来的时候，各通信公司为了占领市场，纷纷开发适合自己公司产品的网络体系结构，如 IBM 公司的系统网络体系结构 SNA。随着计算机网络的发展，网络的国际化趋势越来越明显，不同地区、不同类型的网络需要互联在一起。为此，国际标准化组织（ISO）做了大量工作，在 1977 年，提出了开放系统互连参考模型（OSI-RM），并于 1983 年春定为正式国际标准。所谓开放系统，指的是所有遵循此 OSI 参考模型和相关协议标准的通信系统都能够互联在一起。

2．OSI 参考模型

OSI 参考模型由 7 个功能层组成，自下而上分别为：物理层、数据链路层、网络层、运输层、会话层、表示层和应用层。每一层都有特定的功能，并且上一层利用下一层的功能所提供的服务。

图 4-2 所示为两个计算机通过交换网络相互连接通信及其对应的 OSI 参考模型分层的例子。应用层为用户的应用进程提供服务，传输介质位于物理层以下，而对于网络中的节点，仅起通信中继和交换的作用，故只有 3 层。通常，把模型 7 层中的 1～3 层，称之为网络低层，主要完成数据交换和数据传输，网络低层的功能由终端计算机和网络共同执行；把 5～7 层称之为网络高层，主要完成信息处理服务的功能，网络高层的功能由通信的计算机双方共同执行。低层与高层之间由第 4 层衔接。

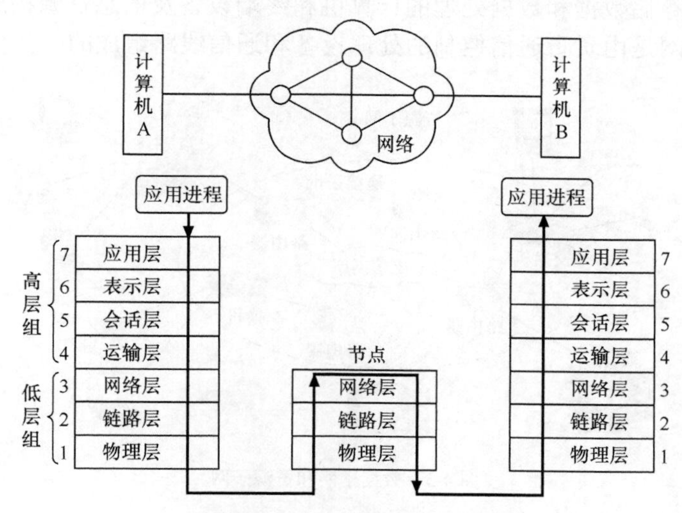

图 4-2　OSI 参考模型分层结构

图 4-2 同时表示出用户信息是从最高的应用层向下交付到网络层，并由它处理通过网络的路径选择，接通数据的传输通路。而网络层为了完成它的任务，需要数据链路层提供服务。计算机 A 发送的信息经过网络到达接收端后，由网络层上传，并经过高层组处理，成为计算机 B 可识别的信息。

3．OSI 参考模型各层的基本功能

（1）物理层

物理层是 OSI 参考模型的最低层，它建立在传输介质的基础上，作为系统和通信介质的接口，实现数据链路实体间透明的比特流传输，所以，物理层不包括传输介质，有时也把传输介质称为第 0 层。物理层提供用于建立、保持和断开物理连接的机械的、电气的、功能

的和规程的特性。因此，物理层只关心比特流的传输，而不涉及比特流中各比特之间的关系，对传输差错也不做任何控制。物理层典型的设计问题有：信号的发送电平、码元宽度、线路码型、物理连接器插脚的数量、插脚的功能、物理拓扑结构、物理连接的建立和终止、传输方式等。物理层典型的协议有 EIA-232 标准等。物理层传输的数据单位是比特。

（2）数据链路层

数据链路层的作用是在终端与网络之间或网络相邻节点之间的数据链路上无差错地传送帧，并提供数据链路的建立、维持和拆除功能。数据链路层协议的目的是保障在终端与节点或节点与节点之间正确、有序地传输数据帧。数据链路层是在物理层基础上建立的，又补充物理层的不足。数据链路层一般采用循环冗余校验（CRC）的差错检测技术和窗口方式的流量控制技术，纠错采用定时器恢复和自动请求重发等技术，为了便于检测，把比特流分组组成帧。数据链路层常用的协议有点对点协议（Point-to-Point Procotol，PPP）和高级数据链路控制规程（Highlevel Data Link Procotol，HDLC）。数据链路层传输的数据单位是帧。

（3）网络层

计算机网络是由一系列用户终端、主机和具有信息处理和交换功能的节点（即交换机）以及连接它们的传输线路组成的。所以通常把计算机网络分成资源子网和通信子网两部分。资源子网是由负责存储数据和数据处理的计算机和终端设备及信息资源构成的，是通信的信源和信宿，通信子网是由负责通信控制的处理设备和通信线路组成的，如图 4-3 所示。

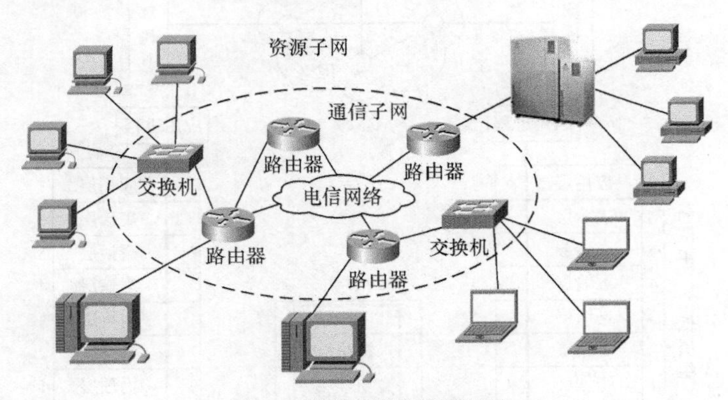

图 4-3　数据子网和资源子网

网络层主要处理分组在网络中的传输，其主要功能是数据交换、路由选择和流量控制等。网络层为运输层提供服务，从运输层送来的报文在网络层转换为分组进行传送，然后在接收节点再装配成报文转送给接收端的运输层。所以，在网络层需要完成网络的寻址，即在不同网络中为传输的数据实现路由选择，最终将数据传输到正确的目的网络，交付给正确的主机。因此，网络层负责为各种异构网络的主机之间提供信息服务。网络层传输的数据单位是分组。

（4）运输层

运输层也称计算机-计算机层或端-端层，为从源端机的应用进程到目的端机的应用进程提供可靠的数据传输。应用进程，通俗一点说，就是正在被计算机执行的、占用系统资源的程序。一个计算机可运行多个应用进程，各应用进程用不同的应用进程标识，即端口号来识别。运输层向高层用户屏蔽了通信子网的细节，使高层用户觉得仿佛在两个运输层实体之间

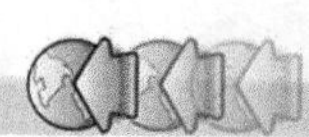

存在着一条端到端的可靠通信系统。具体来说运输层功能包括端到端的顺序控制、流量控制、差错检测、差错恢复及监督服务质量。运输层上传输的数据单位称为传输层报文。

（5）会话层

会话层负责组织通信进程之间的对话，协调它们之间的数据流。会话层是指用户与用户之间的逻辑上的连接，会话层通过在两台计算机间建立、管理和终止通信来完成对话。会话层的主要功能有：在建立会话时核实双方身份是否有权参加会话；确定何方支付通信费用；双方在各种选择功能方面（如全双工还是半双工通信）取得一致；在会话建立以后，需要对进程间的对话进行管理与控制，例如对话过程中某个环节出了故障，会话层在可能条件下必须存储这个对话的数据，使数据不丢失，如不能保留，那么终止这个对话，并重新开始。

（6）表示层

表示层是数据表示形式的控制层，主要处理应用实体间交换数据的语法，其目的是解决格式和数据表示的差别，从而为应用层提供一个一致的数据格式，如文本压缩、数据加密、字符编码的转换，从而使字符、格式等在有差异的设备之间相互通信。

（7）应用层

应用层是 OSI 参考模型的最高层。应用层的主要功能是实现终端用户应用进程之间的信息交换，与表示层不同，应用层关心的是数据的语义。应用层的内容直接取决于各个用户，在特定的场合需制定出相应标准。

会话层、表示层、应用层传输的数据分别称为本层报文。

4．层次结构的优缺点

（1）通信协议采用层次结构的优点

① 各层之间是独立的。某一层并不需要知道它的下一层是如何实现的，而仅仅需要知道该层通过层间接口所提供的服务。由于每一层只实现一种相对独立的功能，因而可将一个难以处理的复杂问题分解为若干个较容易处理的更小一些的问题。这样，整个问题的复杂程度就下降了。

② 灵活性好。当任何一层发生变化时，只要接口关系保持不变，则在这层以上或以下各层均不会受到影响。此外，某一层提供的服务还可以修改，当某一层提供的服务不再需要时，甚至可以将这层取消。

③ 结构上可分割开，便于模块化设计。只要各层次的接口功能确定之后，各层次的研究工作可同时展开，而且可以采用最合适的技术来实现。

④ 易于实现和维护。这种结构使得实现和调试一个庞大而复杂的系统变得易于处理，因为整个系统已被分解为若干个相对独立的子系统。

⑤ 促进标准化工作。由于每一层的功能和所提供的服务都已有了精确的说明，有利于不同厂家的设备互连。

（2）层次结构的不足之处

① 传输效率降低。由于采用层次结构，信息在各层次之间传送时就必须增加一些辅助信息，如“信息头”、“信息结束”及某些差错校验信息等，这样就增加了网络的开销。

② 功能有重复。由于考虑到协议的通用性和标准化，在不同层次之间可能会造成少许的功能重复现象。

但尽管如此，层次结构的优点还是主要的，目前的协议基本都采用分层的结构形式。

5. OSI 参考模型层间通信

OSI 参考模型的不同层协议之间是互相独立的，其实现方法是下一层在上一层提供的信息的前面（链路层在前面和后面）增加新的协议控制信息，如图 4-4 所示，图中阴影部分表示由相邻层之间传递的信息，AH 是应用层的报文头，用于实现应用层之间的协议控制。同样，PH、SH、TH、NH、LH 和 LT 分别用于表示层、会话层、运输层、网络层、链路层的协议控制头部。这样就使各层协议的处理完全独立，有利于软件开发和系统功能的不断改进。采用这种方法，下一层总是向上一层提供新的服务功能，因而高层可以利用低层提供的全部功能。

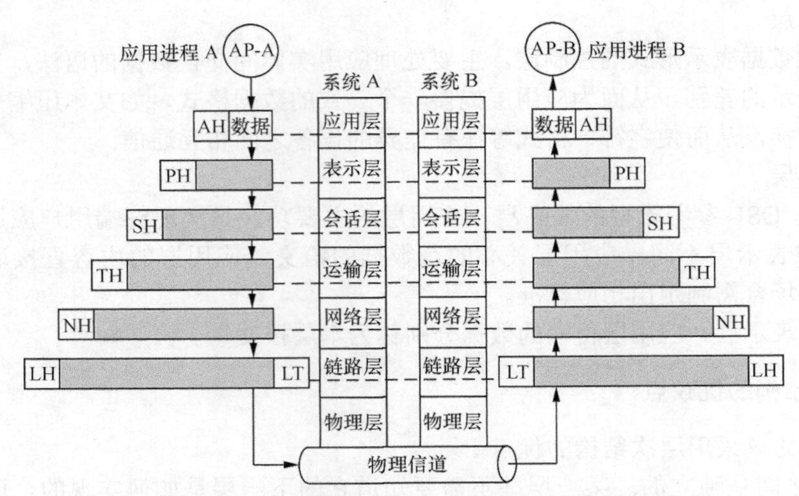

图 4-4　OSI 参考模型的数据传送

图中虚线部分表示了对等层之间逻辑上的通信关系，即对等层协议的通信，通信两端相同层要使用双方都认可的协议。但是第 N 层通信需要第 N-1 层的服务支持，层间通信需要通过上下层接口实现，即协议服务访问点。图中实线表示了双方通信时数据真正的传输流向。

例如，图 4-4 中的系统 A 的应用进程（AP-A）要发送数据给系统 B 的应用进程（AP-B），在系统 A 中从应用层到数据链路层都根据本层要实现的功能产生新的协议控制信息，附加在上一层提供的信息的头部（数据链路层为头部和尾部）送给下一层。系统 B 的链路层接收到物理层送来的信息之后，分析数据链路层的协议控制信息（LH 和 LT），并通过物理层的帮助和系统 A 的链路层进行协议对话，系统 B 对系统 A 的要求做出响应，在系统 A 和系统 B 的链路层的合作下确认已经完成本层的功能，则系统 B 的链路层去掉本层的协议控制信息，将信息部分（见图 4-4 中链路层的阴影部分）传递给系统 B 的网络层。然后在网络层、运输层、会话层、表示层和应用层中都经历同样的过程，每一层都依靠下一层的支持进行协议对话，并确认完成本层的任务之后，将信息的其余部分（即系统 A 发送的上一层的信息）传递给系统 B 的上一层，直至系统 B 的应用进程（AP-B）接收到系统 A 的应用进程（AP-A）发来的数据，此次数据传输任务即告结束。

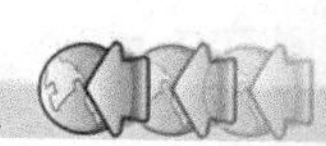

4.1.3　TCP/IP 模型

OSI 参考模型制定的初衷是如果全世界的计算机网络都遵循这个统一标准，那么所有计算机网络都能够很方便地通信和交换数据。在 OSI 参考模型制定之初，各个大的网络厂商都纷纷表示支持这一标准。然而当整套 OSI 国际标准已经制定出来时，因特网已经在世界各地覆盖了很大的范围，而与此同时市场上却找不到符合 OSI 标准的商用产品。所以说 OSI 参考模型并没有真正地被实现，实际占领市场的是使用 TCP/IP 标准的因特网。因此在一定意义上来说，真正占领市场的就是标准。

1．TCP/IP 参考模型

因特网的起源是由美国军事部门构建的 ARPAnet，它比较多地考虑了网络的生存性，网络中不存在中心节点，能经受住部分故障出现时网络的其他部分还能正常工作。详细内容参见本书第 5 章 Internet。

因特网使用传输控制协议/Internet 协议（Transmission Control Protocol/Internet Protocol，TCP/IP），拥有一套完整而系统的协议标准，在当今计算机网络协议中应用最为广泛。与 OSI-RM 比较，TCP/IP 更加简单、实用、高效和成熟，产品丰富，已被广大用户和厂商接受，成为事实上的工业标准。

TCP/IP 是 Internet 最基本的协议。实际上，TCP/IP 不是两个单一的协议，是一组协议的代名词，它还包括许多协议，组成了 TCP/IP 协议簇。

TCP/IP 如同 OSI 参考模型，也使用层次结构的模型。由 4 个概念性层次组成，自上而下为应用层、传输层、互连网络层（IP 层）、网络接口层，如图 4-5 所示。

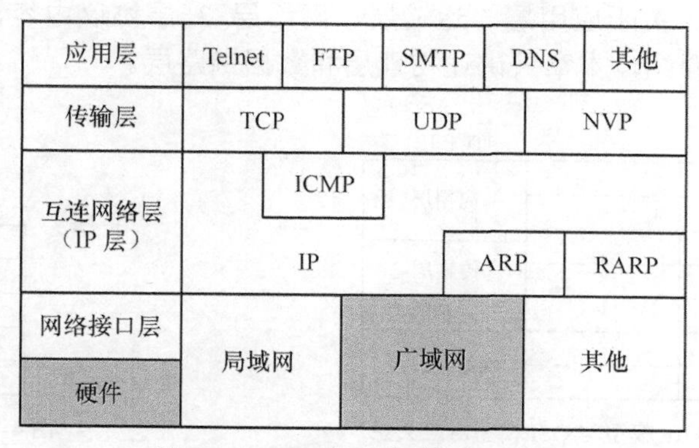

图 4-5　TCP/IP 参考模型的分层结构

（1）应用层：对应于 OSI-RM 的高 3 层（应用层、表示层、会话层），用户通过 API（应用进程接口）调用应用程序来运用 TCP/IP 为 Internet 提供多种面向用户的服务。例如：文件传输协议（File Transfer Protocol，FTP）用于文件上传、下载；简单邮件传送协议（Simple Mail Transfer Protocol，SMTP）用来控制邮件的发送、中转；邮局协议第 3 版本（Post Office Protocol 3，POP3）用于接收邮件；域名系统（Domain Name System，DNS），提供域名到 IP 地址之间的转换；Telnet 是用户远程登录服务。

（2）传输层：提供端到端应用进程之间的通信，常称为端到端（End-to-End）通信，有

以下协议。

- 传输控制协议（Transmission Control Protocol，TCP）：提供面向连接的、可靠的数据传输服务。适合于一次传输大批数据的情况，并适用于要求得到响应的应用程序。
- 用户数据报协议（User Datagram Protocol，UDP）：提供无连接的不可靠的数据传输服务，任何有可靠性要求的服务必须由应用层来提供。UDP 适合于一次传输少量数据的通信。

（3）互连网络层：常称为 IP 层，负责提供基本的数据封包传送功能，让每一块数据包都能够到达目的主机（但不检查是否被正确接收）。有以下 4 个互连协议。

- Internet 协议（IP）：负责在主机和网络之间寻址和路由数据包。
- 地址解析协议（ARP）：获得同一物理网络中的硬件主机地址。
- Internet 控制报文协议（ICMP）：发送消息，并报告有关数据包的传送错误。
- Internet 组管理协议（IGMP）：被 IP 主机拿来向本地多路广播路由器报告主机组成员。

（4）网络接口层：是 TCP/IP 协议栈的最下层，负责与物理网络的连接，定义如何使用实际网络（如 Ethernet、Serial Line 等）来传送数据。

2．TCP/IP 参考模型与 OSI 参考模型的对应关系

TCP/IP 参考模型与 OSI 参考模型都是分层次的体系结构，两者存在着大致的对应关系，如图 4-6 所示。

实际上，TCP/IP 的网络接口层的内容很少。因此，我们在讲述网络体系结构的时候，往往采用折中的办法，即综合 OSI 和 TCP/IP 的优点，采用一种只有 5 层协议的体系结构，如图 4-7 所示。其中应用层对应于 OSI 的上 3 层，这样既简洁又概念清晰。由于当今网络基本都是基于 TP/IP 的，关于应用层、运输层、网络层 3 层协议内容，我们在本书第 5 章 Internet 给大家做详细介绍，本章只讲述物理层和数据链路层。

OSI	TCP/IP
应用层	应用层
表示层	
会话层	传输层
传输层	
网络层	互连网络层
数据链路层	网络接口层
物理层	

图 4-6　TCP/IP 模型与 OSI 模型对应关系

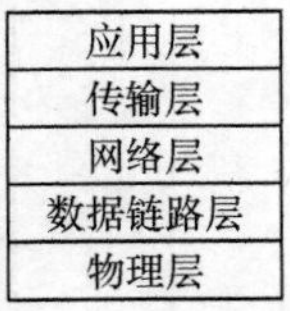

应用层
传输层
网络层
数据链路层
物理层

图 4-7　5 层体系结构

4.2　物理层

物理层是 OSI 参考模型的最低层，它建立在物理媒体的基础上，实现系统与物理媒体的接口。通过物理媒体来建立、维持和断开物理连接，为数据链路实体之间提供比特流的透明传输。

4.2.1　数据通信模型

数据通信系统是通过数据电路将计算机系统连接起来，实现数据传输、交换、存储和处理的系统。数据通信系统模型如图 4-8 所示。

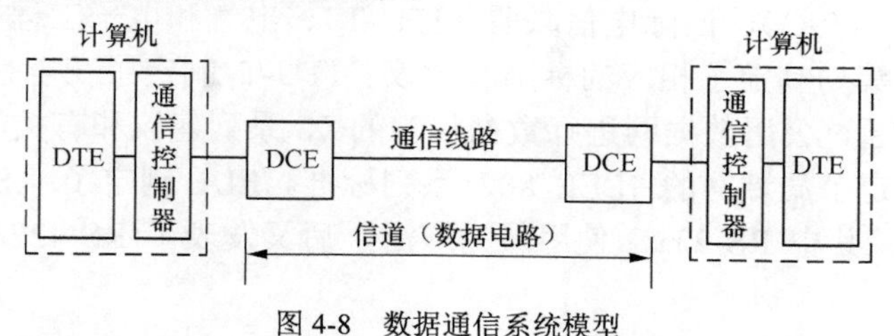

图 4-8　数据通信系统模型

1．数据终端设备

数据终端设备（Data Terminal Equipment，DTE）是数据通信中的数据源和数据宿，实际上就是计算机设备。

2．通信控制器

数据链路层控制通信规程执行部件，完成收、发双方的同步、差错控制，以及链路的建立、维持、拆除和数据流量控制等。通信控制器是为了保持通信双方有效可靠地通信而存在的。目前在计算机上常见的通信控制器有以下两种。

（1）串行通信控制器

串行通信控制器可以进行同步和异步通信。由于一般情况下都是用异步通信，所以称为异步串行通信接口。普通电话拨号上网就使用该接口。该接口有两部分组成，物理层为 EIA 推荐的 RS-232C 标准接口，数据链路层为通用异步收发器。RS-232C 标准接口可以连接到 Modem、鼠标等设备，通用异步收发器可以完成数据链路层的链路控制、差错校验、数据传输等工作。

（2）网络接口卡

网络接口卡，简称网卡，是计算机连接到局域网时的常用设备。网卡为计算机之间的通信提供物理层连接、介质访问控制，并执行数据链路层规程。

3．数据电路端接设备

数据电路端接设备（Data Communication-terminating Equipment，DCE）是用来连接计算机与通信线路的设备，其主要作用是把数据信号转化成适合通信线路传输的编码信号，并提供同步的时钟信号等。在模拟信道中，DCE 设备一般是 Modem。在数字信道上，DCE 设备一般称作数据服务单元/信道服务单元（DSU/CSU）。在数字信道上常见的设备有基带 Modem、数据终端单元 DTU 等。

4.2.2　物理层接口及功能

1．物理层的接口

在数据通信模型中，物理层不仅提供包括 DTE 与 DCE 之间的接口，还包括 DCE 与

DCE 之间的接口。

物理层是实现所有较高层协议的基础，计算机网络中的物理设备和传输介质的种类繁多，通信手段也有许多不同的方式，物理层的作用就是对上层屏蔽掉这些差异，提供一个标准的物理连接，保证数据比特流的透明传输。为了保证各厂家的通信设备可靠地互连、互通，国际标准化组织（ISO）、国际电信联盟（ITU-T）、电气和电子工程师协会（IEEE）、电子工业协会（EIA）等均制定了相应的标准和建议。ITU-T 制定了在电话线路上实现数据通信的 V 系列建议，通过公用数据网进行数据传输的 X 系列建议和有关综合业务数字网的 I 系列建议。IEEE 制定了局域网的 IEEE 802 系列标准。EIA 制定了 RS-232 系列标准，有 A、B、C 3 个版本，其中 RS-232C 使用最为广泛，后又发表了 RS-422A、RS-423A 和 RS-449 接口标准。

2．物理层的功能

物理层实现 DTE 与 DCE 及 DCE 与 DCE 之间的接口，其执行功能如下。

（1）提供 DTE 与 DCE 及 DCE 与 DCE 接口处的数据传输。

（2）提供设备之间控制信号。

（3）提供时钟信号，用以同步数据流和规定比特速率。

（4）提供电气地。

（5）提供机械的连接器（如针、插头和插座）。

4.2.3 物理层接口特性

物理层规程描述了接口的 4 种基本特性：机械特性、电气特性、功能特性和规程特性。

1．机械特性

物理层接口的机械特性描述连接器，即接口插件的插头（阳连接器）和插座（阴连接器）的大小、形状、接口线的数量和插针分配等，主要有 37 芯、34 芯、25 芯、15 芯、9 芯等连接器，这些标准基本由 ISO 制定，如图 4-9 所示。

2．电气特性

物理层接口的电气特性描述接口的电气连接方式和电气参数，规定了在物理接口上传输二进制比特流时，线路上信号电平的高低、阻抗及阻抗匹配、传输速率及传输距离等。

3．功能特性

物理层接口的功能特性描述了接口电路各条接口线的名称和功能。

4．规程特性

物理层接口的规程特性描述了接口电路间的相互关系、动作条件和在接口传输数据时执行的事件顺序。

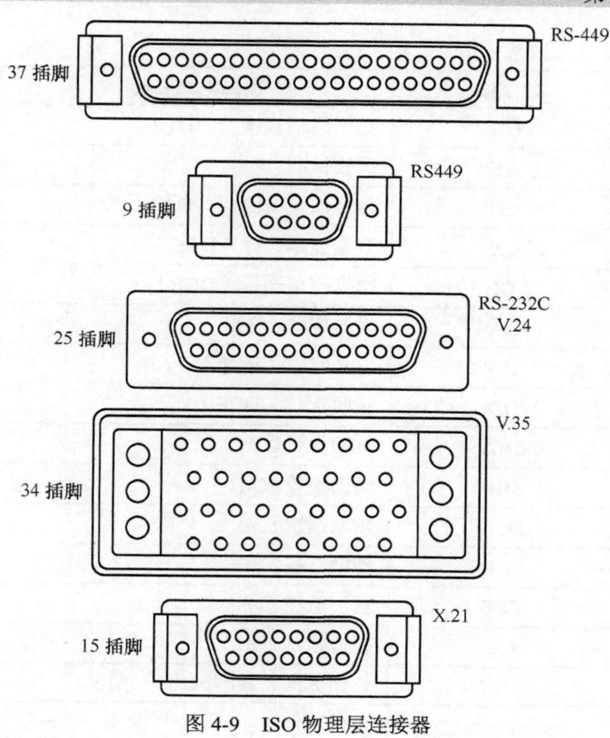

图 4-9　ISO 物理层连接器

4.2.4　物理层常用接口

1．RS-232C

现代通信中，应用较广泛的是 EIA 的 RS-232C 标准接口，RS-232C 是 EIA 制定的著名的物理层异步通信接口标准。下面详细介绍。

（1）机械特性

机械特性描述连接器的形状、接口线的数量等。RS-232C 的连接器使用 25 针的 D 型插座和插头，如图 4-10 所示，引脚分为上下两排，分别有 13 根和 12 根引脚。一般阳连接器与 DTE 相连，阴连接器与 DCE 相连。其引脚分配如表 4-1 所示，接口电路上数据信号的传送方向是以 DTE 为基准而定义的。

表 4-1　RS-232C 接口电路

25 芯连接器引脚号	RS-232C	接口电路名称		DTE 方向 DCE
1	AA	保护地	PG	—
7	AB	信号地	SG	—
2	BA	发送数据	TD	→
3	BB	接收数据	RD	←
4	CA	请求发送	RTS	→
5	CB	准备发送	CTS	←
6	CC	数据设备就绪	DSR	←

续表

25 芯连接器引脚号	RS-232C	接口电路名称	DTE 方向 DCE
20	CD	数据终端就绪　DTR	→
8	CF	载波检测　CD	←
21	CG	信号质量检测　SQD	←
23	CH	数据速率选择（DTE）	→
23	CI	数据速率选择（DCE）	←
24	DA	发送定时（DTE）	→
15	DB	发送定时（DCE）	←
17	DD	接收定时（DCE）	←
14	SBA	辅助发送数据	→
16	SBB	辅助接收数据	←
19	SCA	辅助请求发送	→
13	SCB	辅助准备发送	←
12	SCF	辅助载波检测	←
22	CE	振铃指示（RI）	←
9/10	—	留作数据装置测试用	—
11，18，25	—	未指定	—

（2）电气特性

同一种功能的接口电路可以根据数据信号速率和电缆长度的要求采取不同的电气特性。RS-232C 标准中的电气特性通常采用 ITU-T 的 V.28 建议，发送器和接收器均采用非平衡型电路，这决定了接口电缆的长度、数据传输速率与抗干扰能力，当电缆长度为 15m 时，数据传输速率最大为 20kbit/s。

（3）功能特性

RS-232C 接口标准在接口电路中连接线的功能，如图 4-10 所示。

RS-232C 接口电路从功能上可以将其分为 4 部分：信号地线与公共地线、数据电路、控制电路和定时电路。其中最常用的连接线功能如下。

① 引脚 7：信号地（Signal Ground，SG），所有电路的公共地线，为所有电路建立公共的电压基准。

② 引脚 2：发送数据（Transmit Data，TD），用户数据信号由 DTE 送往 DCE。

③ 引脚 3：接收数据（Receive Data，RD），用户数据信号由 DCE 送给 DTE。

④ 引脚 20：数据终端就绪（Data Terminal Ready，DTR），由 DTE 发往 DCE，表明 DTE 已经做好准备，请求 DCE 立即接续电路。

⑤ 引脚 6：数据设备就绪（Data Set Ready，DSR），由 DCE 发往 DTE，表明 DCE 已接至线路，并准备好与 DTE 进一步交换控制信号。

⑥ 引脚 4：请求发送（Request To Send，RTS），由 DTE 发往 DCE，表明 DTE 请求 DCE 有数据要发送。

⑦ 引脚 5：清除发送（Clear To Send，CTS）或准备发送，由 DCE 发往 DTE，指示 DCE 允许 DTE 发送数据，该信号是对 RTS 信号的回答。

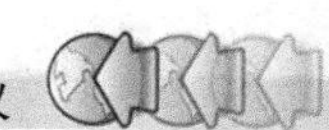

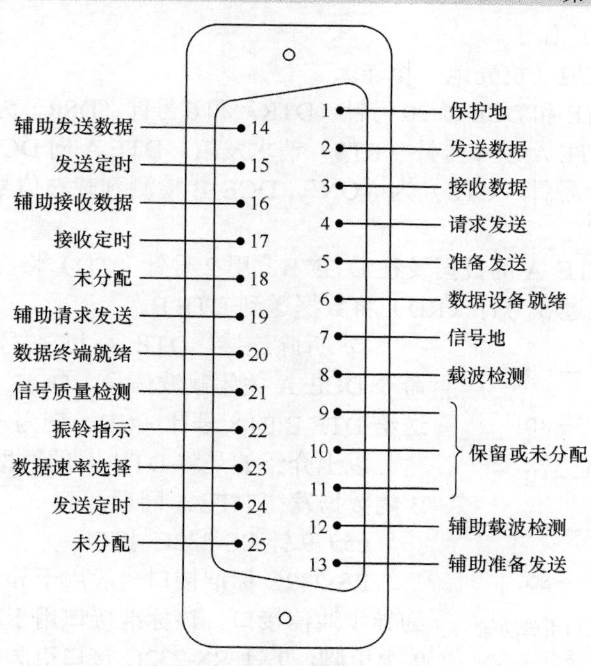

图 4-10　RS-232C 接口电路

⑧ 引脚 8：载波检测（Carrier Detect，CD），由 DCE 发往 DTE，当本地 DCE 设备（Modem）收到对方的 DCE 设备送来的载波信号时，使 CD 有效，通知 DTE 准备接收，并且由 DCE 将接收到的载波信号解调为数字信号，经 RD 线送给 DTE。

⑨ 引脚 22：振铃指示（Ring Indication，RI），由 DCE 发往 DTE，当 DCE 收到对方的 DCE 设备送来的振铃呼叫信号时，使该信号有效，通知 DTE 已被呼叫。

（4）规程特性

RS-232C 建议不但定义了接口电路的名称和功能，而且定义了各接口电路之间的相互关系和操作要求。图 4-11 所示为用 RS-232C 从一个 DTE 向另一 DTE 发送数据的典型用法。

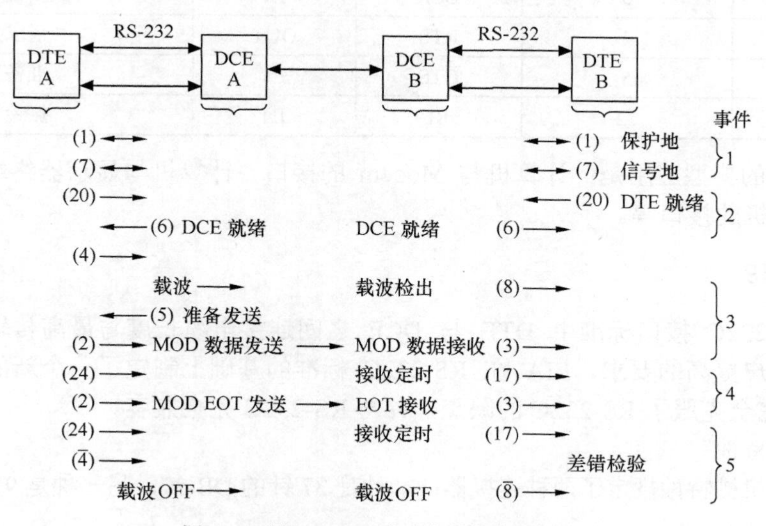

图 4-11　用 RS-232C 发送数据的典型用法

图 4-11 中事件描述如下。

① 信号地和保护地（机壳地）相连。

② 准备就绪。DTE 和 DCE 以 20 号针（DTR）和 6 号针（DSR）为“ON”指示就绪。

③ 建立连接。DTE A 以 4 号针（RTS）请求发信。DTE A 向 DCE B 发出载波信号，并且使通往 DTE A 的 5 号针（CTS）为“ON”。DCE B 检测到载波信号，使通往 DTE B 的 8 号针（CD）为“ON”。

④ 发送数据。DTE A 的数据发往 DTE B。用 2 号针（TD）将应用数据发往 DCE A，数据送到 DCE B 又通过 3 号针（RD）将数据送到 DTE B。

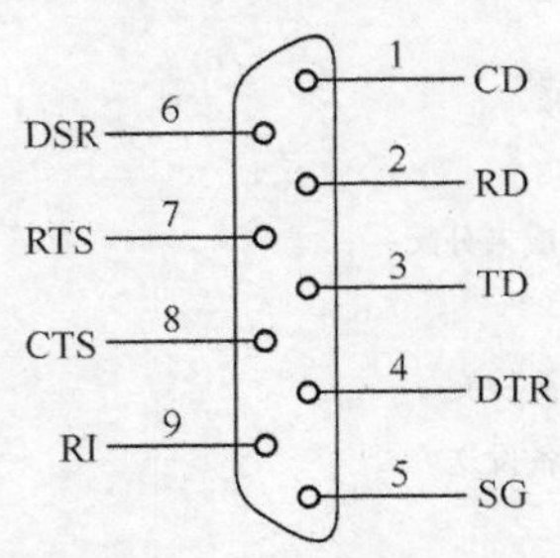

图 4-12 9 针 RS-232 接口引脚功能

⑤ 拆除连接。DTE A 以 4 号针（RTS）为“OFF”命令 DCE A 关闭载波信号，DCE B 检测到载波关闭，将送给 DTE B 的 8 号针（CD）变为“OFF”。

以上介绍的是将 DTE A 的数据发往 DTE B，将 DTE B 的数据发往 DTE A 同理。

（5）9 针 RS-232C 接口

RS-232C 标准接口一般用于异步传输，所以经常被称为异步通信接口。该标准接口用于异步传输时一般只需要 9 个引脚，9 针 RS-232C 接口引脚功能如图 4-12 所示。9 针引脚与 25 针引脚的对应关系如表 4-2 所示。

表 4-2 9 针和 25 针 RS-232C 接口引脚定义的对应关系

引脚号（9 针）	引脚号（25 针）	信 号	方 向	功 能
1	8	CD	IN	载波检测
2	3	RD	IN	接收数据
3	2	TD	OUT	发送数据
4	20	DTR	OUT	数据终端就绪
5	7	SG		信号地
6	6	DSR	IN	数据设备就绪
7	4	RTS	OUT	请求发送
8	5	CTS	IN	准备发送
9	22	RI	IN	振铃指示

RS-232C 的典型应用是：计算机与 Modem 的接口、计算机与显示器终端的接口、计算机与串行打印机的接口等。

2．RS-449

由于 RS-232C 接口标准中 DTE 与 DCE 之间连接电缆长度与最高传输速率都受到限制，为满足用户更高的要求，EIA 在 RS-232C 标准的基础上制定了一个新的标准，即 RS-449。此建议完全克服了 RS-232C 的缺点，并与 RS-232C 完全兼容。

（1）机械特性

RS-449 的机械特性规定了两种连接器：一种是 37 针的 DB-37，另一种是 9 针的 DB-9。

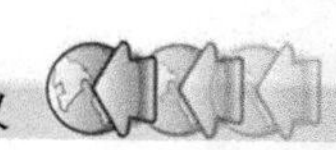

（2）电气特性

RS-449 采用另外两种标准来定义自己的电气规范，分别是 RS-423A 和 RS-422A。其中 RS-423A 是一种半平衡电气接口电路，当 DTE 与 DCE 连接电缆长度不超过 10m 时，数据传输速率可达 300kbit/s。RS-422A 采用平衡电气接口电路，DTE 与 DCE 连接电缆长度为 10m 时，数据传输速率可达 10Mbit/s。

（3）功能特性

RS-449 的功能特性对更多条信号线做了功能性定义。与 RS-232C 相比，新增的信号线主要是为了解决环回测试和其他功能的问题。

（4）规程特性

RS-449 的规程特性沿用了 RS-232C 的规程特性，增加了环路测试规程。

3. 光纤接口

光纤信道通常由两条光纤组成，一般光纤接口为单个光纤连接器，也有两条光纤在一起的连接器。常见的光纤接口类型有 SC、ST 和 FC 等。SC 为工程塑料材质的标准方形卡式接口，常用于局域网中的光纤连接；ST 为工程塑料材质的圆形卡式接口；FC 为金属材质的圆形螺纹接口。ST 和 FC 接口一般用于通信网络中。3 种光纤接口如图 4-13 所示。

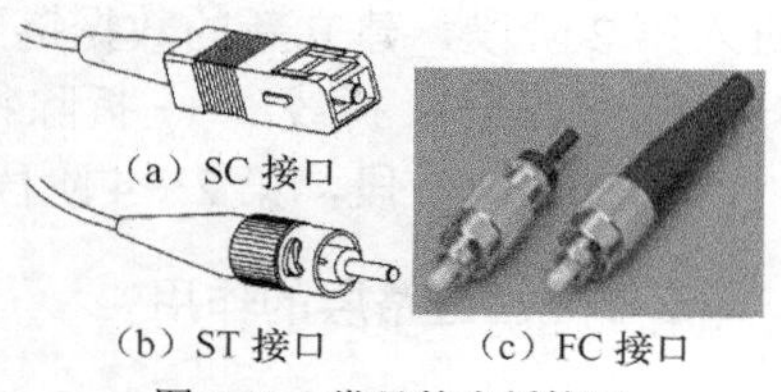

图 4-13 常见的光纤接口

4.3 数据链路层

前面提到，电话通信是人与人之间的通信，人有思维和应变能力，通信的建立、通信中异常情况的处理以及通信的结束，通过人的行为即可完成。而数据通信是机与机或人机的通信，当数据电路建立以后，为了在 DTE 与网络之间或 DTE 与 DTE 之间进行有效的、可靠的数据传输，必须在数据链路这一层上采取必要的控制手段对数据信息的传输实施严格的控制和管理，完成数据传输控制和管理功能的规则和程序称为数据传输控制规程。因为数据通信系统中将数据电路加上传输控制规程定义为数据链路，所以数据传输控制规程又称为数据链路传输控制规程。而数据链路传输控制规程是通过数据链路层协议来完成的，习惯上数据链路传输控制规程也称为数据链路层协议。

4.3.1 数据链路的概念及功能

1. 数据链路的概念

（1）数据链路与物理链路

物理链路是指节点从一个节点到相邻节点的一段物理线路，中间不存在其他的交换节点。在进行数据通信时，收发的两个计算机之间往往需要经过很多这样的链路。

数据链路是指当需要在一条链路上传输数据时，除了处理所需的物理线路外，还需要有一些必要的通信协议来控制这些数据的传输，即将实现这些协议的硬件和软件加到链路上，就构成了数据链路。对于数据通信系统，要完成一次通信，首先要进行物理连接，然后建立

数据链路。数据链路释放后，物理连接并不一定清除，在一次物理连接上可以进行多次通信，即可以建立多条数据链路。

（2）传输数据过程

由物理连接和数据链路的建立可知，一次完整的数据通信过程包括以下 5 个阶段。

① 阶段 1：接通线路 —— 建立物理连接。所谓物理连接就是物理层的若干数据电路的互连。对于专用线路，没有此阶段，对于交换型数据电路，需按网络要求进行呼叫连接。该阶段类似于电话通信的摘机拨号阶段。

② 阶段 2：建立数据链路 —— 确定通信对象。该阶段类似电话通信的主被叫相互核实对方的过程。

③ 阶段 3：数据传送阶段 —— 这是数据链路规程中的重要阶段，因为建立链路的目的就是为了有效、可靠地传送数据信息。该阶段类似于电话通信中的双方通话阶段。

④ 阶段 4：传送结束，拆除链路 —— 拆除数据链路但并不拆除物理连接，可以又一次进入第 2 阶段，建立新的数据链路。类似于电话通信中的主被叫互相致对方结束语。

⑤ 阶段 5：拆线 —— 拆除物理连接。类似于电话通信中的主被叫挂机。

以上 5 个阶段，第 2～4 阶段属于数据链路控制规程的范围。

2．数据链路层的作用

物理媒体客观存在的不可靠性必然导致数据传输可能出现差错，数据通信的双方为有效地交换数据信息，必须建立一些规约，以控制和监督信息在通信线路上的传输和系统间信息交换，这些操作规则称为通信协议。数据链路的通信操作规则称为数据链路控制规程，它的目的是在已经形成的物理电路上，建立起相对无差错的逻辑链路，以便在 DTE 与网络之间，DTE 与 DTE 之间有效可靠地传送数据信息。为此，数据链路控制规程，应具备以下功能。

（1）帧同步

在数据链路中，数据以“帧”为单位进行传送。帧是具有一定长度和一定格式的信息块。发送方把从上层来的数据信息分为若干个码组，并在码组中加入开始与结束标志、地址字段和必要的控制信息字段以及校验字段，组成一帧，然后交由物理层发送，接收方将收到的帧去掉帧标志和地址等字段，还原成原始数据后送到上层。帧同步的目的是确定帧的起始与结尾，以保持收发两端帧同步。

（2）透明传送

数据通信中的透明传输指用户可以把任何比特信息当作数据发送，当所传输的信息中出现了与帧开始、结束标志字符相同的字符序列时，要采取措施打乱这些字符序列，保证用户传输的信息不受限制，而接收方也不至于将数据误认为是控制信息。

（3）流量控制

为了防止因发送端发送数据的速度超过接收端的处理速度而造成数据丢失和拥挤，数据链路层应对数据链路上的信息流量进行调节，决定暂停、停止或继续发送信息。

（4）差错控制

在数据通信中，差错控制主要采用自动请求重发（ARQ）方式。接收端能检测链路上发生的差错，对于正确接收的帧予以确认，对接收有差错的帧要求发送方重新发送。为了防止帧的重收或漏收，发送端必须给每个帧编号，接收端应核对帧编号，以识别差错控制系统

要求重发的帧。在数据链路中，流量控制和差错控制是结合在一起实现的。

（5）链路管理

链路管理包括数据链路的建立、维护和释放以及控制信息传输的方向等。

（6）异常状态的恢复

当数据链路发生异常情况时，例如发生数据码组不完整、应答帧丢失、码组流停止等情况时，能够自动重新恢复到正常工作状态。

3．数据站的类型

数据链路中的 DTE 可能有不同的类型，但它们都要向数据电路发送和接收数据。从链路逻辑功能的角度考虑，可将不同类型的 DTE 统称为“数据站”。数据站有 3 种类型。

（1）主站

通常把发送信息或命令的站称为“主站”，主站负责发起传输、组织数据流，执行链路级差错控制和差错恢复等。

（2）次站

次站也称“从站”。它接收主站的命令，向主站发送响应，并配合主站参与差错控制与恢复等链路控制。

（3）复合站

复合站也称“组合站”，既能发送又能接收命令和响应，并负责整个链路的控制，起到主站和从站两者的作用。

4.3.2　数据链路传输控制规程

目前已采用的数据链路传输控制规程基本上分为两大类：面向字符型和面向比特型。

面向字符型传输控制规程早在 1960 年就开始发展，它将传输帧看作一系列字符，所有控制信息以 ASCII 码的编码形式出现。面向字符型控制规程利用专门定义的传输控制字符和序列完成链路的功能，主要适用于中低速异步或同步数据传输。面向字符型传输控制规程的特点以字符（国际 5 号码）作为传输信息的基本单位，灵活性差；以半双工通信方式进行操作，线路利用率低；差错控制采用停等式 ARQ，传输效率低。

面向比特型传输控制规程的概念在 1969 年开始提出，其特点是不采用传输控制字符，而仅采用某些比特序列完成控制功能，实现不受编码限制的透明传输，传输效率和可靠性都高于面向字符型控制规程。面向比特型传输控制规程主要适用于中高速同步全双工方式的数据通信，是目前通信网中最常采用的通信规程。下面介绍高级数据链路控制规程（HDLC）。

HDLC 是由 ISO 提出来的，是面向比特型的传输控制规程，在全世界广泛应用。

（1）HDLC 的特点

① 透明传输。对要传输的信息文电比特结构无任何限制。也就是说，信息文电可以是任意的比特串，不会影响链路的监控操作。

② 可靠性高。在所有的帧里，都采用循环冗余校验，并且将信息帧按顺序编号，以防止信息码组的漏收和重收。

③ 传输效率高。在通信中不必等到对方应答就可发送下一帧，可以连续传送，而且可以双向同时通信。

④ 极大的灵活性。传输控制功能和处理功能分离，灵活性大，应用范围比较广泛。

（2）HDLC 的基本概念

① HDLC 的帧

所谓帧是主站和次站间通过链路传送的一个完整的信息组，它是信息传输的基本单元。HDLC 中所有信息都以帧为单位进行传输。帧可以分为命令帧和响应帧。主站使用命令帧使从站完成某个规定的数据链路控制功能，从站使用响应帧向主站通告对一个或多个命令所采取的行动。

② HDLC 的链路结构

HDLC 的链路结构可以分为非平衡型和平衡型两种。

非平衡型链路结构是由一个主站和若干个次站组成的。按次站的数量多少又可分为：点-点式，即由一个主站和一个次站组成；多点式，即由一个主站和多个次站组成。在链路中主站负责控制链路上的各次站，对其发送命令，次站向主站发送响应。非平衡型链路结构如图 4-14 所示。

平衡型链路结构也可分成两种。一种是对称结构，指链路两端的站均由主站和次站组合而成，这种结构中的站既具有主站功能，又有次站功能。另一种是平衡结构，指链路两端的站均由复合站构成，它们处于同等地位，共同负责链路控制，每个复合站均能向对方发送命令、响应和数据。平衡型链路结构如图 4-15 所示。

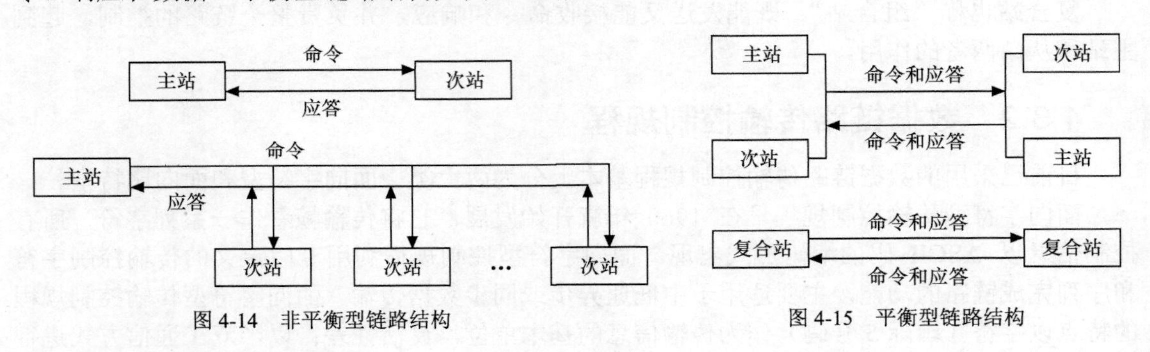

图 4-14　非平衡型链路结构

图 4-15　平衡型链路结构

③ HDLC 的通信操作方式

根据通信双方的链路结构和应答方式，HDLC 支持 3 种通信操作方式。

- 正常响应方式

正常响应方式（NRM）适用于非平衡型的数据链路结构，由主站控制整个链路的操作。NRM 方式次站的功能很简单，它只有在收到主站的明确允许后，才能启动一次响应传输。

- 异步响应方式

异步响应方式（ARM）适用于非平衡型和平衡型对称的数据链路结构。与 NRM 不同的是，在 ARM 方式下，次站可以不必得到主站的允许就可以传输数据。ARM 的异步传输可以包含一帧或多帧，很显然 ARM 的传输效率比 NRM 高一些。

- 异步平衡方式

异步平衡方式（ABM）用于通信双方均为组合站的平衡型链路结构。在 ABM 方式下，链路上的任何一个组合站可在任意时刻发送命令，并且无需得到对方的允许，就可以传送响应帧，因而链路两端的组合站具有同等的通信能力。

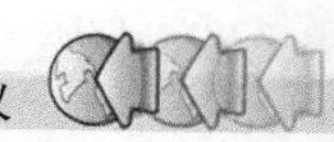

（3）HDLC 的帧结构

在高级数据链路控制规程中，在链路上以帧作为传输信息的基本单位，HDLC 帧的基本格式如图 4-16 所示。

标志字段	地址字段	控制字段	信息字段	校验字段	标志字段
F	A	C	I	FCS	F
8 比特	8 比特	8 比特	任意	16 比特	8 比特

图 4-16　HDLC 帧的基本格式

① 标志字段

HDLC 规程指定采用 8bit 的 01111110 为标志字段（Flag，F），标志字段用于帧同步，表示一帧的开始和结束，相邻两帧之间的标志字段，既可作为上一帧的结束，又可作为下一帧的开始。标志字段也可以作为帧间填充字符。

为了使数据透明传输，必须在标志字段之外的各字段中禁止出现类似标志字段的比特组合，为此，HCLC 规程采用“0”比特插入技术，即在发送站检查两个 F 之间的字段，若有 5 个连续的“1”，就在第 5 个“1”之后插入一个“0”。在接收站对接收的比特序列进行检查，当发现连续 5 个“1”，就将后面的“0”自动删除，如图 4-17 所示。这样使 HDLC 帧所传送的信息序列不受任何限制，从而达到透明传输。

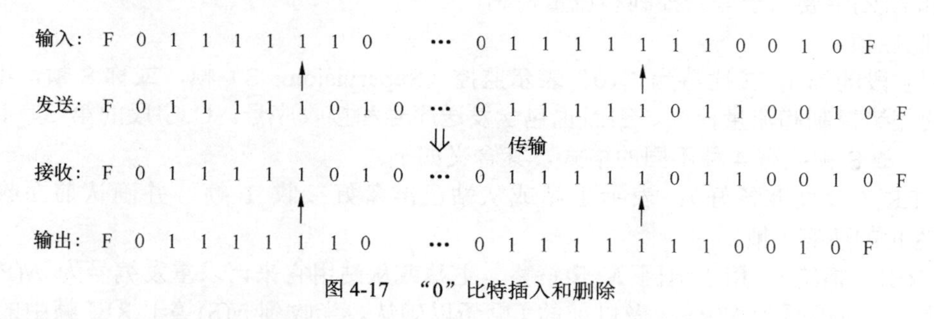

图 4-17　“0”比特插入和删除

② 地址字段

地址字段（Address，A）表示数据链路上发送站和接收站的地址。命令帧中地址字段是对方的地址，响应帧中的地址字段则是自己的地址。地址字段的长度一般为 8bit，可以表示 256 个地址。HDLC 规定：全“1”比特为全站地址，用于对全部数据站的探询；全“0”比特为无站地址，用于测试数据链路的工作状态。

当站的个数大于 256 个时，可以使用扩充字段，扩充为两个字节，将前一个地址字节的最低比特置“0”，用作扩充指示，表示后续字节为扩充字段。

③ 控制字段

控制字段（Control，C）或称 C 字段，为 8bit，用于表示帧的类型、帧编号以及命令、响应等。根据控制字段的构成不同，可以把 HDLC 帧分成 3 种类型：信息帧（I 帧）、监控帧（S 帧）和无编号帧（U 帧）。具体内容后面详细介绍。

④ 信息字段

信息字段（Information，I）是链路所要传输的实际信息，包括用户数据及来自上层的控制信息，它不受格式或内容的限制，任何合适的长度（包括 0 在内）都可以，但实际应用中信息长度受收发站缓冲存储区大小和信道差错率、差错检测能力等因素的限制。

⑤ 帧校验字段

帧校验字段（Frame Check Sequence，FCS）用于对帧进行循环冗余校验，校验的范围从地址字段的第 1 个比特到信息字段的最后 1 个比特，但为了透明传输而插入的“0”比特不在校验范围内。该字段一般为 16bit，其生成多项式为 $x^{16}+x^{12}+x^5+1$，对于要求较高的场合，可以用 32bit。

（4）控制字段和参数

在 HDLC 帧中，控制字段决定了帧的类型，HDLC 规定了 3 种控制字段的格式，如图 4-18 所示。

<table>
<tr><th></th><th>1</th><th>2</th><th>3</th><th>4</th><th>5</th><th>6</th><th>7</th><th>8</th></tr>
<tr><td>信息帧 (I 帧)</td><td>0</td><td colspan="3">N(S)</td><td>P/F</td><td colspan="3">N(R)</td></tr>
<tr><td>监控帧 (S 帧)</td><td colspan="2">10</td><td colspan="2">S</td><td>P/F</td><td colspan="3">N(R)</td></tr>
<tr><td>无编号帧 (U 帧)</td><td colspan="2">11</td><td colspan="2">M</td><td>P/F</td><td colspan="3">M</td></tr>
</table>

N(S)：发送端发送序列编号　　P：询问比特，主站/复合站传输

N(R)：发送端接收序列编号　　F：最后比特，次站/复合站传输

S：监控功能比特

图 4-18　C 字段格式

① 信息帧

控制字段的第 1 个比特为“0”表示信息（Information，I）帧，或称 I 帧，用来实现数据信息的传输。按这种格式发送时，发送站应对所发送的每一帧进行计数编号，接收站则对收到的帧检查其编号的顺序性。因此，在每个 I 帧中都包含发送序号 N(S)和接收序号 N(R)，N(S)指明当前发送 I 帧的编号，N(R)表示等待接收的 I 帧的编号，同时对已收到的编号为 N(R)−1 的 I 帧做出肯定应答。使用 N(S)和 N(R)主要用于差错控制和流量控制。

② 监控帧

控制字段的第 1、2 比特为“10”表示监控（Supervision，S）帧，或称 S 帧，用于对数据链路的差错控制和流量控制，因而也包含发送序号和接收序号。C 字段的第 3、4 比特有 4 种组合，故 S 帧共有 4 种不同的格式，其含义如下。

- RR（接收准备好）：表示主站或从站已准备好接收 I 帧，并确认前面收到的至 N(R)−1 为止的所有 I 帧。
- REJ（拒绝）：用于退回 N 步策略。主站或从站用它来请求重发编号为 N(R)开始的所有 I 帧，而对编号为 N(R)−1 及以前的 I 帧予以确认。当收到 N(S)等于 REJ 帧中的 N(R)的 I 帧时，REJ 异常状态可以清除。
- RNR（接收未准备好）：主站或从站用 RNR 帧表示它正处于忙状态，不能接收后续的 I 帧，而对 N(R)−1 及以前的 I 帧予以确认。这种忙状态必须通过发送 RR 帧或 REJ 帧予以清除，以开始 I 帧的传输。
- SREJ（选择拒绝）：用于选择重传策略。主站或从站用 SREJ 请求重传编号为 N(R)的单个 I 帧，而对编号为 N(R)−1 及以前的 I 帧予以确认。当收到 N(S)等于 SREJ 帧中的 N(R)的 I 帧时，清除 SREJ 的异常状态。

③ 无编号帧

控制字段的第 1、2 比特为“11”表示无编号（Uncode，U）帧，或称 U 帧，用于链路的建立和拆除等多种控制功能。U 帧不包含任何确认信息，所以帧中无顺序编号，故这些帧称作无编号帧。U 帧用 M 字段（b3，b4，b6，b7，b8）定义了命令和响应，表 4-3 列出了无编号帧的命令和响应。

表 4-3　　U 帧的命令和响应

名　称	含义（C = 命令，R = 响应）	名　称	含义（C = 命令，R = 响应）
SNRM	设置正常响应模式（C）	SARME	设置扩展异步响应模式（C）
SNRME	设置扩展正常响应模式（C）	SABM	设置异步平衡模式（C）
SARM	设置异步响应模式（C）	SABME	设置扩展异步平衡模式（C）
DISC	断开连接（C）	RIM	请求初始化模式（R）
RESET	重设（C）	RD	请求断开连接（R）
SIM	设置初始化（C）	DM	断开连接模式（R）
UP	无编号探询（C）	UA	无编号确认（R）
UI	无编号信息（C 或 R）	TEST	测试（C 或 R）
XID	交换标识（C 或 R）	FRMR	拒绝帧（R）

（5）HDLC 的运行

HDLC 的运行包括 I 帧、S 帧和 U 帧的交换，整个过程可以分为 3 个阶段：链路建立阶段、数据传送阶段和链路拆除阶段。图 4-19 所示为使用 HDLC 规程通信的实例。

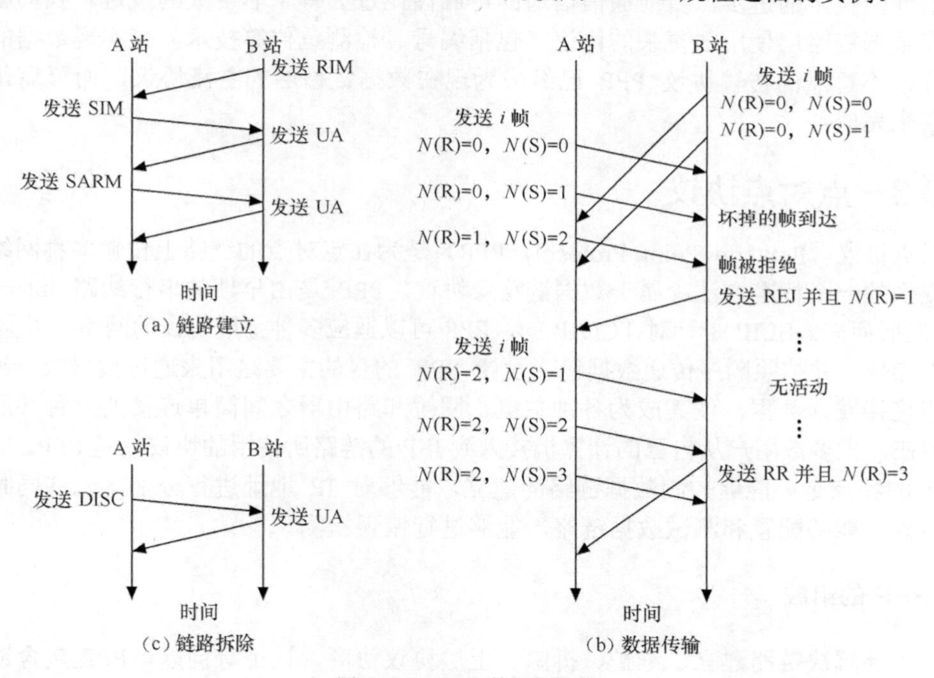

图 4-19　HDLC 的运行过程

① 链路建立

在图 4-19（a）中，假设 A 是主站，B 是从站。B 站首先发送一个 RIM 帧，向主站要求发送 SIM 帧。当 B 站收到 SIM 后，开始初始化过程，并且发送一个 UA 帧进行确认，A 站收到 UA 后，发送 SARM 帧，B 站收到后，再次发送 UA 进行确认。当 A 站收到后，链路建立完成，双方准备开始通信。

② 数据传输

由于响应模式是 ARM 方式，A 站和 B 站都可以发送数据。在图 4-19（b）中，假设 B

站先发送，发送序号 *N*(S)分别为 0 和 1，而接收序号 *N*(R)＝0，表示 B 站还没有收到任何信息帧，它正在等待编号为 0 的信息帧。同时 A 站发送了它最初的 3 帧，*N*(S)编号分别为 0、1 和 2，而前两个帧中，因为还没有收到 B 站送来的信息，因而接收序号 *N*(R)＝0，此时收到 B 站送来的帧，因此在第 3 帧中，A 站将 *N*(R)设置为 1，表示对 B 站的 0 号帧进行确认。如 A 站发送的第二帧到达时损坏了，B 站将发送一个 REJ 帧，其中 *N*(R)＝1，表示仍在准备接收 *N*(S)编号为 1 的帧，当编号为 2 的帧到达时，B 站将把它当作错误序号的帧而拒绝接收。当 A 站收到 REJ 帧，重新发送编号为 1 的帧，但此时 A 站已收到 B 站送来的编号为 1 的帧，所以这次发送时，A 站将其中的 *N*(R)置为 2。若 A 站连续发送了 3 帧，编号分别为 1、2 和 3，在帧 2 和帧 3 到达之间，计时器超时，B 站将发送一个 RR 帧，再一次确认 B 站仍在准备接收，并且通过置 *N*(R)=3 对已收到的 A 站的 2 帧进行确认。

③ 链路拆除

在图 4-19（c）中，当 A 站和 B 站都完成发送后，A 站发送 DISC 帧来决定断开连接，当 B 站收到该帧后，通过发送 UA 帧进行确认。当 A 站收到后，就知道双方都同意断开连接，至此链路拆除。

随着通信技术的进步，目前通信信道的可靠性比过去有了非常大的改进。我们就已经没有必要在数据链路层使用很复杂的协议（包括编号、检测重传等技术）来实现数据的可靠传输。因此，不可靠的传输协议 PPP 已经成为现在数据链路层的主流协议，而可靠传输主要由运输层来完成。

4.3.3 点对点协议

点对点协议（Point to Point Protocol，PPP）是为在点对点的链路上传输多种网络层协议数据包提供的一个标准方法，属于数据链路层协议。PPP 是由早期的串行线路 Internet 协议（SLIP）发展而来。SLIP 是针对 TCP/IP 的，PPP 可以适应多种上层协议的网络，并且 PPP 提供全双工操作，并按照顺序传递数据包。设计 PPP 的目的主要是用来通过拨号或专线方式建立点对点连接发送数据，使其成为各种主机、网桥和路由器之间简单连接的一种共通的解决方案。现在，大多数用户从自己的计算机接入到 ISP 的链路所使用的协议就是 PPP。

PPP 的特点是：能够控制数据链路的建立，能够对 IP 地址进行分配，允许同时采用多种网络协议，能够配置和测试数据链路，能够进行错误检测。

1. PPP 的组成

PPP 主要解决链路建立、维护、拆除、上层协议协商、认证等问题。PPP 包含链路控制协议（Link Control Protocol，LCP）、网络控制协议（Network Control Protocol，NCP）和认证协议。最常用的认证协议包括口令验证协议（Password Authentication Protocol，PAP）和挑战-握手验证协议（Challenge-Handshake Authentication Protocol，CHAP）。

（1）链路控制协议（LCP）

LCP 用于建立、设置并测试到 Internet 的数据链接。在通过点对点链接建立通信之前，每个点对点链接的端必须发出链路控制协议包。链接控制协议包会检查电话线的连接，看此连接是不是能够支持用预计的传输速度进行数据传输。一旦 LCP 包接受了这个链接，传输将在网络中进行，如果 LCP 不能承担传输任务，LCP 就会中止链接。

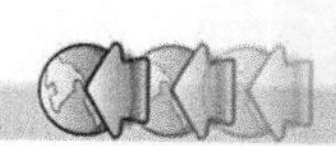

（2）网络控制协议（NCP）

NCP 是一簇协议，用于建立和配置不同的网络层协议。

为了建立点对点链路上的通信连接，发送端 PPP 首先发送 LCP 帧，以配置和测试数据链路。在 LCP 建立好数据链路并协调好所选设备后，发送端 PPP 发送 NCP 帧，以选择和配置一个或多个网络层协议。当所选的网络层协议配置好后，便可以将各网络层协议的数据包发送到数据链路上。配置好的链路将一直处于通信状态，直到 LCP 帧或 NCP 帧明确提示关闭链路，或有其他的外部事件发生。

（3）认证协议

在某些连接情况下，希望在允许网络层协议交换数据前对等实行认证。认证要求必须在建立连接阶段提出，然后进入认证阶段。如果认证失败，将进入连接终止阶段。在此阶段只对连接协议、认证协议、连接质量测试数据包进行处理。

① 口令验证协议（PAP）：PAP 是一种简单的明文验证方式。在该协议中，用户名和密码以明文（不加密的）形式发送到远程访问服务器。很明显，这种验证方式的安全性较差。

② 挑战-握手验证协议（CHAP）：CHAP 是一种加密的验证方式，能够避免建立连接时传送用户的真实密码。CHAP 通过 3 次握手周期性地校验对端的身份，在初始链路建立时完成，可以在链路建立之后的任何时候重复进行。

具体认证过程是：链路建立阶段结束之后，认证者向对端点发送“Challenge”消息；对端点用经过单向哈希函数计算出来的值做应答；认证者根据它自己计算的哈希值来检查应答，如果值匹配，认证得到承认；否则，连接应该终止；经过一定的随机间隔，认证者发送一个新的“Challenge”给端点，重复以上步骤。

2．PPP 帧格式

PPP 帧格式如图 4-20 所示，可以看出 PPP 帧的前 3 个字段和最后两个字段与 HDLC 的格式是一样的。PPP 帧格式的标志字段和 HDLC 的标志是相同的，为“01111110”，地址和控制字段是固定不变的。虽然 PPP 帧同步字符和 HDLC 的同步字符相同，但 HDLC 是面向比特的协议，PPP 是面向字符的协议，所以 PPP 帧长度都是整数个字节。

标志	地址	控制	协议	信息字段（数据）	帧校验 FCS	标志
01111110	11111111	00000011	2 字节	≤1500 字节	2 字节	01111110

图 4-20　PPP 帧格式

因为 PPP 是面向字符型的，所以当信息字段中出现和标志字段一样的比特串“01111110”时，不能采用和 HDLC 一样的零比特插入法，而是使用一种特殊的字符填充法。具体的做法是将信息字段中出现的每一个“01111110”字节转变成两字节序列（“01111101”，“01011110”），“01111101”称为转义字符。若信息字段中出现一个“01111101”字节，则将其转变成两字节序列（“01111101”，“01011101”）。这样做可以解决信息的透明传输。

PPP 帧格式与 HDLC 不同的是多了两个字节的协议字段，用于兼容多种上层协议。协议字段表示信息字段中是什么协议的报文，常用的协议字段如表 4-4 所示。

表 4-4　　协议字段与信息字段的对应关系

协议字段	信 息 字 段	协议字段	信 息 字 段	协议字段	信 息 字 段
0021H	IP 数据报	8021H	网络控制数据（NCP）	C223H	CHAP 认证
C021H	链路控制数据（LCP）	C023H	PAP 认证	0023H	OSI 协议

3. PPP 通信过程

PPP 支持同步传输方式和异步传输方式，支持专线连接和拨号连接。在专线连接时，通信的双方一般为路由器。在路由器的同步串行口配置 PPP 和配置 HDLC 的过程是完全相同的，只是需要指明封装格式为 PPP。一般 PPP 通信过程包括下面 5 个阶段。

（1）配置和建立数据链路

LCP 负责建立数据链路。当端口被启动后，如果端口上的线路连接正确，就建立起了物理信道。PPP 首先在物理信道上传输 LCP 报文，进行链路参数协商和建立数据链路。在这个阶段，在链路两端设备都会发送 LCP 请求报文，当收到对端的 LCP 应答报文后，就建立起数据链路，端口的 LCP 状态为开启状态。

（2）网络层协议协商

在建立起数据链路之后，双方发送 NCP 报文，协商网络层协议及网络层协议的参数。当端口的 IPCP（IP control Protocol）状态为开启时，链路上就可以为上层协议传输报文了。

（3）数据传输阶段

网络连接建立后，上层的报文数据封装进 PPP 的信息字段，通过数据链路进行传输。

（4）NCP 释放网络连接

当上层通信结束后，PPP 通过 NCP 报文释放网络连接。

（5）LCP 释放数据链路连接

需要释放端口数据链路连接时，PPP 通过 LCP 报文释放数据链路连接。

上述过程可以用图 4-21 的状态图来描述。

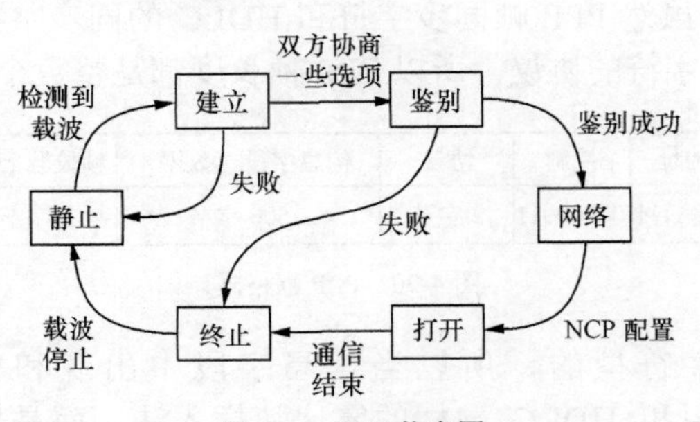

图 4-21　PPP 状态图

PPP 不仅是点对点连接的标准协议，它比 HDLC 更大的优点是支持用户认证。在拨号线路上，由于拨号终端的不确定性，必须对拨号进入网络的用户进行认证。在 PPP 中配置了用户认证之后，用户通过拨号建立起物理信道，在经过 LCP 配置和建立数据链路之后，就需要用户提供合法的用户名、密码进行登录认证。如果用户认证通过，可再通过 NCP 进行上层协议协商，如 IP 地址分配、Mask 等都由 NCP 完成。如果用户认证不能通过，就会启动 LCP 释放数据链路连接，然后断开线路连接。

4．PPP 的应用

PPP 是目前广域网上应用最广泛的协议之一，它的优点是简单，具备用户验证能力，可以解决 IP 分配等。

家庭拨号上网就是通过 PPP 在用户端和运营商的接入服务器之间建立通信链路。典型的应用是在 ADSL（Asymmetrical Digital Subscriber Loop）接入方式当中，PPP 与其他的协议共同派生出了符合宽带接入要求的新协议，如 PPPoE（PPP over Ethernet）。

PPPoE 是在以太网上传输 PPP 报文的协议。PPP 和以太网都是 OSI/RM 中的第 2 层协议，为什么要把一个二层协议报文在另一个二层协议报文中传输呢？

在 ADSL 线路中，用户的计算机是通过以太网卡和 ADSL 线路连接的，显然 ADSL 连接的是局域网。但是 ADSL 是通过电话拨号线路连接的，如果没有认证，显然是不安全的。但是在局域网连接中如何实现用户认证呢？PPPoE 应运而生，其就是利用 PPP 的用户认证功能实现在以太网连接中的用户认证。

PPPoE 将 PPP 报文作为以太网帧中的用户数据字段传送，通过 PPP 的 LCP、用户认证过程和 NCP 控制网络连接。当建立起网络连接后，所有的分组还是通过以太网帧传输，和以太网中的通信是完全相同的。

PPPoE 既保护了用户方的以太网资源，又完成了 ADSL 的接入要求，是目前 ADSL 接入方式中应用最广泛的技术标准。

小结

1．协议是通信双方共同遵守的约定，通信协议采用分层结构。

2．OSI 参考模型是国际标准化组织制定的正式标准，它提供概念性和功能性结构，利用层次结构可以把开放系统的信息交换分解在一系列层中。

3．OSI 参考模型共分 7 层：物理层、数据链路层、网络层、运输层、会话层、表示层和应用层，各层功能独立，每一层都利用下面各层提供的服务。

4．TCP/IP 模型分为 4 层：网络接口层、互联网络层、传输层、应用层。

5．物理层建立在物理媒体的基础上，实现系统与物理媒体的接口。物理层描述了 4 种基本特性：机械特性、电气特性、功能特性和规程特性。常用的物理层接口有 RS-232C 等。

6．数据链路层是在物理层的基础上，提供相对无差错的帧传输。常用的数据链路层规程有基本型传输控制规程和高级数据链路控制规程两种，典型的数据链路层协议有 HDLC、PPP 等。

思考题与练习题

4-1　解释网络协议的概念，网络协议的 3 要素是什么，含义是什么。

4-2　简述 OSI 参考模型各层功能。

4-3　试说明两个系统的对等实体之间的通信过程。

4-4　试说明 OSI 参考模型和 TCP/IP 参考模型之间的关系，并说明 TCP/IP 每层的功能。

4-5　物理层协议中规定的物理接口的基本特性有哪些？说明其基本概念。

4-6　试说明 RS-232C 接口电路常用的 9 条连线的功能。

4-7　数据链路与链路有何区别？什么是数据链路传输控制规程？

4-8　数据链路层的功能有哪些？

4-9　请画出 HDLC 的帧结构，并说明各字段的含义。HDLC 如何实现透明传输？

4-10　试说明 HDLC 帧可分为哪几个大类，简述各类帧的作用。

4-11　HDLC 的通信操作方式有哪几种？

4-12　简述 PPP 的通信过程。PPP 的认证方式有几种，分别是什么？

第5章 Internet

【本章内容】

- IPv4 地址、IP 层协议。
- 因特网的传输层协议：TCP 和 UDP。
- 因特网的应用层协议。
- 路由选择协议：RIP、OSPF。
- 下一代网际协议：IPv6。

【本章重点、难点】

- IPv4 地址。
- TCP 和 IP。
- ARP。
- 路由选择协议：RIP 和 OSPF 协议。

【本章学习的目的和要求】

- 掌握 IP 地址的分类、子网地址及子网掩码的表示。
- 掌握 IP、ARP 和 TCP 的工作原理。
- 掌握 DNS 服务器的概念和作用。
- 掌握因特网常用的路由选择协议：RIP 和 OSPF。
- 了解因特网的基本概念和应用。
- 了解下一代网际协议 IPv6。

5.1 Internet 概述

5.1.1 Internet 的起源

Internet 是由世界范围内众多计算机网络连接汇合而成的一个网络集合体。简单地讲，Internet 是一个计算机交互网络，又称网间网。Internet 是一个全球性的巨大的计算机网络体系，它把全球数万个计算机网络、数千万台主机连接起来，包含了难以计数的信息资源，向全世界提供信息服务。Internet 的出现，是信息化时代的必然和象征。从网络通信的角度来看，Internet 是一个以 TCP/IP 连接各个国家、各个地区及各个机构的计算机网络的数据通信网。从信息资源的角度来看，Internet 是一个集各个部门、各个领域的各种信息资源为一体，供网上用户共享的信息资源网。

由此可见，Internet 是指通过 TCP/IP 将世界各地的网络连接起来实现资源共享、提供各种应用服务的全球性计算机网络。

Internet 最早起源于美国国防部高级研究计划局（Defense advanced Research Projects Agency，DARPA）的前身 ARPA 建立的 ARPAnet，该网于 1969 年投入使用。建立该网络的主导思想是：网络必须能够经受住故障的考验而维持正常工作，一旦发生战争，当网络的某一部分因遭受攻击而失去工作能力时，网络的其他部分应当能够维持正常通信。

1983 年，ARPAnet 分裂为两部分：ARPAnet 和纯军事用的 MILNET。该年 1 月，ARPA 把 TCP/IP 作为 ARPAnet 的标准协议，其后，人们称呼这个以 ARPAnet 为主干网的网际互联网为 Internet。

与此同时，局域网和其他广域网的产生和蓬勃发展对 Internet 的进一步发展起了重要的作用。其中，最为引人注目的就是美国国家科学基金会（National Science Foundation，NSF）建立的美国国家科学基金网（NSFnet），NSFnet 对 Internet 的最大贡献是使 Internet 向全社会开放，而不像以前那样仅仅供计算机研究人员、政府使用。

1969 年 12 月，当 ARPAnet 最初建成时只有 4 个节点，到 1972 年 3 月也仅仅只有 23 个节点，直到 1977 年 3 月总共只有 111 个节点。到 2000 年，全世界共有 100 多万个网络、1 亿台主机和超过 10 亿的用户。今天的 Internet 已不再是计算机人员和军事部门进行科研的领域，而是变成了一个开发和使用信息资源的覆盖全球的信息海洋。

5.1.2 Internet 在我国的发展

中国早在 1987 年就由中国科学院高能物理研究所首先通过 X.25 租用线实现了国际远程联网，并于 1988 年实现了与欧洲和北美地区的 E-mail 通信。1993 年 3 月，经电信部门的大力配合，由北京高能物理研究所到美国的高速计算机通信专线开通了。1994 年 5 月，高能物理研究所的计算机正式进入了 Internet，与此同时，以清华大学为网络中心的中国教育与科研网也于 1994 年 6 月正式联通 Internet。1996 年 6 月，中国最大的 Internet 互联子网 CHINAnet 也正式开通并投入运营。

截至 2012 年年底，我国的网民规模已达到 5.6 亿。到 2013 年，我国的网民将突破 6 亿，网络普及率达到 45%。互联网产业的规模高速增长，在国民经济中的地位进一步提升。到 2013 年，中国互联网应用市场规模将接近 5320.5 亿元，互联网应用服务在整体市场中的占比仍将继续提升，占比将近 70%，成为市场发展的主导力量。

第 4 章已经介绍了 TCP/IP 参考模型，下面将分层次讲述 TCP/IP 协议簇中的各个协议、IP 地址及分类，以及域名系统（DNS）。

5.2 互联网络层

5.2.1 IPv4 地址

1. IPv4 地址的组成

在 Internet 上连接的所有主机，不管是大型机还是微型计算机都以独立的身份出现。为

了实现各主机间的通信，每台主机都必须有一个唯一的网络地址，就好像每一个住宅都有唯一的门牌号一样，才不至于在通信时出现混乱。

Internet 的网络地址是指接入 Internet 计算机的地址编号。所以，在 Internet 网络中，网络地址唯一地标识一台计算机。

Internet 是由几千万台计算机互相连接而成的。要确认网络上的每一台计算机，靠的就是能唯一标识该计算机的网络地址，这个地址就叫作 IP（Internet Protocol）地址。

目前在 Internet 中使用的是 IPv4 的地址结构，即 IP 地址是一个 32 位的二进制地址。为了便于记忆，将 32 位地址分为 4 组，每组 8 位，由圆点分开，用 4 个字节来表示，而且，用点分开的每个字节的数值用十进制数字表示，取值范围是 0～255，这种书写方法叫做点分十进制记法，如 202.116.6.11。

IP 地址由两部分组成，一部分用来表示网络号，另一部分表示主机号。这里只介绍分类的 IP 地址。

2．IP 地址的分类

IP 地址的分类就是将 IP 地址划分为若干个固定类，每一类地址用来表示网络号和主机号的位数都是固定的。为适应不同大小的网络，一般将 IP 地址划分成 A、B、C、D、E 5 类，如图 5-1 所示。IP 地址最左侧字节的 8 比特的高位用于区分网络的类型。其中，A 类、B 类和 C 类是最常用的。

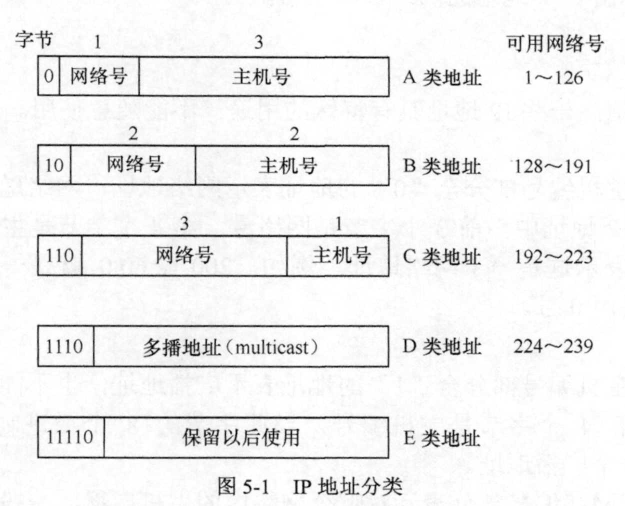

图 5-1 IP 地址分类

（1）A 类地址

A 类地址可以拥有很大数量的主机，最高位为“0”，第 1 个字节表示网络号，其余 3 个字节表示主机号，总共允许有 126 个 A 类网络。A 类地址分配给规模特别大的网络使用者，例如 IBM 公司、DEC 公司的网络。A 类地址的表示范围为 1.0.0.0～126.255.255.255。

（2）B 类地址

B 类地址被分配到中等规模和大规模的网络中，最高两位总被置为二进制的“10”，允许有 16 384 个网络。B 类网络用第 1、2 字节表示网络的地址，后面两个字节代表网络上的主机地址。B 类地址的表示范围为 128.0.0.0～191.255.255.255。

（3）C 类地址

C 类地址被用于中小型的网络，高 3 位被置为二进制的“110”，允许大约 200 万个网络。C 类网络用前 3 字节表示网络的地址，最后一字节作为网络上的主机地址。C 类地址的表示范围为 192.0.0.0～223.255.255.255。

（4）D 类地址

D 类地址用于多播，不分网络号和主机号，高 4 位总被置为“1110”，余下的位用于标明客户机所属的组。多播（组播）主要用于网络会议、网络游戏、网络教学等领域。

（5）E 类地址

E 类地址的高 5 位总被置为“11110”，保留给将来使用。

由于，A 类、B 类和 C 类是最常用的，下面对它们做进一步的介绍。

A 类地址的网络字段占一个字节，所以只剩下 7 个比特可供分配，提供的网络号是 1～126，共 126 个，而不是 0～127。原因是：网络字段全“0”的 IP 地址是个保留地址，意为“本网络”；网络字段为 127 保留作为本地软件环回测试使用。A 类地址的主机字段占 3 个字节，允许的最大主机数为 $2^{24}-2$。原因是：全“0”的主机字段表示本主机所连接到的“本网络”，而全“1”表示本网络上所有的主机。

B 类地址的网络字段占两个字节，除了前两个比特固定为“10”，还剩下 14 个比特可用，因此网络数为 16384（2^{14}），提供的网络号是 128～191，主机数为 65534（$2^{16}-2$）。同理，读者可自己计算出 C 类地址的网络数和主机数。

3．特殊的 IP 地址

在 TCP/IP 网络中，一些 IP 地址具有特殊的用途，不能随意使用。这些 IP 地址如下。

（1）网络地址

在 IP 地址中，主机编号部分全“0”的地址表示网络地址，网络地址不能分配给主机使用。例如，在 C 类 IP 地址中，前 3 个字节是网络号，第 4 个字节是主机编号，第 4 个字节数值等于“0”时，表示这是一个网络地址。例如，200.12.60.0 就是一个网络地址，即网络内的主机编号不能采用 0 号。

（2）广播地址

在 IP 地址中，主机编号部分全“1”的地址表示广播地址，也不能分配给主机使用。在 C 类 IP 地址中，第 4 个字节是主机编号，当此字节的 8 个二进制位全“1”时，例如 200.12.60.255 就是一个广播地址。

在广播地址中，网络编号部分表示对哪个网络内的主机广播，一般称作直接广播。如果网络编号部分也是全“1”，并不表示向网络内的所有主机广播，而是限制在对自己所在网络内的主机广播，一般称作受限广播。例如，255.255.255.255 就是一个受限广播地址。

（3）本网络内主机

在 IP 地址中，0 号网络不能使用。一个 IP 地址的网络编号部分全“0”时，网络地址表示本网络。例如，0.0.0.26 表示本网络内的 26 号主机。

（4）回送地址

A 类地址中的 125.0.0.0 网络用于网络软件测试和本地进程间通信，该网络内的所有地址不能分配给主机使用。目的地址网络号包含 127 的报文不会发送到网络上。

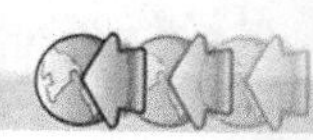

（5）私有 IP 地址（专用地址）

在 IP 地址中，A、B、C 类地址中都保留了一块空间作为私有（专用）IP 地址使用。它们是：

1 个 A 类地址段：　　10.0.0.0～10.255.255.255

16 个 B 类地址段：　　172.16.0.0～172.31.255.255

256 个 C 类地址段：　　192.168.0.0～192.168.255.255

私有 IP 地址，就是不能在 Internet 公共网络上使用的 IP 地址。私有 IP 地址可以在内部网络上任意使用，而且不用考虑和其他地方有 IP 地址冲突的问题。

使用私有地址将网络连至 Internet 时，需要将私有 IP 地址转换为公有 IP 地址后才能进入 Internet。这个转换过程称为网络地址转换（Network Address Translation，NAT），通常使用路由器来执行 NAT 转换。

在 Internet 中，一台计算机可以有一个或多个 IP 地址，就像一个人可以有多个通信地址一样，但两台或多台计算机却不能共享一个 IP 地址。如果有两台计算机的 IP 地址相同，则会引起异常现象，无论哪台计算机都将无法正常工作。

5.2.2　IP

1．IP 的主要功能

IP 是 TCP/IP 簇中最为核心的协议，位于 TCP/IP 体系结构的互联网络层。所有的 TCP、UDP、ICMP 及 IGMP 数据都以 IP 数据报格式传输。

IP 实现两个基本功能：分段和寻址。分段（和重组）是用 IP 数据报首部的一个字段来实现的。网络只能传输一定长度的数据报，而当待传输的数据长度超出这一限制时，就需要用分段功能来将其分解为若干较小的数据报。寻址功能同样也在 IP 数据报首部实现。数据报首部包含了源端地址、目的端地址以及一些其他信息，可用于对 IP 数据报进行寻址。

2．IP 的特性

IP 有两个很重要的特性：非连接性（无连接性）和不可靠性。

无连接性的意思是 IP 并不维护任何关于后续数据报的状态信息。每个数据报的处理是相互独立的，每个包都可以按不同的路径传输到目的地。这也说明 IP 数据报可以不按发送顺序接收。例如，某一源主机向一目的主机发送两个连续的数据报（先是 A，然后是 B），每个数据报都是独立地进行路由选择，可能选择不同的路线，因此 B 可能在 A 到达之前先到达。

不可靠性是指 IP 没有提供对数据流在传输时的可靠性控制。IP 是一种不可靠的“尽力而为传送”的数据报类型协议。IP 仅提供最好的传输服务。如果发生某种错误时，如某个路由器暂时用完了缓冲区，IP 有一个简单的错误处理办法，即丢弃该数据报，然后发送 ICMP 消息报给信源端。任何要求的可靠性必须由上层来提供。

3．IP 数据报的格式

IP 数据报的格式如图 5-2 所示。固定的 IP 首部长为 20 个字节，不含有任何选项字段。

<table>
<tr><td>1</td><td colspan="2">8</td><td colspan="5">16</td><td colspan="3">24</td><td>32</td></tr>
<tr><td>版本</td><td>报头长度</td><td>优先级</td><td>D</td><td>T</td><td>R</td><td>C</td><td>0</td><td colspan="4">总长度</td></tr>
<tr><td colspan="8">标识</td><td>0</td><td>DF</td><td>MF</td><td>片偏移量</td></tr>
<tr><td colspan="2">生存时间</td><td colspan="6">协议</td><td colspan="4">头部校验和</td></tr>
<tr><td colspan="12">源 IP 地址</td></tr>
<tr><td colspan="12">目的 IP 地址</td></tr>
<tr><td colspan="12">选项和填充</td></tr>
<tr><td colspan="12">数据</td></tr>
</table>

图 5-2 IP 数据报的格式

（1）版本

字段大小为 4bit，指出使用的 IP 版本号，目前的协议版本号是 4，因此 IP 有时也称作 IPv4。IPv4 的 IP 地址是 32 位的，而将来使用的协议版本 IPv6 使用的 IP 地址是 128 位的。

（2）报头长度

报头长度是一个 4bit 字段，指示 IP 数据报报头的长度。报头长度以 32bit（4 个字节）为计数单位，不包含选项字段。典型的报头长度为 20 个字节，因此普通 IP 数据报（没有任何选择项）此字段的值是 5。此字段最大取值为 15 个单位，因此 IP 数据报报头最长为 60 个字节。

（3）服务类型

服务类型（Type of Service，ToS）占 8bit。前 3bit 为优先级子字段（现在已被忽略），4bit 的服务类型子字段和 1bit 未用位但必须置“0”。4bit 的服务类型子字段分别为：D（Delay）为延迟，该位为“1”，表示需要选用低延迟路由；T（Throughput）为吞吐量，该位为“1”，表示需要选用高速率路由；R（Reliability）为可靠性，该位为“1”，表示需要选用高可靠性路由；C（Cost）为开销，该位为“1”，表示需要选用低费用路由。

4bit 中只能置其中的一个比特为“1”，如果所有 4bit 均为“0”，那么就意味着是一般服务。

（4）总长度

总长度占 16bit。总长度字段是指整个 IP 数据报的长度，以字节（B）为单位。利用报头长度字段和总长度字段，就可以知道 IP 数据报中数据内容的起始位置和长度。由于总长度字段长 16bit，所以 IP 数据报最长可达 65535B。当数据报被分片时，总长度字段的值也随着变化。数据报有时要分片是因为虽然可以传送一个长达 64KB 的 IP 数据报，但是受底层网络 MTU 的限制，当 IP 分组较大时，需要将分组分成若干片（段）进行传输。

（5）标识

标识占 16bit。标识字段唯一地标识主机发送的每一份数据报。通常每发送一份报文，标识的值就会加“1”。标识字段内容相同的分片属于同一份报文。

（6）标志

标志占 3bit。目前只有两个比特有意义。MF（More Fragment）位为分片结束标志。MF=1，表示后面还有分片的数据报；MF=0，表示这已是最后一个数据报片。DF（Don't Fragment）位为禁止分片标志，只有 DF=0 时才允许分片。一般在 TCP 中，报文禁止分片

传输（DF=1），UDP 报文一般允许分片传输（DF=0）。

（7）片偏移量

片偏移量占 13bit。数据报分片后，表示某一片在原数据报中的相对位置，即相对于用户数据字段的起点，该片从何处开始。片偏移量以 8 个字节为单位，所以每片的长度一定是 8 字节的整数倍。

标识、标志、片偏移量用于 IP 分组的分片传输控制。

（8）生存时间

生存时间（Time-To-Live，TTL）占 8bit。生存时间字段设置了数据报可以经过的最多路由器数。TTL 指定了数据报的生存时间。TTL 的初始值由源主机设置（通常为 32 或 64），一旦经过一个处理它的路由器，它的值就减去 1。当该字段的值为 0 时，数据报就被丢弃，并发送 ICMP 报文通知源主机。

（9）协议

协议字段占 8bit，指出此数据报携带的数据是使用哪一种协议，以便使目的主机的 IP 层知道将此数据报上交给哪个进程。例如，“1”表示 ICMP，“6”表示 TCP，“17”表示 UDP。

（10）头部检验和

头部检验和字段是根据 IP 头部计算的检验和码，它不对头部后面的数据进行计算。

为了计算一份数据报的 IP 检验和，首先把检验和字段置为“0”。然后，对头部中每个 16bit 进行二进制反码求和（整个头部看成是由一串 16bit 的字组成的），结果存在检验和字段中。当收到一份 IP 数据报后，同样对头部中每个 16bit 进行二进制反码的求和。由于接收方在计算过程中包含了发送方存在头部中的检验和，因此，如果头部在传输过程中没有发生任何差错，那么接收方计算的结果应该为全“1”。如果结果不是全“1”（即检验错误），那么 IP 就丢弃收到的数据报。但是不生成差错报文，由上层去发现丢失的数据报并进行重传。

（11）源地址和目的地址

源地址和目的地址各占 4 字节，指示送出 IP 数据报的主机地址和接收 IP 数据报的目的地址。

5.2.3 IP 层工作过程

1. 主机上的 IP 处理

（1）网络寻址

IP 层根据目的主机地址，首先确定是网络内部通信，还是和其他网络通信。确定的方法是使用目的 IP 地址和本机连接的 TCP/IP 属性配置中的子网掩码进行逻辑与运算，如果得到的网络地址和本机所在的网络地址相同，则为网络内部通信，否则就是和其他网络的通信。

如果是网络内部通信，报文的下一跳就是目的主机（即直接交付）。

如果是和其他网络通信，需要在主机路由表中查找是否有到达目的网络的路由，在现在的网络配置中，一般是默认网关。如果在网络连接的 TCP/IP 属性配置中配置了默认网关，则该报文的下一跳就是默认网关；如果没有配置默认网关，则该报文被丢弃。

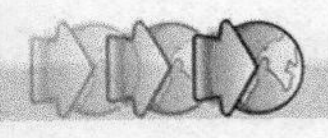

（2）报文封装

① 检查是否需要分片

网络层根据下层网络的 MTU（Maximum Transmission Unit）检查传输层提交的数据报文是否需要分片。如果传输层提交的报文长度加上 IP 数据报包头（一般为 20 字节）后大于下层网络的 MTU 值，就需要进行分片封装。一般 TCP 的报文不允许分片，UDP 的报文允许分片。当数据长度大于下层网络的 MTU 值而传输层协议又不允许分片时，网络层就丢弃该报文，同时向传输层发送“不可到达，需要分片”错误报告报文。

② 封装包头信息

在分组数据前添加 IP 包头，按照 IP 数据包格式写入各字段信息。如果是分片传送，还需要填写标识、标志和片偏移量等信息。

然后将此数据及必要的参数交付下层网络传输。

2．路由器上的 IP 处理

路由器是网络中的中间连接转发设备。路由器一般称为第三层网络设备，是因为路由器只对数据报文做网络层以下的处理。路由器接收到下层网络提交的数据报文后进行以下处理。

（1）网络寻址

路由器从 IP 包头中取出目的 IP 地址，在路由表中查找是否有到达目的网络的路由。如果没有，丢弃该报文，同时向源主机发送“主机不可达”的错误报告报文；如果找到了路由，则判断是直接交付还是需要转发：如果目的主机所在网络和路由器直接相连，说明报文要到达的网络就是该路由器连接的网络，该分组下一跳就是目的主机（直接交付），否则，需要转发该报文（间接交付）。

（2）转发分组

由于路由器不同端口连接的协议可能不同，报文经由路由器转发时也需要根据相连网络的 MTU 对分组进行是否需要分片的检查。

对于需要转发的分组，路由器根据路由选择将分组发送到输出端口的发送队列。

对于直接交付的分组，路由器将该分组及相应参数交付给下层网络。

5.2.4 IP 地址节约技术

由于 Internet 是从 ARPAnet 网络发展起来的，IP 地址分配从一开始就是不均衡的。在北美，IP 地址的利用率有时很低。例如，一个 A 类地址空间可连接的主机超过一千万，一个 B 类地址可连接的主机数目也超过 6 万。然而，有些网络对连接到网络上的计算机数目有限制，使连接到网络上的主机数根本达不到这样的的数值。比如：以太网规定其连接最大节点数只有 1024，这样的以太网若使用一个 B 类地址就可能浪费了 6 万多 IP 地址。

如今，IP 地址是非常紧缺的信息资源。事实上，到 2012 年 9 月，IPV4 资源池中最后一块 IPv4 地址空间已分配完毕。要想让 Internet 持续有效地发展的唯一解决方法是使用 IPv6 的地址空间，IPv6 将 IP 地址编码长度扩展到了 128 位（16 个字节）。但是由于 Internet 的骨干网在北美，北美的 IP 地址相对充裕，而且大多数系统还在使用 IPv4，升级到 IPv6 还有一定困难。在此之前，Internet 使用划分子网和无分类编址 CIDR（构造超网）技术来解决这一问题。

1．划分子网

（1）子网地址

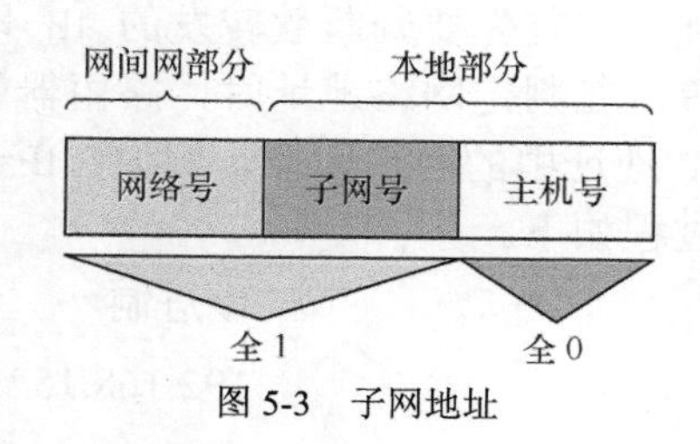

图 5-3　子网地址

IP 地址在前面已经介绍过了，其形式为：IP 地址=网络地址+主机地址。划分子网，将原先的主机地址中的前 *n* 位拿出来作为子网地址，剩下的仍然是主机地址，则此时的 IP 地址形式为：IP 地址=网络地址+子网地址+主机地址，由原来的两级结构变为三级结构，如图 5-3 所示。显然，划分子网占用了原主机号部分位数，一个网络划分子网后，每个网络所能容纳的主机数必然减少。

例如，168.95.×.×的 B 段网络地址，则 168.95 为网络地址（前 16 位），×.×为主机地址（后 16 位）。若是将 B 类网络切割成 4 个子网络，则需将原来的后 16 位中的最高两位拿来作为子网络地址，切割成的 4 个子网分别是：

168.95.00××××××.××××××××

168.95.01××××××.××××××××

168.95.10××××××.××××××××

168.95.11××××××.××××××××

各个子网可拥有（2^{14}−2）=16 382 个主机地址。

在划分了子网后，子网号也是网络号，子网内的主机编号部分全“0”表示网络地址，全“1”表示对该子网的广播地址，这两个地址是不能分配给主机使用的。但子网编码部分全“0”和全“1”的子网编号是允许使用的。

（2）子网掩码

在 A、B、C 类 IP 地址中，可以根据 IP 地址的类别确定网络号和主机号。在划分子网后，网络编码部分不再是固定的，这时判断网络地址的方法是使用子网掩码（Mask）。子网掩码是在 IP 地址中，将表示网络地址字段（包括子网号字段）的比特用全“1”来表示，将表示主机地址字段的比特用全“0”来表示。以前面所述 B 类地址 168.95.×.×为例，我们已借用其地址中的 2 位主机位将其划分为 4 个子网，那么它每个子网的掩码都是 255.255.192.0。

表 5-1 所示为 A 类、B 类和 C 类地址的子网掩码。

表 5-1　　A 类、B 类和 C 类地址的子网掩码

A 类地址	255.0.0.0	C 类地址	255.255.255.0
B 类地址	255.255.0.0		

确定子网掩码的因素是整个网络内需要的网络号个数和子网内所容纳的最多主机个数。在 A、B、C 类网中，都可以按照需要来划分子网。表 5-2 所示为 C 类网络中 Mask 的取值和可用的子网个数与子网内最多能够容纳的主机数对照表。

表 5-2　　C 类网络中 Mask 与子网数、子网内最多主机数对照表

Mask	二进制数	子网数	子网内主机	Mask	二进制数	子网数	子网内主机
128	10000000	2	126	240	11110000	16	14
192	11000000	4	62	248	11111000	32	6
224	11100000	8	30	252	11111100	64	2

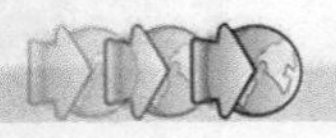

（3）IP 寻址

在分配 IP 地址时，同时指定一个子网掩码。路由器寻址依据具体的网络地址来寻址，它首先要判断欲转发的 IP 地址属于哪个网络，然后根据该网络号，确定转发的端口等。在判定网络地址时，路由器使用目的 IP 地址和子网掩码进行逻辑与运算，计算出该 IP 地址中的网络地址。例如，IP=192.168.152.200、Mask=255.255.255.240 的网络地址计算过程如下。

	十进制	二进制			
IP：	192.168.152.200	11000000	10101000	10011000	11001000
Mask：	255.255.255.240	11111111	11111111	11111111	11110000
IP“与”Mask：	192.168.152.192	11000000	10101000	10011000	11000000

所以，路由器通过计算可以得出，该 IP 地址所在的网络号为 192.168.152.192。

（4）子网掩码的标注

在分配 IP 地址时，后面需要子网掩码，用于说明该 IP 地址的网络地址。子网掩码也可使用“IP 地址/网络地址长度”表示。例如，在 C 类网络中，第 4 字节的前 3 位作为子网掩码时，即网络地址长度为 27 位，子网掩码可用下列两种方法表示。

200.100.120.28　255.255.255.224

200.100.120.28/27

2．无分类编址

无类别域间路由（Classless Inter Domain Routing，CIDR）是用于缓解 IP 地址空间减小和解决路由表增大问题的一项技术。它的基本思想是取消 IP 地址的分类结构，使用网络前缀来标识 IP 地址中的网络位部分位数，使 IP 地址的网络位部分和主机位部分不再受完整的 8 位组的限制。CIDR 可以根据具体的应用需求分配 IP 地址块，以提高 IPv4 的可扩展性和利用率。CIDR 可以将多个地址块聚合在一起形成一个更大的网络，从而减少路由表中的路由条目，完成路由聚合功能，减少路由通告的数量，实质上就是将多个网络聚合成了一个大的单一的网络。聚合后的网络被称为超网。

例如，石家庄邮电职业技术学院共有 8 个 C 类网段，如表 5-3 所示。

表 5-3　　石家庄邮电职业/技术学院网络地址

网络地址	第一字节	第二字节	第三字节	第四字节
202.205.120.0	11001010	11001111	01111000	00000000
202.205.121.0	11001010	11001111	01111001	00000000
202.205.122.0	11001010	11001111	01111010	00000000
202.205.123.0	11001010	11001111	01111011	00000000
202.205.124.0	11001010	11001111	01111100	00000000
202.205.125.0	11001010	11001111	01111101	00000000
202.205.126.0	11001010	11001111	01111110	00000000
202.205.125.0	11001010	11001111	01111111	00000000

在有类别路由选择中，路由器基于有类别规则的网络号判断有 8 个不同的网络，并为每一个网络创建一条路由选择表项。因此，路由器会为石家庄邮电职业技术学院维护 8 条路由

选择表项。而在支持 CIDR 的路由器上，由于 8 个 C 类网段连续并且前 21bit 相同，就可以使用一个长为 21bit 的网络前缀来汇总这些路由信息，将这 8 个网络汇总为 202.205.120.0/21，从而有效减少路由选择表项的条数。

需要注意的是，如果通过 CIDR 来覆盖多个网络的路由，要求被覆盖的网络是连续的，并且网络地址的数目是 2 的幂次数。这是因为如果非连续的网络被汇总，会导致汇总路由覆盖了本不存在或不在本地的网络，产生路由黑洞。如图 5-4 所示，由于汇总后的路由 202.205.120.0/22 覆盖了本不在本地的网络 202.205.122.0/24，如果外部网络有发送到网络 202.205.122.0/24 的数据，会导致产生错误的路由，数据无法到达目的地。而之所以要求网络地址的数目是 2 的幂次数，是因为路由聚合后的网络前缀与子网掩码类似，都是二进制掩码，所以必须发生在二进制的边界线上。如果地址不是 2 的幂次数，就需要把地址分组并分别进行汇总。

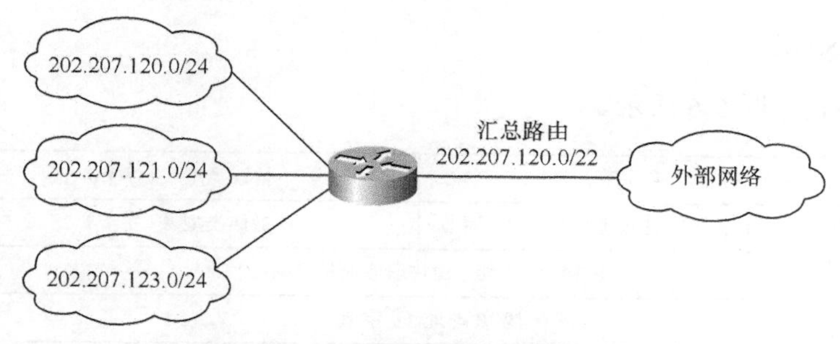

图 5-4　非连续网络的路由聚合

通过路由聚合，网络和子网大小不同的复杂分层体系通过共享的网络前缀在各点进行汇总，有效地减少了上级路由器的路由选择表项，减轻了上级路由器的负担。如果没有 CIDR 技术，Internet 骨干路由在 1997 年以前就已经崩溃了。

引入超网后，在 IP 地址的分配上，根据对于 IP 地址的实际需求量采用连续地址块的分配方式，从而一方面实现 IP 地址的节约，另一方面实现路由表的减小。

假设某公司需要 900 个 IP 地址，如果在有类别的寻址系统中，一种情况是申请一个 B 类 IP 地址段，如此一来将会造成数以万计的 IP 地址的浪费。另一种情况是申请 4 个 C 类 IP 地址段，这样该公司就必须在自己内部的逻辑网络之间进行路由选择，而且上游路由器需要为其维护 4 条路由选择表项而不是一条，使路由表增大。

在无类别的寻址系统中，当某公司向服务提供商（Internet Service Provider，ISP）申请地址时，服务提供商根据该公司对于 IP 地址的实际需求，从自己的大 CIDR 地址块中划分出一个连续的地址块给该公司，并为其保存一条超网路由（汇总路由），如 202.205.120.0/22。服务提供商的地址块从它的上一级管理机构或服务提供商处获得，其上一级同样也只为该服务提供商保存一条超网路由，如 202.205.0.0/16。这样就彻底减小了互联网上路由选择表的大小，如图 5-5 所示。

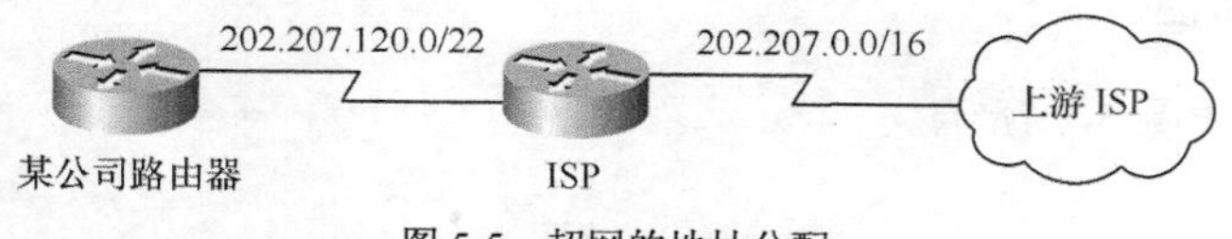

图 5-5　超网的地址分配

超网与子网是相对的概念，超网是将多个有类的网络聚合成一个大的网络，即使网络前缀（比特掩码）左移，借用了部分网络位作为主机位。而子网是将一个有类的网络划分成多个小的网络，即使网络前缀（比特掩码）右移，借用了部分主机位作为网络位。两者都可以起到节约 IP 地址的作用。

5.2.5 ARP

在局域网中，IP 地址是不能直接用来通信的，这是因为 IP 地址只是主机在抽象的网络层中的地址。要在局域网中通信，还要将 IP 数据报传到链路层变成 MAC 帧后才能发送到实际的网络上。因此，主机就必须知道对方主机的硬件地址（即 MAC 地址）。地址解析就是将主机 IP 地址映射为硬件地址的过程。地址解析协议（Address Resolution Protocol，ARP）用于获得在同一局域网络中的主机的硬件地址。

1．ARP 报文格式

ARP 报文格式如图 5-6 所示。

<table>
<tr><td colspan="2">硬件类型（2 字节）</td><td>协议类型（2 字节）</td></tr>
<tr><td>物理地址长度（1 字节）</td><td>协议地址长度（1 字节）</td><td>操作类型（2 字节）</td></tr>
<tr><td colspan="3">源 MAC 地址（由物理地址长度确定）</td></tr>
<tr><td colspan="3">源 IP 地址（4 字节）</td></tr>
<tr><td colspan="3">目的 MAC 地址（由物理地址长度确定）</td></tr>
<tr><td colspan="3">目的 IP 地址（4 字节）</td></tr>
</table>

图 5-6　ARP 报文格式

其包括如下内容。

（1）硬件类型：底层网络的协议类型，常见的如下。

1——Ethernet　　3——X.25　　4——令牌环

（2）协议类型：网络层协议类型。常用的 IP 值为 2048（16 进制 0800）

（3）物理地址长度：底层网络使用的物理地址长度。以太网为 6 个字节。

（4）协议地址长度：常用的 IP 长度为 4 个字节。

（5）操作类型：ARP 报文操作类型，其中 1——请求，2——应答。

（6）源 MAC 地址：源主机的物理地址。网络层知道本机下层网络的 MAC 地址。

（7）源 IP 地址：源主机的 IP 地址。

（8）目的 MAC 地址：接收 ARP 报文的主机的 MAC 地址。在 ARP 请求中，目的 MAC 地址为全“0”，表示未知。

（9）目的 IP 地址：接收 ARP 主机的 IP 地址。

2．ARP 工作原理

ARP 工作原理如图 5-7 所示。

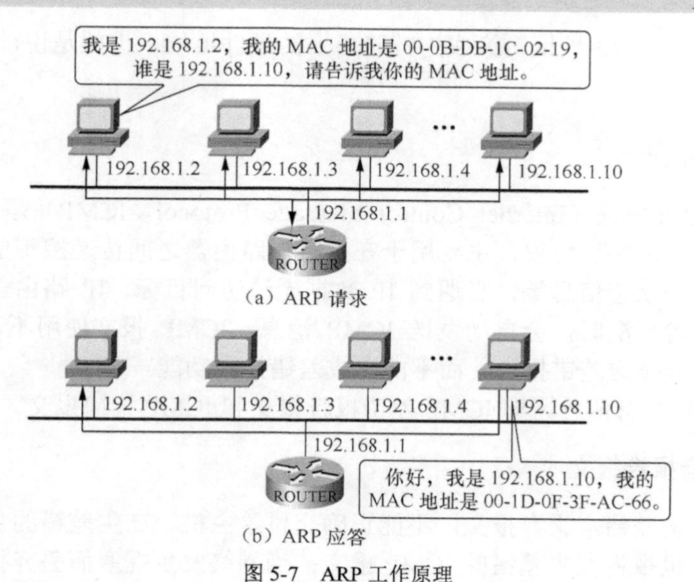

图 5-7　ARP 工作原理

在每台安装有 TCP/IP 的计算机中都有一个 ARP 缓存表，表里的 IP 地址与 MAC 地址是相对应的，如表 5-4 所示。

表 5-4　IP 地址与 MAC 地址的对应关系

IP 地址	MAC 地址	IP 地址	MAC 地址
192.168.1.1	00-AA-02-36-C0-08	192.168.1.3	00-62-03-4A-C5-06
192.168.1.2	00-0B-DB-1C-02-19	…	…

以主机 A（192.168.1.2）向主机 B（192.168.1.10）发送数据为例。当发送数据时，主机 A 会首先在自己的 ARP 缓存表中寻找是否有目标 IP 地址。如果找到，也就知道了目标 MAC 地址，直接把目标 MAC 地址写入帧里面发送就可以了。如果在 ARP 缓存表中没有找到相对应的 IP 地址，如图 5-7（a）所示，主机 A 就会在网络上发送一个广播，向同一网段内的所有主机发出这样的询问："我的 IP 地址是 192.168.1.2，MAC 地址是 00-0B-DB-1C-02-19，请问 192.168.1.10 的 MAC 地址是什么？"网络上其他主机并不响应 ARP 询问，只有主机 B 接收到这个帧时，才向主机 A 做出相应的回应，如图 5-7（b）所示。这样，主机 A 就知道了主机 B 的 MAC 地址，它就可以向主机 B 发送信息了。同时它还更新了自己的 ARP 缓存表，下次再向主机 B 发送信息时，直接从 ARP 缓存表里查找就可以了。ARP 缓存表采用了老化机制，在一段时间内如果表中的某一行没有使用，就会被删除，这表示该计算机已经不在此局域网中了（例如关机），这样可以大大减少 ARP 缓存表的长度，加快查询速度。一般一个 ARP 表项的生存时间为 2min。

如果两台要通信的的主机不在同一局域网内，就要先通过与主机相连的路由器查询。依然以图 5-7 为例，如果主机 A 想与百度服务器通信，而 www.baidu.com 这台主机并未在本局域网中存在，这时就要查询网关，即 192.16.1.1 的 MAC 地址，过程与图 5-7 所示相似。主机 A（192.168.1.2）获取网关（192.168.1.1）的 MAC 地址后，将数据包发送给路由器，路由器再通过查找路由表转发此数据包给目的主机。

因此，只要主机或路由器要和本网络上的另一个已知 IP 地址的主机或路由器进行通信，ARP 就会自动将该 IP 地址转换成为链路层上的硬件地址。也就是说，ARP 协议是运行在局域网中的协议。

5.2.6 ICMP

Internet 控制报文协议（Internet Control Message Protocol，ICMP）是 TCP/IP 协议簇中的一个子协议，属于网络层协议，主要用于在主机与路由器之间传递控制信息，包括报告错误、交换受限控制和状态信息等。当遇到 IP 数据无法访问目标、IP 路由器无法按当前的传输速率转发数据包等情况时，会自动发送 ICMP 消息。ICMP 报文使用不可靠的 IP 传送，所以 ICMP 报文只能传送差错报告，而不能完成差错控制功能。

ICMP 报文的种类有两种，即 ICMP 差错报告报文和 ICMP 询问报文。

1．ICMP 差错报告报文

当网络发生传输差错，丢弃报文，不能正确交付给主机，产生差错的主机或路由器在丢弃报文时会向源主机报告发生差错的 ICMP 报文；当网络发生拥塞而丢弃报文时，路由器也会向源主机发送“源站抑制”的报文，要求源站减低发送流量，进行拥塞控制。

2．ICMP 询问报文

ICMP 询问报文有 4 种，使用得最多的是回送请求/回答报文。该报文是由主机或路由器向特定的主机发出询问，收到此报文的主机必须给源主机发送 ICMP 回送应答报文。

我们在网络中经常会使用到 ICMP 回送请求/回答报文，例如：我们经常使用的用于检查网络是否连通的 Ping 命令，这个“Ping”的过程实际上就是 ICMP 工作的过程。还有其他的网络命令，如跟踪路由的 Tracert 命令也是基于 ICMP 的。

5.3 Internet 传输层

网络层只能将数据正确交付给目的主机，而主机在工作中，同时运行着多个应用进程，真正的通信是主机间应用进程的通信。那么如何将网络传输来的数据正确交付给各个应用进程呢？这就需要传输层来完成应用进程的端到端的数据传输。

传输层为其上方的应用层提供服务，为应用进程提供端到端的可靠通信，所以，传输层还要对收到的报文进行差错检测。

根据应用的不同，Internet 传输层提供了两种不同的传输层协议：面向连接的 TCP 和无连接的 UDP。下面分别介绍。

5.3.1 TCP

TCP 是 TCP/IP 协议簇中最重要的协议之一，传输层中的两个协议 TCP 和 UDP 处于对等的地位，分别提供了不同的传输服务方式，但这两个协议必须建立在 IP 之上。

通过前面的学习知道，IP 只是单纯地负责将数据分割成包，并根据指定的 IP 地址通过网络传送到目的地。它必须配合不同的传输服务协议——TCP（提供面向连接的可靠的传输服务）或 UDP（提供无连接的不可靠的传输服务），才能在发送端和接收端建立主机间的连接，完成端到端的数据传输。

1．TCP 功能

TCP 是一种可靠的面向连接的传送服务。TCP 采用的最基本的可靠性技术包括 3 个方面：确认与超时重传、流量控制和拥塞控制。

① 确认与超时重传机制基本思想是：目的主机收到一个正确分组时就向源主机发送一个确认；目的主机收到一个不正确分组时就要求源主机重传；源主机在某一个时间片内如果没有收到确认，则重传该分组。确认与重传机制保证端到端间信息传送可靠性。

② TCP 采用滑动窗口进行流量控制。在发送端设立发送缓冲区，即发送窗口。如果发送窗口的大小为 N，则表示该缓冲区可以存放 N 个报文，并可连续发送。滑动窗口控制注入网络的流量，窗口减小，流量减小。当 N=1 时每发送一个分组，必须等待确认后再发送下一个分组。接收端也设立接收缓冲区，即接收窗口，接收窗口的大小 m 表示可以接受 m 个分组。当 m =1 时，表示只能按顺序接收分组。

③ TCP 仍采用滑动窗口进行拥塞控制。在非拥塞情况下，发送端和接收端窗口的大小相同；一旦发生拥塞，则立即通过某种方式通知发送端将发送窗口减小，以限制报文流入网络的速度，消除拥塞。

2．TCP 的通信端口

当传送的数据到达目的主机后，最终要被应用程序接收并处理。但是，在一个多任务的操作系统环境下，如 Windows、UNIX 等，可能有多个应用进程同时在运行，那么数据究竟应该被哪个应用进程接收和处理呢？这就需要引入端口的概念。

在 TCP 中，端口用一个长为 2 个字节的整数来表示，称为端口号。不同的端口号表示不同的应用进程。

端口号和 IP 地址连接在一起构成一个插口，又称套接字（Socket），套接字分为发送套接字和接收套接字。

发送套接字=源 IP 地址+源端口号

接收套接字=目的 IP 地址+目的端口号

一对套接字唯一地确定了一个 TCP 连接的两个端点。也就是说，TCP 连接的端点是套接字，而不是 IP 地址。

在一个进程被建立时，为了标识该进程，系统需要为它分配一个端口号，这个端口号对于一般进程来说是不固定的。但在 TCP/IP 中，对于服务器进程使用固定的知名端口。知名端口在 1～255，由 Internet 编号分配机构来管理。例如，FTP 服务器的 TCP 端口号是 21，Telnet 服务器的 TCP 端口号是 23，SMTP 服务器的 TCP 端口号是 25，HTTP 服务器的 TCP 端口号是 80，POP3 服务器的 TCP 端口号是 110。

256～1023 的端口号为注册端口号，由一些系统软件使用；1024～65535 的端口号为动态端口号，供用户随机使用。

3．TCP 报文的封装

通常把在数据链路层上传输的数据单元称为帧，把在网络层上传输的数据单元称为分组（包），而把传输层上传输的数据单元称为报文。TCP 报文是 IP 数据报的一部分，而若以以太网为例，IP 数据报又是以太网数据帧的一部分。换句话说，IP 数据报封装了 TCP 报文，而以太网的数据帧又封装了 IP 数据报。封装过程如图 5-8 所示。

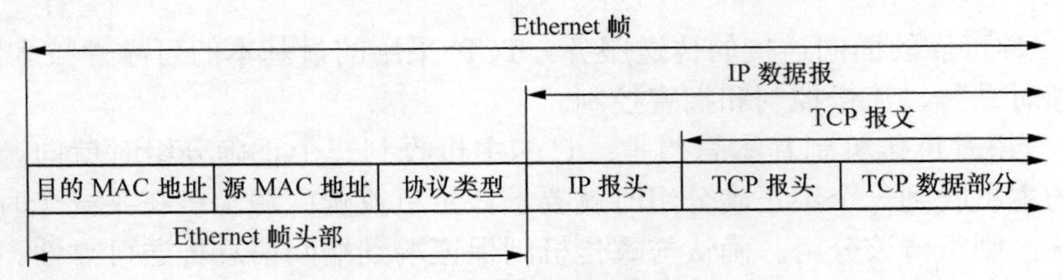

图 5-8　TCP 数据报的封装

可见，一个 TCP/IP 数据报文从应用程序到交给数据链路层通过物理网络传输，报文中包含的地址信息有 3 个：MAC 地址，由数据链路层识别的主机物理地址；IP 地址，由网络层识别的主机逻辑地址；端口号，由传输层识别的应用进程标识。

4．TCP 报文格式

TCP 报文分为首部和数据两部分，首部的 20B 是固定的，格式如图 5-9 所示。

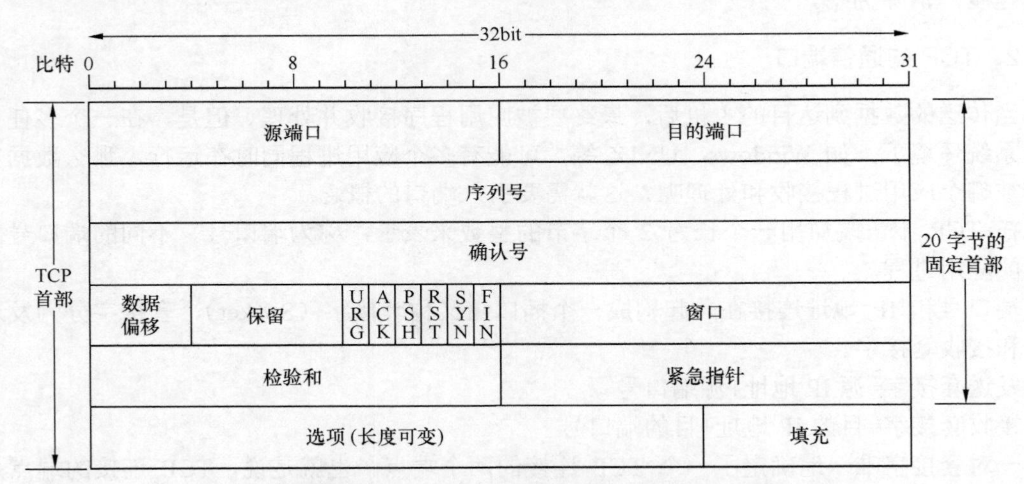

图 5-9　TCP 报文格式

（1）源端口和目的端口

源端口和目的端口都是 2 字节（16bit），分别表示发送方和接收方的端口（Port）号，是通信进程地址。端口号和 IP 地址构成插口（Socket，也称为套接字）地址的主要内容。插口用来将高层协议向下复用，也将运输层协议向上分用。插口包括 IP 地址（32bit）和端口号（16bit），共 48bit。

（2）序列号和确认号

序列号和确认号各占 4 字节，TCP 传送的报文可看成是连续的数据流。其中，序列号表示本报文段数据部分第一个字节的序列号，而确认号表示该数据报的接收者希望对方发送的下一个字节的序号，即序号小于确认号的数据都已正确地被接收。

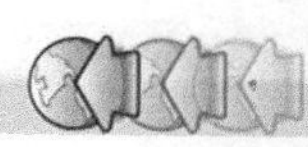

（3）数据偏移

占 4bit。指出数据开始的地方距 TCP 报文段的起始处有多远，即 TCP 报文头的长度，范围是 5～15，以 4 字节为单位来计算，即头部长度×4=报头字节数。所以如果选项部分的长度不是 4 字节的整数倍，则要加上填充。

（4）保留

紧接在数据偏移字段后有 6bit，目前把它设置为“0”。

（5）6 个标志位

标志位特定的含义如下。

URG（Urgent）为紧急数据标志。如果它为“1”，则表示本数据报中包含紧急数据，此时紧急指针表示的值有效。紧急指针的值表示在紧急数据之后的第一个字节的偏移值，即紧急数据的总长度。

ACK（Acknowledge）为确认标志位。如果 ACK 为 1，则表示报文中的确认号是有效的。否则，报文中的确认号无效，接收端可以忽略它。

PSH（Push）为立即进行标志位。被置位后，要求发送方的 TCP 软件马上发送该数据报，接收方在收到数据后也应该立即上交给应用程序，即使其接收缓冲区尚未填满。

RST（Reset）为复位标志位，用来复位一条连接。RST 标志置位的报文称为复位报文。一般情况下，如果 TCP 收到的一个报文明显不是属于该主机上的任何一个连接，则向远端发送一个复位报文。

SYN（Synchronous）为同步标志位，用来建立连接，让连接双方同步序列号。如果 SYN=1，而 ACK=0，则表示该数据报为连接请求；如果 SYN=1，而 ACK=1，则表示是接受连接。

FIN（Finish）为释放标志位，表示发送方已经没有数据要传输了，希望释放连接。

（6）窗口

窗口表示的是从被确认的字节开始，发送端最多可以连续发送的字节的个数。接收端通过设置该窗口值的大小，可以调节发送端发送数据的速度，从而实现流量控制。

（7）校验和

用于报头的传输差错校验，是 TCP 提供的一种检错机制。

（8）紧急指针

紧急指针占 16 位。URG=1 时，该字段才有效。当 URG 标志设置为 1 时，就向接收方表明，目前发送的 TCP 报文中包含有紧急数据，需要接收方的 TCP 尽快将紧急数据送到高层上去处理。紧急指针的值和序列号码相加后就会得到最后的紧急数据字节的编号，TCP 以此来取得紧急数据。

（9）选项

选项字段大小自定，表示接收端能够接收的最大报文段尺寸 MSS，一般在建立连接时规定此值，通告对方自己的接收数据的缓存最大的报文段长度为多少字节。如果此字段不使用，可以使用任意的数据长度。

（10）填充字段

字段大小依选项字段的设置而有所不同，设置此字段的目的在于和选项字段相加后，为 4 字节的整数倍，不够时用“00”补充。

5．TCP 协议中的连接控制

（1）TCP 连接建立过程

为了建立可靠的连接，TCP 中采用了 3 次握手机制。过程如图 5-10 所示。

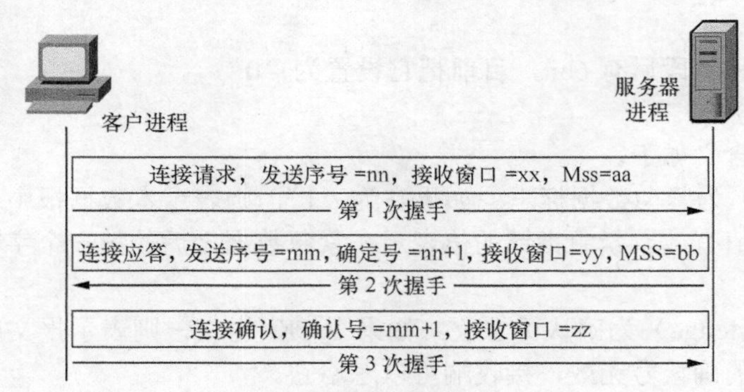

图 5-10　TCP 的连接建立过程

具体解释如下。客户端进程首先发送一个连接建立请求报文，向服务器进程申请建立连接，并通告自己的发送数据序号和接收窗口尺寸，协商数据最大分段尺寸（MSS）。

服务器进程收到连接建立请求报文后，发回应答报文，通告自己的发送序号、接收窗口大小，确认对方的发送序号，协商数据最大分段尺寸（MSS）。

客户端进程收到应答报文后，再发送一个确认报文，确认对方的数据序号，再次通告自己的接收窗口（因为窗口大小可能会变化）。

经过 3 次握手之后，双方连接建立，开始传递应用层数据报文。3 次握手机制保障了连接建立的可靠性。这是因为连接如果不是 3 次握手方式，当客户端发出一个连接建立请求后，如果应答超时，客户端会重发一个连接建立请求。当重发的连接请求被建立后，如果第一次发送的连接建立请求报文到达了服务器端，会造成连接建立错误。采用 3 次握手机制后，由于重发的连接建立，对于第一次连接应答，客户端不会确认，避免了错误发生。

（2）TCP 连接的拆除

在数据传输结束后，通信双方都可以发送释放连接的请求。例如，客户端申请拆除连接，服务器端确认后，此时连接处于半关闭状态下，表示客户端没有数据发送给服务器了，但还可以接受服务器端发回的数据。当服务器端也没有数据需要传送，也发送拆除连接请求，同时确认对端数据序号，经客户端确认，连接完全拆除。过程和 3 次握手本质上是一致的。

5.3.2　UDP

用户数据报协议（UDP）提供了不同于 TCP 的另一种数据传输服务方式，它和 TCP 都处于主机——主机层。UDP 和 TCP 之间是平行的，都是构建在 IP 之上，以 IP 为基础的。

用户数据报协议（UDP）提供了无连接的数据报服务。UDP 和 TCP 相比，最大的优势是高速。在 Internet 中，很多的实时应用（IP 电话、实时视频会议等）要求源主机以恒定的速率发送数据，并允许在网络拥塞时丢失一些数据，而不允许有太大的时延，UDP 恰好适合此要求。

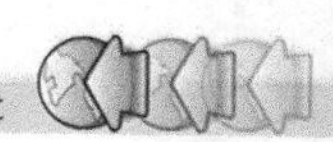

1．UDP 的特性

使用 UDP 进行数据传输具有非连接性和不可靠性，这与 TCP 提供面向连接的、可靠的数据传输服务正好相反。UDP 服务质量没有 TCP 高。

UDP 没有提供流量控制，省去了在流量控制方面的传输开销，因而传输速度快，适用于实时、大量但对数据的正确性要求不高的数据传输。

2．UDP 的通信端口

TCP 用通信端口来区分同一主机上执行的不同应用程序。同样，UDP 也有相同的功能，和 TCP 一样，UDP 也是用一个长为 2 个字节的整数号码来表示不同的程序。在 TCP 中，某些端口号已保留给特定的应用程序使用，同样，UDP 也有保留端口。例如，TFTP（简单文件传送协议）服务器的 UDP 端口号是 69，SNMP 服务器的 UDP 端口号是 161。

3．UDP 报文封装

UDP 报文封装和 TCP 报文相同，它作为 IP 数据报的数据部分封装在 IP 数据报中，而 IP 数据报又是作为以太网的数据部分封装在以太帧中的。

4．UDP 报文格式

由于 UDP 不需要额外的字段来做传输控制，所以 UDP 的报头要比 TCP 简单得多。每个 UDP 报文称为一个用户数据报，它分为两部分：头部和数据区。图 5-11 所示是一个 UDP 报文的格式，报文头部包含有源端口、目的端口、报文长度以及检验和共 4 个字段，每个字段都是两个字节。

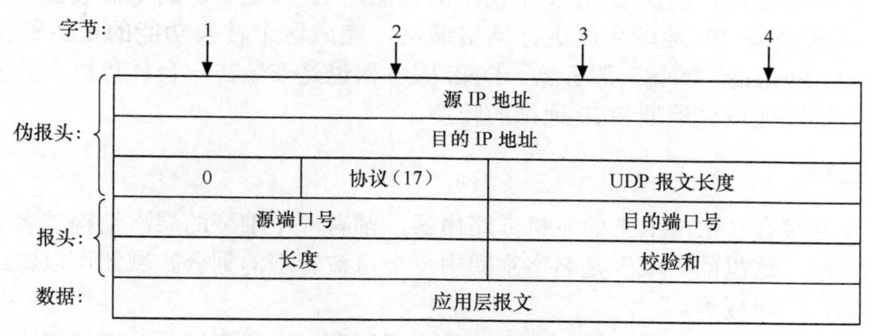

图 5-11　UDP 报文格式

TCP/IP 要求 UDP 报文在交到传输层时需要携带源 IP 地址和目的 IP 地址等信息，目的是进行接收主机地址检查和取得发信人地址，以便返回信息时使用。其实这些信息不是传输层协议的内容，所以称为伪报头。

- 源端口和目的端口

源端口（Source Port）和目的端口（Destination Port）字段包含的是 UDP 端口号，它使得多个应用程序可以多路复用同一个传输层协议——UDP，仅通过不同的端口号来区分不同的应用程序。

- 长度

长度（Length）字段记录的是该 UDP 数据包的总长度（以字节为单位），包括 8 字节的 UDP 头和其后的数据部分。最小值是 8，即报文头的长度，表示只有报文头而无数据区，最大值为 65 535 字节。

- 检验和

UDP 检验和字段的内容超出了 UDP 数据报文本身的范围，实际上，它的值是通过计算 UDP 数据报及一个伪报头而得到的。但校验的计算方法与通用的一样，都是累加求和。

5.4 Internet 应用层

前面我们已经详细讨论了计算机网络提供通信服务的过程，那么各应用进程是如何为用户提供服务的呢？这就需要应用层的协议来完成。Internet 的各种不同应用层协议能够通过互连网络提供给用户的各种通信服务。常用的有万维网（WWW）、文件传输（FTP）、远程登录（Telnet）和电子邮件（E-mail）服务。DNS 域名系统也通过应用层实现。

5.4.1 域名系统

IP 地址由 32 位二进制数字组成，很难记忆，即使是点分十进制的表示也不易记忆。但是人们愿意使用具有一定的意义的名字来替代 IP 地址，这就是域名。

域名就是使用助记符表示的 IP 地址。例如，百度网站的 IP 地址是 202.108.22.5，记住这个 IP 地址不太容易，但百度网站的域名是 www.baidu.com，记住这个域名比记住 IP 地址容易得多。

域名虽然容易记忆，但在 IP 报文中使用的仍然是 IP 地址。在浏览器中输入一个域名之后，必须将其转换成 IP 地址才能进行网络通信，完成这个转换功能的设备称作域名系统（Domain Name System，DNS）服务器。DNS 服务器也是安装在一台计算机上的服务程序，采用查表的方法完成域名地址和 IP 地址的转换。

1. 域名结构

任何一个连接在 Internet 上的主机或路由器，都有一个唯一的层次结构的名字，即域名（Domain Name）。这里的“域”是名字空间中一个可被管理的划分。域还可以继续划分为子域，如二级域、三级域等。

域名的结构由若干个分量组成，各个分量之间用英文小数点隔开。它的层次从左到右，逐级升高。

….三级域名.二级域名.顶级域名

各分量分别代表不同级别的域名。完整的域名不超过 255 个字符。域名系统既不规定一个域名需要包含多少个下级域名，也不规定每一级的域名代表什么意思。各级域名由其上一级的域名管理机构管理，而最高的顶级域名则由 Internet 的有关机构管理。用这种方法可使每一个名字都是唯一的，并且也容易设计出一种查找域名的机制。需要说明的是，域名只是个逻辑概念，并不反映出计算机所在的物理地点。

（1）顶级域名

顶级域名在 Internet 中是标准化的，现在顶级域名有以下 3 类。

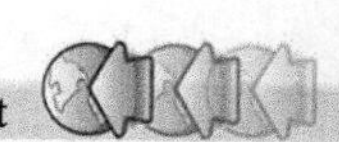

国家顶级域名：例如，cn 表示中国，us 表示美国，uk 表示英国等。

国际顶级域名：国际性的组织可在 int 下注册。

通用顶级域名：最早的通用顶级域名共 6 个，如下。

com 表示公司企业　　net 表示网络服务机构

org 表示非盈利性组织　　edu 表示教育机构

gov 表示政府部门（美国专用）　　mil 表示军事部门（美国专用）

由于最初的 ARPAnet 是美国人建造的这一历史原因，在通用顶级域名中的政府和军事部门的两个域名都是美国专用。另外，虽然在美国的机构可以注册在其国家顶级域名 us 下，但他们却常注册在通用顶级域名下。一些人误认为“凡注册在通用顶级域名下的机构都在美国”，这种看法显然是不正确的。

由于 Internet 上用户的急剧增加，现在又增加了 7 个通用顶级域名，如下。

firm 表示公司企业　　shop 表示销售公司和企业

web 表示突出万维网活动的单位　　arts 表示突出文化、娱乐活动的单位

rec 表示突出消遣、娱乐活动的单位　　info 表示提供信息服务的单位

nom 表示个人

（2）二级域名

在国家顶级域名下注册的二级域名均由该国家自行确定。我国则将二级域名划分为“类别域名”和“行政区域名”两大类。其中“类别域名”6 个，分别为：

ac 表示科研机构　　com 表示工、商、金融等企业

edu 表示教育机构　　gov 表示政府部门

net 表示互联网络、接入网络的信息中心（NIC）和运行中心（NOC）

org 表示各种非盈利性的组织。

“行政区域名”34 个，适用于我国的各个省、自治区及直辖市，例如，bj 为北京市，sh 为上海市，js 为江苏省等。在我国，在二级域名 edu 下申请注册三级域名则由中国教育和科研计算机网网络中心负责。在二级域名 edu 之外的其他二级域名下申请注册三级域名的，则应向中国互联网网络信息中心申请。

（3）三级域名

域名的第 3 部分一般表示主机所属域或单位。例如，域名 cernet.edu.cn 中的 cernet 表示中国教育科研网，域名 sjzpc.edu.cn 中的 sjzpc 表示石家庄邮电职业技术学院等。

域名的第 4 部分一般表示服务器名称，例如，XXX.sjzpc.edu.cn 中，www 表示万维网服务器，green 表示邮件服务器。

图 5-12 所示为 Internet 名字空间的结构示意图，它实际上是一棵倒置的树。树根在上面，没有名字，树根下面一级的节点就是最高一级的顶级域节点，下面是二级域节点，最下面的叶节点就是单台计算机。

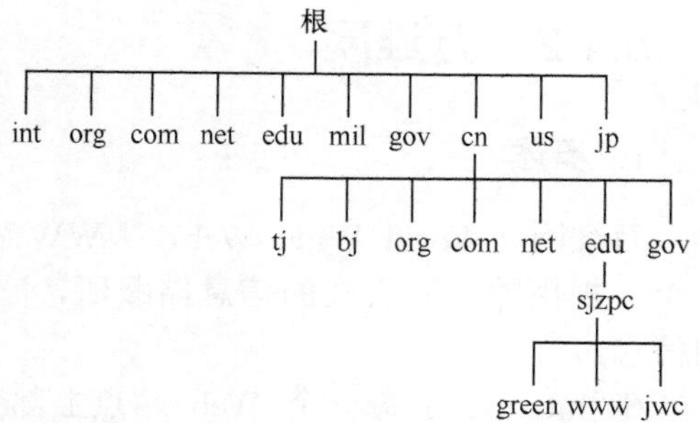

图 5-12　Internet 名字空间的结构示意图

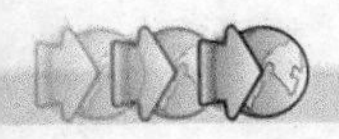

2. DNS 服务器

Internet 网上的系统也是按照域名的层次来安排的。每一个域名服务器只对域名体系中的一部分进行管辖。共有 3 种不同类型的域名服务器。

（1）本地域名服务器：每一个 Internet 运营商或一个大学，都可以拥有一个本地域名服务器。当一台主机发出 DNS 查询报文时，这个查询报文首先被送往该主机的本地域名服务器。当所查询的主机在本地 Internet 服务提供商（ISP）时，该本地域名服务器就将所查询的主机名转换为它的 IP 地址，而不需要去查询其他的域名服务器。

（2）根域名服务器：目前 Internet 上的根域名服务器，大部分在北美。当一个本地域名服务器不能回答某个查询报文时，该本地域名服务器就以 DNS 客户的身份向某一个根域名服务器查询。当根域名服务器中没有被查询的信息时，它就需要向某个保存有被查询主机名字映射的授权域名服务器发起查询。

（3）授权域名服务器：如果一台计算机想要别人使用域名来访问，则这个主机必须在授权域名服务器处注册登记自己使用的域名。通常，一个主机的授权域名服务器就是它的本地 ISP 的一个域名服务器。

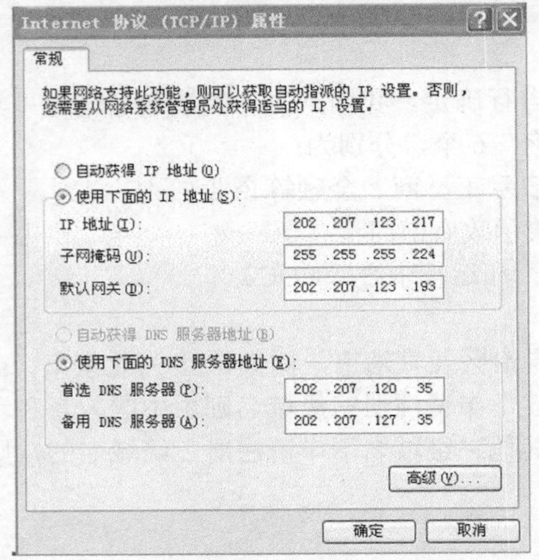

图 5-13　网络连接的 TCP/IP 属性设置窗口

3. DNS 服务器的 IP 地址设置

为了能够在网络中使用域名，在计算机网络连接的 TCP/IP 属性设置中，必须设置 DNS 服务器的 IP 地址。网络连接的 TCP/IP 属性设置窗口如图 5-13 所示。

当一个计算机使用域名通信时，系统首先根据域名服务器 IP 地址将域名信息发送给域名服务器，域名服务器根据域名查找 IP 地址，然后将 IP 地址返回给计算机，计算机再使用 IP 地址和需要通信的计算机进行通信。根据域名查找 IP 地址的过程称作域名解析。DNS 报文在传输层通过 UDP 报文来传送。

5.4.2　万维网

1. 概述

万维网（World Wide Web，WWW）并非是某种特殊的计算机网络，而是 Internet 上一个大规模的、联机式的信息储藏所，它能用非线性的链接方法，按用户的要求获取丰富的信息。

在 Internet 的每一个 Web 站点上都存放了很多文档。这些文档的一些位置（可能是文字、图形及图片等）是可以用特殊方式显示的，当鼠标指针移动到这些位置上时，鼠标指针就变成了一只手的形状，这就表明这个位置存在一个链接。如果用鼠标单击这个位置，就可以从这个文档链接到另一个文档，尽管这些文档所存在的站点（Web 服务器）相距很远。

正是由于万维网的出现，才使 Internet 进入了人们的日常生活。现在，Internet 上的通信

量有 80%左右是 Web 通信。下面将从原理角度介绍万维网。

万维网是一个分布式的超媒体（Hypermedia）系统，它是超文本系统的扩充。超媒体与超文本的区别在于文档内容不同。超文本只包含文本信息，而超媒体文档则包含多种媒体的信息，如图像、图形、声音、动画和视频。

万维网以客户/服务器方式工作。我们在 WWW 服务中用到的浏览器就是在用户计算机上运行的、驻留的计算机运行服务器程序，因此也被称为万维网服务器。客户程序向服务器程序发出请求，服务器程序向客户程序返回客户所要的文档。在客户机上显示出来的万维网文档称为网页。在 WWW 中，“客户”与“服务器”是一个相对的概念，只存在于一个特定的连接期间，即在某个连接中的客户在另一个连接中可能作为服务器。

2．统一资源定位符

在浏览器的地址栏里输入的网站地址叫做统一资源定位符（Uniform Resource Locator，URL）。URL 相当于一个文件名在网络范围的扩展。当用户在浏览器的地址框中输入一个 URL，或是单击一个超级链接时，URL 就确定了要浏览的地址。浏览器通过超文本传输协议（HTTP），将 Web 服务器上站点的网页代码提取出来，并翻译成网页。因此，在认识 HTTP 之前，一定要先了解 URL 的组成。

URL 的一般形式如下。

<URL 的访问方式>://<主机>/[端口]/[路径]

其中，<URL 的访问方式>常用的有 3 种，即 ftp、http 和 telnet，http 是默认协议。在//右边，<主机>是必选项，[端口]/[路径]是可选项。http 端口号缺省为 80，ftp 端口号缺省为 21，telnet 端口号缺省为 23。

例如 http://www.microsoft.com/china/index.htm。它的含义如下。

http://：代表超文本传输协议，通知 microsoft.com 服务器显示 Web 页，该项由于是默认协议，通常不用输入。

www：代表一个 Web（万维网）服务器。

microsoft.com/：这是装有网页的服务器的域名，或站点服务器的名称。

china/：为该服务器上的路径。

index.htm：是文件夹中的一个 HTML 文件（网页）。

这里，省略了<端口>项。

对于使用 FTP（文件传输协议）的 URL 的最简单形式如下。

ftp://rtfm.mit.edu

具体含义和上面相似。

3．超文本传输协议

超文本传输协议（Hypertext Transfer Protocol，HTTP）是用于从 WWW 服务器传输超文本到本地浏览器的传送协议。HTTP 可以使浏览器更加高效，使网络传输减少。HTTP 不仅保证计算机正确快速地传输超文本文档，还确定传输文档中的哪一部分，以及哪部分内容首先显示（如文本先于图形）等。

在 Internet 上，HTTP 通信通常发生在 TCP/IP 连接之上。缺省端口是 TCP80，但其他的端口也是可用的。但这并不预示着 HTTP 在 Internet 或其他网络的其他协议之上才能完成。

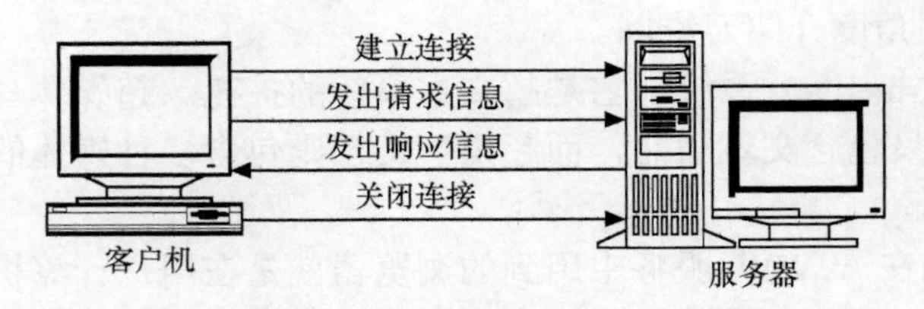

图5-14 基于HTTP的客户/服务器模式的信息交换过程

HTTP只预示着一个可靠的传输。

基于HTTP的客户/服务器模式的信息交换过程，它分4个过程：建立连接、发送请求信息、发送响应信息及关闭连接，如图5-14所示。

WWW服务器运行时，一直在TCP80端口侦听，等待连接的出现。

第一步：建立连接。连接的建立是通过申请套接字（Socket）实现的。客户打开一个套接字并把它约束在一个端口上，如果成功，就相当于建立了一个虚拟文件。以后就可以在该虚拟文件上写数据并通过网络向外传送。

第二步：发送请求。打开一个连接后，客户机把请求消息送到服务器的停留端口上，完成提出请求动作。

第三步：发送响应。服务器在处理完客户的请求之后，要向客户机发送响应消息。

第四步：关闭连接。客户和服务器双方都可以通过关闭套接字来结束TCP/IP对话。

最后，简单介绍一下超文本标记语言（HyperText Markup Language，HTML）。HTML是一种制作万维网页面的标准语言。HTML的出现，消除了计算机之间信息交流的障碍。用户在浏览网页时，看到的所有扩展名为.htm或.html的文档都是HTML文件。

5.4.3 文件传输协议

1．概述

文件传输协议（File Transfer Protocol，FTP）是一个被广泛应用的协议，它使得我们能够在网络上方便地传输文件。

FTP提供交互式的访问，允许客户指明文件的类型和格式，还允许文件具有存取权限。FTP屏蔽了各计算机系统的细节，适合于在各种异构网络的任意计算机之间传送文件。

在FTP的使用当中，有两个概念：“下载”（Download）和“上载”（Upload）。“下载”文件就是从服务器端复制文件至用户的计算机上，“上载”文件就是将文件从用户的计算机中复制至服务器上。

使用FTP时必须首先登录，在服务器上获得相应的权限以后，方可上载或下载文件。也就是说，除非有用户ID和口令，否则无法传送文件。这种方式违背了Internet的开放性，Internet上的FTP服务器数量庞大，不可能要求每个用户在每一台服务器上都拥有账号。匿名FTP可以解决这个问题。

匿名FTP是这样的，用户可通过它连接到远程主机上，并从远端主机上下载文件，而无需成为其注册用户。系统管理员建立了一个特殊的用户ID，名为Anonymous，Internet上的任何人在任何地方都可使用该用户ID。

通过FTP程序连接匿名FTP主机的方式同连接普通FTP主机的方式相似，只是在要求提供用户标识ID时必须输入Anonymous，该用户ID的口令可以是任意的字符串。需要说明的是，匿名FTP不适用于所有FTP服务器，它只适用于那些提供了这项服务的主机。

在Internet中，有两种FTP：基于TCP的FTP和基于UDP的简单文件传输协议

（Trivial File Tramsfer Protocol，TFTP）。它们的共同特点是：若要对一个文件进行存取，就要首先获得文件的副本。例如，要修改一个文件要首先将此文件下载到本地计算机上，然后在本地计算机上对文件进行修改，最后再把修改后的文件上传回到原地。这两种都属于复制整个文件的文件共享。

还有一种是联机访问，它允许本地计算机对远地共享文件进行访问，就像访问本地文件一样。属于这类联机访问的有网络文件系统（Network File System，NFS）。

2．FTP 的工作原理

在 Internet 中，各种异构网络所使用的操作系统不同，使计算机中数据的存储格式、文件的目录结构、文件的命名规则以及访问控制方法都不相同。FTP 就能够消除这些差别，并使用 TCP 提供可靠的文件传输服务。

FTP 也工作在客户/服务器方式。FTP 的服务器进程可以同时为多个客户进程提供服务。

FTP 工作在两种模式下，即活跃模式和被动模式。对于普通的（活跃模式的）FTP，控制连接由客户端初始化，数据连接由服务器端初始化。活跃的 FTP 也称为 Port 模式。另一种模式是被动模式（Passive 模式），这种模式下客户端初始化数据连接。

FTP 信息交换过程简单描述如下。

（1）客户端发送一个连接请求给服务器端的 FTP 控制端口 21，服务器端发送确认包给客户端，建立控制连接。

（2）客户端软件发出相应命令，确定 FTP 工作模式。

（3）根据 FTP 工作模式，确定由哪一方发送数据连接请求，端口号为 20，建立数据连接。

（4）发送数据的主机以这个连接来发送数据，这些数据都需要对方进行确认。

（5）当数据传输完成以后，客户端和服务器端分别发送结束命令，断开数据连接。

（6）客户端能在控制连接上发送更多的命令，这可以打开和关闭另外的数据连接。

因此可以知道，在进行文件传输时，要建立两个连接：控制连接和数据连接。这两个连接使用的端口号是不同的。控制连接的端口号为 21，数据连接的端口号为 20，所以传送信息时不会发生混乱。

3．简单文件传输协议

简单文件传输协议（TFTP）是一个很小并且易于实现的文件传输协议。它也工作在客户/服务器方式，但使用 UDP 数据报。TFTP 只支持文件传输，不支持文件交互。TFTP 没有列目录的功能，也不能对用户的身份进行鉴别。

使用 TFTP 的优点主要是：适用于 UDP 环境，当要将文件或程序向很多机器下载时就使用 TFTP，并且 TFTP 代码占用内存小，减少了开销。

TFTP 实现起来很简单，它使用很简单的首部，以文件块的形式发送数据，每个文件块 512 字节，按序编号，从序号 1 开始。每发送完一个文件块后就等待对方的确认，确认时应指明要确认的文件块的编号。如果在规定时间内收不到确认就重发数据，发送确认的一方若在规定时间内收不到下一个文件块，也重发确认信息。

4．网络文件系统

在 FTP 中，如果要对远程计算机中的一个很大的文件进行一个很小的修改，例如只在

该文件的后面加入一行文字，就必须将此文件全部下载到本地计算机上，修改完以后再传回到原地。这样，就为文件的传送浪费了大量的时间。网络文件系统（NFS）正好能弥补这一缺点。

NFS 可以打开一个远程文件，并能在该文件的某一个特定的位置上开始读写数据。因此，NFS 可以使用户只复制文件中一个很小的片段，而不需要复制整个文件。

5.4.4 远程登录

Telnet 是 Internet 远程登录服务的标准协议。应用 Telnet 能够把本地用户所使用的计算机变成远程主机系统的一个终端。Telnet 能将用户的键盘输入传到远地主机，同时也能将远地主机的输出通过 TCP 连接返回到用户屏幕。

1．Telnet 提供的服务

Telnet 也工作在客户/服务器方式，它提供了以下 3 种基本服务。

（1）Telnet 定义一个网络虚拟终端为远地系统提供一个标准接口。客户机程序不必详细了解远地系统，只需构造使用标准接口的程序。

（2）Telnet 包括一个允许客户机和服务器协商选项的机制，而且它还提供一组标准选项。

（3）Telnet 对称处理连接的两端，即 Telnet 不强迫客户机从键盘输入，也不强迫客户机在屏幕上显示输出。

2．网络虚拟终端

为了使多个操作系统间的 Telnet 交互操作成为可能，就必须详细了解异构计算机和操作系统。比如，一些操作系统需要每行文本用 ASCII 回车控制符（CR）结束，另一些系统则需要使用 ASCII 换行符（LF），还有一些系统需要用两个字符的序列回车、换行（CR-LF）；大多数操作系统为用户提供了一个中断程序运行的快捷键，但这个快捷键在各个系统中有可能不同，比如，一些系统使用“Ctrl+C”组合键，而另一些系统使用 Escape。如果不考虑系统间的异构性，那么在本地发出的字符或命令，传送到远地并被远地系统解释后很可能会不准确或者出现错误。因此，Telnet 协议必须解决这个问题。

为了适应异构环境，Telnet 协议定义了数据和命令在 Internet 上的传输方式，此定义被称作网络虚拟终端（Net Virtual Terminal，NVT）。NVT 的应用过程如下。

对于发送的数据：客户机软件把来自用户终端的按键和命令序列转换为 NVT 格式，并发送到服务器，服务器软件将收到的数据和命令，从 NVT 格式转换为远地系统需要的格式。

对于返回的数据：远地服务器将数据从远地机器的格式转换为 NVT 格式，而本地客户机将接收到的 NVT 格式数据再转换为本地的格式。

NVT 的格式定义很简单。Telnet 所有通信都使用 8bit 的字节。NVT 使用 7 位 ASCII 码传送数据，而当高位置 1 时用作控制命令。当用户从本地键入普通字符时，NVT 将按照其原始含义传送；当用户键入控制和组合键时，NVT 将把它转化为特殊的 ASCII 字符在网络上传送，并在其到达远地主机后转化为相应的控制命令。

将正常 ASCII 字符集与控制命令进行区分，主要有以下两个原因。

（1）这种区分意味着 Telnet 具有更大的灵活性，它可在客户机与服务器间传送所有可能的 ASCII 字符以及所有控制功能。

（2）这种区分使得客户机可以无二义性地指定信令，而不会产生控制功能与普通字符的混乱。

3．选项协商机制

由于 Telnet 两端的机器和操作系统的异构性，使得 Telnet 不可能也不应该严格规定每一个 Telnet 连接的详细配置，否则将大大影响 Telnet 的适应异构性。因此，Telnet 采用选项协商机制来解决这一问题。

Telnet 选项的协商方式对于每个选项的处理都是对称的，即任何一端都可以发出协商申请，任何一端都可以接受或拒绝这个申请。另外，如果一端试图协商另一端不了解的选项，接受请求的一端可简单地拒绝协商。若更新的更复杂的 Telnet 客户机服务器版本与较旧的、不太复杂的版本进行交互操作，如果客户机和服务器都理解新的选项，可能会对交互有所改善。否则，客户机和服务器将一起转到效率较低但可工作的方式下运行。所有的这些设计，都是为了增强适应异构性。

Telnet 的这些特点使它曾经得到了广泛的应用。目前，由于 PC 的功能越来越强，用户也就较少使用 Telnet 了。

5.4.5 电子邮件

1．概述

电子邮件（E-mail）又称电子信箱、电子邮政，它是一种用电子手段提供信息交换的通信方式。E-mail 是 Internet 上使用最普遍的一项服务。它是一种非交互式的通信方式，加速了信息的交流及数据传送，简易，快速，通过 Internet 实现各类信息的传送、接收及存储等处理，将邮件送到世界的各个角落。到目前为止，可以说电子邮件是 Internet 资源使用最多的一种服务，E-mail 不只局限于文本信息的传递，还可用来传递声音及图形、图像等多媒体信息。

电子邮件不是一种“终端到终端”的服务，是被称为“存储-转发”式的服务。这正是电子邮件系统的核心，利用存储-转发可进行非实时通信，属异步通信方式。信件发送者可随时随地发送邮件，不要求接收者同时在场，即使对方现在不在，仍可将邮件立刻送到对方的信箱内，且将邮件存储在对方的电子邮箱中。接收者可在他认为方便的时候读取信件，不受时空限制。

2．电子邮件系统组成

一个电子邮件系统应包括 3 个方面：用户代理（客户端服务程序）、邮件服务器和电子邮件的应用协议。

（1）用户代理

用户代理就是用户和电子邮件系统的接口，它能够通过一个良好的接口来完成接收和发送电子邮件。这样的电子邮件客户端程序，我们比较熟悉的有 Outlook、Outlook Express 和 Foxmail 等。有时，我们也使用浏览器来进行邮件的收发，不过应用起来比较麻烦。

（2）邮件服务器

邮件服务器是电子邮件系统的核心，Internet 上所有的 ISP 都有邮件服务器。邮件服务器的功能是发送和接收邮件，同时还要向发信人报告邮件传送的状态信息。客户端服务程序“发送”邮件意味着将邮件传送到收件人的信箱所在的邮件服务器中，而“接收”邮件则意味着从自己的信箱所在的邮件服务器中，将信件传送到当前所用的计算机中。

（3）电子邮件的应用协议

邮件服务器需要使用两个不同的协议，即发送邮件的协议和接收邮件的协议。发送邮件的协议使用 SMTP，接收邮件的协议使用 POP 或 IMAP。图 5-15 画出了 SMTP 和 POP3 协议。

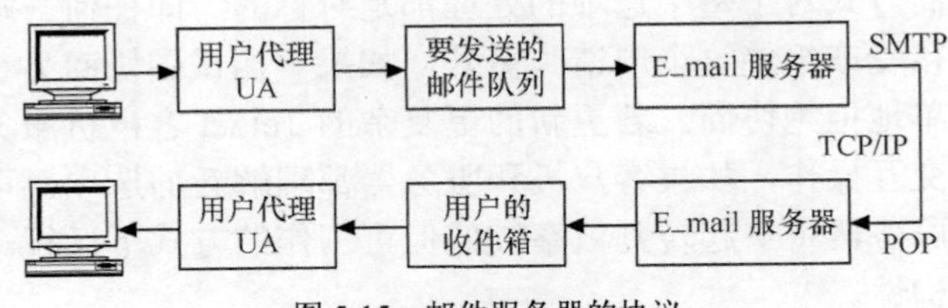

图 5-15　邮件服务器的协议

3．电子邮件的组成

电子邮件由信封和内容两部分组成。电子邮件的传输程序根据邮件信封上的信息来传送邮件，只有当用户将信件在自己的计算机上阅读时才能看到内容。在邮件的信封上，最重要的是收信人的地址。Internet 的电子邮件地址通用形式为：

userid（用户名）@domain（邮箱所在的主机）。

例如：abc@sohu.com。

要注意，必须保证 abc 这个用户名在此 ISP 的范围内是唯一的。

在发送电子邮件时，邮件服务器只使用电子邮件地址中@后面的部分，即目的主机的域名。只有当邮件到达目的主机后，邮件服务器才根据电子邮件地址的前一部分（用户名），将邮件存入收件人的邮箱。

4．简单邮件传送协议

简单邮件传送协议（Simple Mail Transfer Protocol，SMTP）是 Internet 上用于邮件传送的标准协议。SMTP 的原理很简单，它也工作于客户/服务器方式，发送邮件的一方运行客户机进程，接收邮件的一方运行服务器进程。

SMTP 工作在两种情况下，一是电子邮件从客户机传输到服务器，二是从某一个服务器传输到另一个服务器。SMTP 是个请求/响应协议，请求和响应都基于 ASCII 文本，并以 CR 和 LF 字符结束。响应以一个表示返回状态的 3 位数字代码开头，后面是简单的文字说明。例如，“220 Service ready”表示服务器已建立 TCP 连接，“250 ok”表示服务器准备好接收邮件，“421 Service not available”表示服务器不可用等。

SMTP 在运行时，总是在 TCP 的 25 号端口监听连接请求。下面是 SMTP 的连接建立和邮件发送过程。

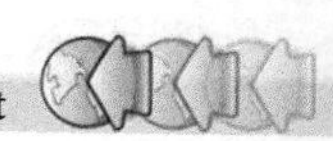

（1）建立 TCP 连接。

（2）客户端发送 Helo 命令以标识发件人自己的身份，然后客户端发送 Mail 命令，如服务器端准备好接收则以 OK 作为响应，表明准备接收。

（3）客户端发送 Rcpt 命令，以标识该电子邮件的接收人，可以有多个 Rcpt 行，表明邮件同时发送给多个人，服务器端则表示是否愿意为收件人接收邮件。

（4）协商结束，发送邮件，用命令 Data 发送。

（5）发送<CRLF>.<CRLF>表示邮件内容结束（在服务器端只看到一个英文句点.）。

（6）结束此次发送，用 Quit 命令退出。

表 5-5 所示为 SMTP 基本命令集。

表 5-5　SMTP 基本命令集

命　令	描　述
Helo	向服务器标识用户身份
Mail	初始化邮件传输，如：mail from:<发件人邮箱>
Rcpt	标识单个的邮件接收人；常在 Mail 命令后面，可有多个，如：rcpt to:<收件人邮箱>
Data	在单个或多个 Rcpt 命令后，表示所有的邮件接收人已标识，并开始数据传输，以.结束
Help	查询服务器支持什么命令
Noop	无操作，服务器应响应 OK
Quit	结束会话
Rset	重置会话，当前传输被取消

5．邮件读取协议

现在常用的邮件读取协议有邮局协议（Post Office Protocol，POP）的第 3 个版本，即 POP3，还有 Internet 消息访问协议（Internet Message Access Protocal，IMAP）。下面分别介绍。

（1）邮局协议

邮局协议（POP）是一个非常简单，但功能有限的邮件读取协议。目前使用的第 3 个版本 POP3 已成为 Internet 的标准，大多数的 ISP 都支持 POP3。

POP3 是一种脱机协议，即不能在线操作。当客户机与服务器连接并查询新电子邮件时，被该客户机指定的所有将被下载的邮件都将被程序下载到客户机，下载后，电子邮件客户机就可以删除或修改任意邮件，而无需与电子邮件服务器进一步交互。

POP3 也使用客户/服务器模式。在接收邮件用户的 PC 中必须运行 POP3 客户程序，而在 ISP 的邮件服务器中则运行 POP3 服务程序。

初始时，服务器通过侦听 TCP 端口 110 开始 POP3 服务。当客户主机需要使用服务时，它将与服务器主机建立 TCP 连接。当连接建立后，POP3 发送确认消息。客户和 POP3 服务器相互（分别）交换命令和响应，这一过程一直要持续到连接终止。

POP3 命令由一个命令和一些参数组成。所有命令以一个 CRLF 对结束。命令和参数由可打印的 ASCII 字符组成，它们之间由空格间隔。命令一般是 3～4 个字母，每个参数却可达 40 个字符长。

POP3 响应由一个状态码和一个可能跟有附加信息的命令组成。所有响应也是由 CRLF

结束。现在有两种状态码："确定"（"+OK"）和"失败"（"-ERR"）。

对于 POP3 的命令格式和响应代码的格式，限于篇幅，这里就不再赘述。

（2）Internet 消息访问协议

Internet 消息访问协议（IMAP）是与 POP3 对应的另一种邮件读取协议，是美国斯坦福大学在 1986 年开始研发的多重邮箱电子邮件系统。IMAP 能够从邮件服务器上获取有关 E-mail 的信息或直接收取邮件，具有更强大的功能。目前常用的 IMAP4 是 IMAP 的第 4 个版本。

在使用 IMAP 时，所有收到的邮件同样是先送到 ISP 的邮件服务器 IMAP 服务器上，而在用户 PC 上运行 IMAP 客户程序，然后与 ISP 的邮件服务器上的 IMAP 服务器程序建立 TCP 连接。用户在自己 PC 上就可以访问 ISP 的邮件服务器的信箱，就像在本地操作一样，因此 IMAP 是一个联机协议。

当用户 PC 上 IMAP 客户程序打开 IMAP 服务器的邮箱时，用户就可看到邮件的首部，包括邮件到达时间、主题、发件人及大小等，用户依据这些信息就可以做出是否下载的决定。用户还可以根据需要为自己的邮箱创建便于管理的层次式的邮箱文件夹，并且能够将存放的邮件从某一个文件夹移动到另一个文件夹中。用户也可按某种条件对邮件进行查找。在用户未发出删除邮件的命令之前，IMAP 服务器邮箱中的邮件会一直保存着，这样就省去了用户 PC 上的大量存储空间。

IMAP 最大的好处就是用户可以在不同的地方使用不同的计算机随时阅读和处理自己的邮件，但每次必须上网才能阅读邮件。如果使用 POP3，那么用户在出差时使用笔记本电脑就不能再次阅读曾经在办公室台式 PC 上已经阅读过的信件，因为在使用 POP3 的 ISP 邮件服务器上会删除已经阅读过的信件。所以说，IMAP 对于公司用户是很重要的。

IMAP 还允许收信人只读取邮件中的某一个部分。例如一封邮件里含有大小不等共 5 个附件，而其中只有两个附件是用户所需要的，用户就可以只下载这两个附件，而不用下载其余的 3 个。

6．通用因特网邮件扩充

由于 SMTP 只能传送 7 位的 ASCII 码，不能传送可执行文件或其他的二进制对象，而且对信件长度也有一定的限制。而现在我们在 E-mail 中经常传送各种文件格式的文件，如中文信件、各种附件（图片、声音及图像等），这就是通用因特网邮件扩充所提供的功能。

通用因特网邮件扩充（Multipurpose Internet Mail Extentions，MIME）可以传送多媒体文件，可在一封电子邮件中附加各种格式的文件一起送出。现在 MIME 已经演化成一种指定文件类型（Internet 的任何形式的消息：E-mail、Usenet 新闻和 Web）的通用方法。

MIME 没有试图改动 SMTP 或取代它。MIME 的思想是继续使用 SMTP 所规定的格式，但增加了文件主体的结构，并定义了传送非 ASCII 码的编码规则。所以 MIME 中所有的格式都可以在传统的邮件系统中被传送。

MIME 所做的扩展主要在邮件的首部。MIME 增加了 5 个新的邮件首部，包括 MIME 的版本、邮件号、邮件描述、邮件的性质和邮件传送时的编码形式等。其中后两项是最重要的，它们具体定义了邮件在传送时的编码形式，如非英文的文本或二进制文件，以及邮件内容的类型，如图像、视频、音频等。

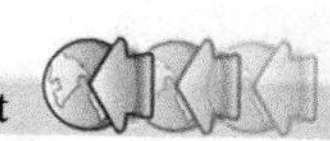

5.5　路由及路由选择协议

5.5.1　概述

1．路由器的基本概念

Internet 的主要节点设备是路由器。路由器（Router）工作在网络层，并使用较高层的协议地址，如 TCP/IP 地址，而不用 MAC 地址。

路由器与工作在低层网桥和交换机的不同之处在于：网桥必须保存信息表，告诉其哪个 MAC 地址位于哪个端口；而路由器建立路由表，是告诉其最后用哪个端口将帧发送给特定的网络。另外，路由器可以使用各种路由协议。路由器通过路由决定数据的转发，转发策略称为路由选择（Routing）。

2．路由选择协议

Internet 采用的是动态的、分布式的路由选择协议，这是由于以下两个原因。

第一，由于现在 Internet 的规模庞大，若每个路由器都知道所有的路由，那么所产生的路由表将非常庞大，处理起来会用较长时间。而且所有这些路由器之间交换路由信息所需要的带宽就会使 Internet 的通信链路饱和。

第二，因为每个 ISP 有各自的利益，其不愿意让外界了解自己网络的详细信息，但又希望自己连接到 Internet 上。

为了解决这两方面的问题，Internet 将整个网络分成许多较小的自治系统（Autonomous System，AS），一个 AS 内的所有网络都相互连通，最重要的是这个互联网络都使用相同的路由选择协议。一个 AS 内的所有网络都属于一个 ISP 统一运营，从而自然地产生两大路由选择协议：自治系统内部的路由选择协议和自治系统间的路由选择协议。

（1）内部网关协议（Interior Gateway Protocal，IGP）：在一个自治系统内部运行的协议，它与其他自治系统使用何种路由选择协议无关。目前最常用的有 RIP 和 OSPF 协议。

（2）外部网关协议（External Gateway Protocal，EGP）：在自治系统之间运行的协议，用于处理各 ISP 之间的路由传递。目前最常用的是 BGP。

如图 5-16 所示，3 个自治系统互连在一起。每个系统运行自己内部的路由网关协议（IGP），例如 AS1 运行 RIP，AS2 运行 OSPF 协议，3 个自治系统通过 EGP 相连。其中路由器 R1、R2、R3 既要和自治系统内部相连，又要和自治系统之间交换信息，称为自治系统边界路由器，而路由器 R4～R9 只需要和本自治系统内部的网络相连，称为内部路由器。

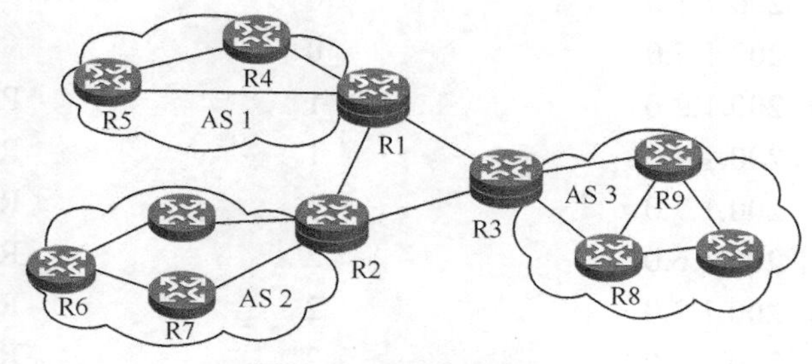

图 5-16　自治系统间连接

5.5.2 路由信息协议

路由信息协议（Routing Information Protocol，RIP）是应用较早、使用较普遍的内部网关协议，适用于小型网络，是典型的距离向量（Distance-Vector）协议。这意味着它基于信息表判断到目的地的最佳路由，信息表包含到目的地的距离（按跳数）和向量（方向）。

1. RIP 简单工作原理

（1）如图 5-17 所示，在所有路由器的初始路由表中只有直连网络，同时给出了路由器 R2 的初始路由表，跳数 0 表示直连网络。

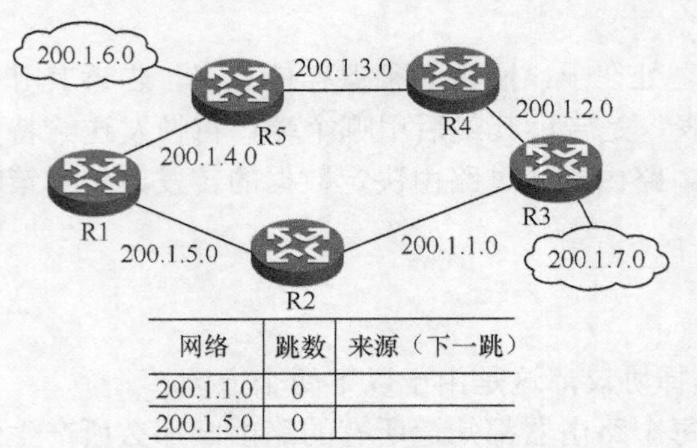

网络	跳数	来源（下一跳）
200.1.1.0	0	
200.1.5.0	0	

图 5-17　网络连接及 R2 的初始路由表

（2）路由器每隔一定时间（默认时间是 30s）向相邻的路由器广播一次自己的路由表。路由器收到广播报文后，将报文中的每条信息和自己的路由表相比较。如果是一条新的路由，则将该条路由添加到自己的路由表中，并将跳数加 1。如果路由表中存在该路由，就比较两条路由的跳数，如果表内的路由跳数大于收到的路由跳数加 1，则使用新路由替换原路由，并将跳数加 1，否则将该路由丢弃。若 180s 还没有收到某条路由的更新信息，则将此路由跳数设置为 16（RIP 允许一条路由最多只能包含 15 个路由器），表示该目的网络不可达。

完成第一次路由广播信息后，路由器 R2 的路由表如下。

目的网络	跳数	来源
200.1.1.0	0	
200.1.5.0	0	
200.1.2.0	1	R3
200.1.4.0	1	R1
200.1.7.0	1	R3

在完成第二次路由广播信息后，路由器 R2 的路由表如下。

目的网络	跳数	来源
200.1.1.0	0	
200.1.5.0	0	
200.1.2.0	1	R3
200.1.4.0	1	R1
200.1.7.0	1	R3
200.1.6.0	2	R1
200.1.3.0	2	R3
200.1.3.0	2	R1

在此需要说明的是到达 200.1.3.0 网络有两条路由，这是因为经计算跳数相同（都是 2 跳），这是两条等价的路由，此时路由表中这两条路由同时存在，系统自动实现负载均衡。

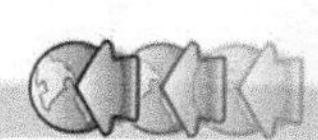

在第 3 次广播路由信息后，R2 虽然能收到 R3 广播的到达 200.1.6.0 网络的路由信息，但由于该信息跳数是 3，大于已存在的路由跳数，所以丢弃该路由信息。

RIP 仅和相邻的路由器按固定的时间间隔（30s）交换路由信息，从而使目前每个路由器的路由表中尽量保存最新的信息。在 RIP 的早期版本中，路由器广播其完整的路由表，较新的版本允许路由器只发送有变化的信息，这样，可以节省带宽，称为触发更新。

（3）RIP 的水平分割策略。如图 5-18 所示，路由器 RA 和 RB 运行 RIP，如果路由器 RA 和 net1 之间的网络发生故障，正常情况是：①RA 发现路由故障，更新自己的路由表（将到达 net1 网络跳数设置为 16，不可达）；②RA 向相邻路由器广播自己的路由表；③路由器 RB 收到来自 RA 的路由广播，更新自己的路由表，也将到达 net1 的网络设置为不可达；④RB 向相邻路由器广播自己的路由表；⑤RA 收到来自 RB 的路由广播更新自己的路由表。至此，路由更新完成。

但事实可能不是这样，如图 5-18 所示，由于各路由器分别使用自己的计时器，如果路由器 RA 和 net1 之间的网络发生故障，很可能出现以下情况：①RA 发现路由故障，更新自己的路由表（将到达 net1 网络跳数设置为 16，不可达）；②RB 向相邻路由器广播自己的路由表，即此时路由器 RB 并不知道 RA 到 net1 的网络已经发生了故障，所以路由表中到达 net1 网络的跳数为 1；③RA 收到来自 RB 的路由广播更新自己的路由表，此时 RA 将 RB 路由表中到达 net1 网络的跳数加 1，写入自己的路由表，即 RA 认为，我虽然不能直接到达 net1 网络，但我可以通过 RB 到达 net1 网络；④RA 向相邻路由器广播自己的路由表；⑤路由器 RB 收到来自 RA 的路由广播，更新自己的路由表，将到达 net1 的跳数再加 1。这样不断重复步骤②～⑤，直到 RB 路由表中到达 net1 网络的跳数加到 16，整个网络才知道 net1 发生了故障，是不可能到达的。这种现象称为 RIP 的慢收敛。

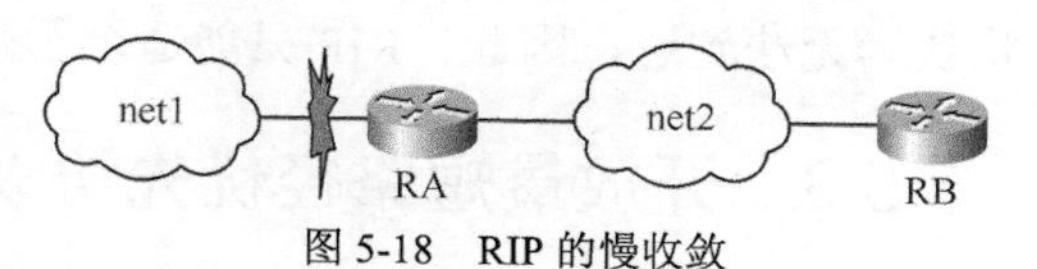

图 5-18　RIP 的慢收敛

为防止慢收敛情况的出现，RIP 的路由信息报文禁止向路由来源方向广播，该技术称为“水平分割”，目的是避免形成路由环路，杜绝如上例那样的路由错误判断。

2．RIP 的版本

RIP 以它的简单、易于配置和管理的特性在小型动态网络中被广泛应用。RIP 常用的版本有两种：RIPv1 和 RIPv2。以上我们都是按照 RIPv1 版本讲述的其工作原理。但随着各种 IP 地址节约方案的出现，RIPv1 无法再满足网络路由的需求。RIPv1 的特点总结如下。

（1）有类别路由选择协议。

（2）在路由更新消息中不携带掩码信息，只支持主类网络之间的路由和属于同一主类网络的等长子网之间的路由。

（3）采用广播地址发送路由更新消息。

当 IP 地址分配采用了 VLSM（Variable Length Subnet Mask）或在串行链路上使用了私有 IP 地址，RIPv1 就会产生路由判断的错误。为提供对变长子网和不连续子网的支持，RIP 推出了其无类别版本 RIPv2。

RIPv2 在实现的原理上与 RIPv1 完全相同，除了继承了 RIPv1 的大部分特性外，RIPv2 还具有以下的特点。

（1）无类别的路由选择协议。

（2）在路由更新消息中携带掩码信息，支持 VLSM 和不连续子网。

（3）采用组播地址 224.0.0.9 发送路由更新消息。

（4）支持手工路由汇总，但只能将路由汇总至主类网络，不支持 CIDR，但可传递已有的超网路由。

3．RIP 的缺点

（1）RIP 看起来非常简单，但是它从不考虑路由的带宽。在图 5-17 中，有可能路由器 R1-R5-R4-R3 之间是由高速的 T1 链路组成，而 R1-R2-R3 间的线路是比较慢的 ISDN 连接。RIP 认为 R1-R2-R3 跳数较少，选择了这条路由，数据传输就会很慢，而且可能会发生错误。

（2）支持的网络规模有限，由于 RIP 路由协议最多只支持 16 跳，当超过该跳数时，网络将认为无法到达，因此，RIP 只能适合于规模较小的网络。

5.5.3　开放最短路径优先协议

1．OSPF 的概念及特点

开放最短路径优先协议（Open Shortest Path First，OSPF）是基于开放标准的链路状态路由选择协议，它通过在运行 OSPF 的路由器之间交换链路状态信息来掌握整个网络的拓扑结构，每台路由器通过 SPF 算法独立计算路由。OSPF 原理很简单，但实现起来较复杂。区别于 RIP，OSPF 具有支持大型网络、路由收敛快、占用网络资源少等优点，在目前应用的路由协议中占有相当重要的地位。

OSPF 协议在大型网络的应用中，支持分级设计原则，将一个网络划分成多个区域，以减少路由选择开销，加快网络收敛，同一个区域内的路由器拥有相同的链路状态数据库。OSPF 采用开销（Cost）作为度量标准，开销的计算公式为 10^8/带宽，链路的带宽越大，成本值就越小，链路就越好。OSPF 的关键特点如下。

（1）属于无类别路由选择协议，支持 CIDR 和 VLSM。

（2）支持网络分级设计，可以对网络进行区域的划分。

（3）采用组播地址发送路由更新信息。

（4）采用开销（Cost）作为度量标准。

2．OSPF 的工作过程

OSPF 最主要的特征是使用分布式的链路状态协议，OSPF 的工作过程如下。

（1）向本区域中所有路由器发送信息。OSPF 使用的方法是洪泛法，即路由器通过所有输出端口向所有相邻的路由器发送信息，而每一个相邻路由器又将此信息发往所相连的所有路由器。最终，整个区域中所有的路由器都得到了这个消息的一个副本。

发送的信息就是本路由器的链路状态，但这是路由器所知道的部分信息。所谓“链路状态”就是说明本路由器和哪些路由器相邻，以及该链路的“度量”。只有当链路状态发生变化时，路由器才用洪泛法向所有路由器发送此信息。

（2）路由器收集其所在网络区域上各路由器的连接状态信息，即链路状态信息（Link-State Packets），生成链路状态数据库（Link-State DataBase）。路由器掌握了该区域上所有路

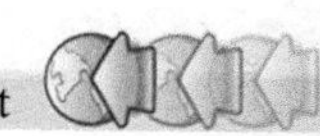

由器的链路状态信息，也就等于了解了整个网络的拓扑状况。路由器利用“最短路径优先（Shortest Path First，SPF）”算法，独立地计算出到达任意目的地的路由，如图 5-19 所示。而 RIP 的路由器只知道其下一跳路由器，却不知道全网的拓扑结构。

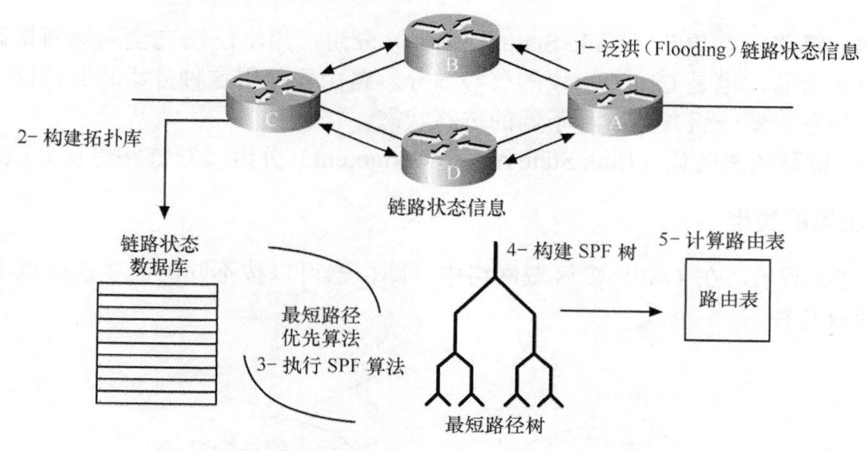

图 5-19　OSPF 的工作过程

（3）当网络规模不是很大时，OSPF 可以工作在单区域模式下，即整个 OSPF 自治系统只有一个区域（区域 0）。为了能够应用于规模很大的网络，将网络分割成多个相对独立的区域，这些区域由主干区域连接在一起，即 OSPF 的多区域模式。主干区域负责收集非主干区域发出的汇总路由信息，并将这些信息返还给各区域。每个区域就如同一个独立的网络，该区域的路由器只保存该区域的链路状态。各区域中每个路由器的链路状态数据库都可以保持合理的大小，路由计算的时间、报文数量都不会过大。

OSPF 区域不能随意划分，应该合理地选择区域边界，使不同区域之间的通信量最小。但在实际应用中，区域的划分往往并不是根据通信模式，而是根据地理或政治因素来完成的。

3．OSPF 分组类型

与运行距离矢量路由选择协议的路由器只发送一种消息即其完整的路由选择表不同，运行 OSPF 协议的路由器通过 5 种不同种类的数据分组来识别它们的邻居并更新链路状态信息。OSPF 的数据分组类型如表 5-6 所示。

表 5-6　　OSPF 分组类型

OSPF 数据分组类型	描　述
Type1：Hello	建立和维护路由器的毗邻关系
Type2：数据库描述（Database Description，DBD）	描述链路状态数据库的内容
Type3：链路状态请求（Link State Request，LSR）	向相邻的路由器请求特定的链路状态信息
Type4：链路状态更新（Link State Update，LSU）	向邻居路由器发送链路状态通告，即 LSA
Type5：链路状态确认（Link State Acknowledgment，LSAck）	对 LSU 的响应，确认收到了邻居路由器的 LSU

OSPF 直接使用 IP 数据报传送，所以工作在网络层。5 种分组类型如下。

类型 1：问候（Hello）分组，用来发现和维护邻站的可达性。

类型 2：数据库描述（DataBase Description）分组，向邻站发出自己的链路状态数据库中的所有链路状态项目的摘要信息。

类型 3：链路状态请求（Link State Request）分组，向对方请求发送某些链路状态项目的详细信息。

类型 4：链路状态更新（Link State Update）分组，用洪泛法向全网更新链路状态。这种分组是最复杂的，也是 OSPF 协议的核心部分。路由器使用这种分组将其链路状态通知给邻站。链路状态更新分组共有 5 种不同的链路状态。

类型 5：链路状态确认（Link State Acknowledgment）分组，对链路更新分组的确认。

4．路由器的类型

如图 5-20 所示，在 OSPF 多区域网络中，路由器可以按不同的需要选择以下 4 种路由器中的一种或几种。

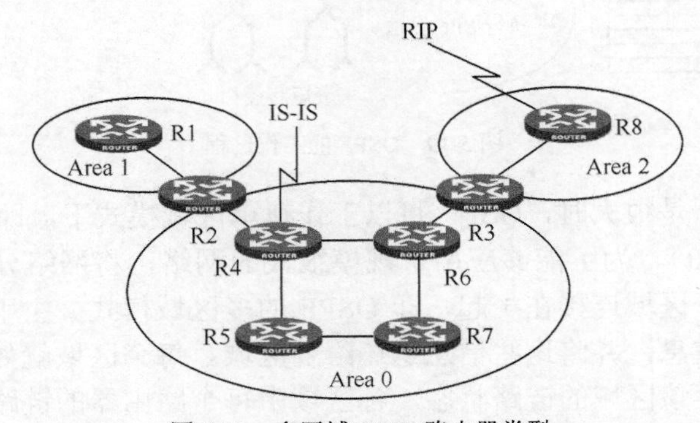

图 5-20　多区域 OSPF 路由器类型

（1）内部路由器。所有端口在同一区域的路由器，维护一个链路状态数据库，如路由器 R1、R5、R7。

（2）主干路由器。具有连接主干区域端口的路由器，如路由器 R4、R5、R6、R7。

（3）区域边界路由器。具有连接多区域端口的路由器，一般作为一个区域的出口。区域边界路由器为每一个所连接的区域建立链路状态数据库，负责将所连接区域的路由摘要信息发送到主干区域，而主干区域上的区域边界路由器则负责将这些信息发送到各个区域，如路由器 R2、R3。

（4）自治域系统边界路由器。至少拥有一个连接外部自治域网络（如非 OSPF 的网络）端口的路由器，负责将非 OSPF 网络信息传入 OSPF 网络，如路由器 R4、R8。

5．OSPF 的运行

当路由器开启一个端口的 OSPF 路由时，将会从这个端口发出一个问候（Hello）分组，以后端口也将以一定的间隔（OSPF 规定为 10s）周期性地发送问候分组。路由器用问候分组来初始化新的相邻关系，以及确认相邻的路由器邻居之间的通信状态。如果 40 秒还没有收到某个路由器发来的问候分组，则可以认为该路由器不可达，并立即修改链路状态数据库。其他 4 种分组都是用来维持链路状态数据库的同步。所谓同步是指不同路由器的链路状态数据库的内容是一致的。两个同步的路由器就叫“完全相邻的”路由器。不

是完全相邻的路由器是指那些在物理上虽然是相邻的，但它们的链路状态数据库并没有达到一致的路由器。

当一个路由器刚刚开始工作时，首先发送问候分组以确认与它相邻的路由器有哪些在工作。路由器与路由器之间首先利用问候分组内的信息确认主从关系，然后主从路由器相互交换部分链路状态信息。每个路由器通过与相邻路由器交换数据库描述分组，对信息进行分析比较，如果收到的信息有新的内容，路由器将使用链路状态请求分组，要求对方发送完整的链路状态信息。这个状态完成后，路由器之间建立完全相邻（Full Adjacency）关系，同时邻接路由器拥有自己独立的、完整的状态信息。

当一个路由器拥有完整独立的链路状态数据库后，它将采用 SPF 算法计算并创建路由表。路由器依据链路状态数据库的内容，独立地用 SPF 算法计算出到每一个目的网络的路径，并将路径存入路由表中。

OSPF 利用量度（Cost）计算目的路径，度量最小者即为最短路径。度量越小，则该链路被选为路由的可能性越大。

在网络运行的过程中，当某路由器链路状态发生变化时，该路由器就使用链路状态更新分组，向全网更新链路状态。路由器接收到包含有新信息的链路状态更新分组，将更新自己的链路状态数据库，然后用 SPF 算法重新计算路由表。在重新计算的过程中，路由器继续使用旧路由表，直到 SPF 完成新的路由表计算，新的链路状态信息将发送给其他路由器。

值得注意的是，即使链路状态没有发生改变，OSPF 路由信息也会自动更新，默认时间为 30 分钟。

5.5.4 外部网关协议

外部（边界）网关协议（Boundary Gateway Protocol，BGP）是一种在不同自治系统（AS）的路由器之间进行通信的外部网关协议。

由于 Internet 的规模太大，使得域间路由选择非常复杂，而且 Internet 可以认为是许多任意连接的自治系统（AS）的集合，因此域间路由选择必须考虑有关策略。这些策略包括政治、安全或经济方面。

基于上述情况，BGP 只能是力求寻找到一条能够到达目的网络且比较好的路由，而并非要寻找到一条最佳路由。

BGP 使用传输控制协议（TCP）作为它的传输层协议，这样可以提供面向连接的可靠传输。在配置 BGP 时，每个自治系统的管理员要选择至少一个路由器作为该自治系统的“BGP 发言人”。一般说来，两个 BGP 发言人都是通过一个共享网络连接在一起的，而 BGP 发言人往往就是 BGP 边界路由器，但也可以不是 BGP 边界路由器，反之亦然。使用 TCP 连接交换路由信息的两个 BGP 发言人，彼此成为对方的邻站或对等站。

要在许多自治系统之间寻找一条较好的路径，就是要寻找正确的 BGP 边界路由器，而在每一个自治系统中的 BGP 边界路由器的数目是很少的。这样就使得自治系统之间的路由选择不致过分复杂。

BGP 路由器交换网络层可达信息，被称为路径矢量。路径矢量由路径属性组成，包括路由到达该目的网络所要经过的各个 AS 的序列。这个路径信息被用于构建无环路的路由自治系统图。该路径是无环路的，因为运行 BGP 的路由器将不接受在路径表中包含有自身 AS

编号的路由更新。含有 AS 编号将意味着该更新已经通过了这个 AS，如果再接受它会导致路由环路。

当两个邻站属于两个不同的自治系统，而其中一个邻站愿和另一个邻站定期的交换路由信息时，就在两台路由器之间建立一条 TCP 连接，并交换消息以打开和确认连接参数，以建立连接。

连接建立起来以后，将交换全路由表。因为连接是可靠的，所以在此后 BGP 路由器只需发送增量信息（递增的更新）。在可靠的链路上也不需要定期路由更新，而且 BGP 路由更新只包含到某网络的更好路径。

BGP 有 4 种报文类型。打开（Open）报文用来建立连接；更新（Update）报文用来通告可达路由和撤销无效路由；周期性地发送保活（Keepalive）报文，以确保连接的有效性；当检测到一个差错时，发送差错通知（Notification）报文。

目前普遍应用的 BGP-4 采用路径向量路由选择协议，它与距离向量协议和链路状态协议都有很大的区别，并且可以将相似路由合并为一条路由。

5.6 IPv6

随着因特网爆炸性的增长，IPv4 提供的地址空间正在被逐渐耗尽。为了缓解 IP 地址紧张的问题，在本章第 2 节讨论了无类别域间路由、可变长子网掩码等解决方案。但这些方案都只能是暂时缓解而并不能从根本上解决 IP 地址紧张的问题。而要从根本上解决问题，就必须扩大 IP 地址空间，即扩充 IP 地址的位数。IPv6 协议使用 128 位的地址来取代 32 位的 IPv4 地址，从而极大的扩充了 IP 地址的数量。IPv6 可以提供大约 3.4×10^{38} 个可用的地址，它所形成的巨大的地址空间能够在可以想见的未来为所有网络设备提供全球唯一的地址，而基本上没有被耗尽的可能。

5.6.1 IPv6 编址

1．IPv6 地址表示方法

我们已知 IPv4 的地址采用点分十进制的方法来表示，而 IPv6 采用了冒号分隔的十六进制的表示方法。具体为将 IPv6 的 128 位地址分成 8 个 16 位的分组，每个分组用 4 位十六进制数来表示，在 16 位的分组之间用冒号隔开。例如，2001:0DB3:0100:2400:0000:0000:0540:9A6B 为一个完整的 IPv6 地址表示形式。可以看出，IPv6 的地址表示要比 IPv4 复杂得多，想要记住若干个 IPv6 地址几乎是不可能的，而且书写起来也比较费时。为了便于进行书写和记忆，IPv6 给出了两条缩短地址的指导性规则。

（1）IPv6 地址中每个 16 位分组的前导零可以省略，但每个分组至少要保留一位数字。

例如 IPv6 地址 2001:0DB3:0100:2400:0000:0000:0540:9A6B 可以写成：

2001:DB3:100:2400:0:0:540:9A6B

需要注意的是，只有前导零才可以省略，16 位分组中末尾的零不可以省略。如果省略掉末尾的零将会使 16 位分组的值变得不确定，因为无法确切地判断被省略的零的位置。

（2）一个或多个全零的 16 位分组可以用双冒号“::”来表示，但在一个地址中只能出

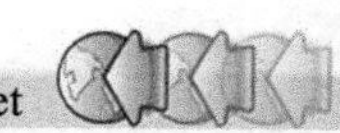

现一次。

同样是 IPv6 地址 2001:0DB3:0100:2400:0000:0000:0540:9A6B，还可以被简写成：

2001:DB3:100:2400::540:9A6B

但是双冒号“::”绝对不能够在一个地址中出现多次，否则将会造成 IPv6 地址的指代不唯一。

另外，在 IPv6 和 IPv4 混合环境中，IPv6 地址经常采用将低 32 位使用点分十进制的表示方法。例如 IPv6 地址 2001:DB3:100:2400::540:9A6B 可以写成：

2001:DB3:100:2400::5.64.154.107

2．IPv6 报头格式

IPv6 的报头格式要比 IPv4 的报头格式简单很多，在本章第 2 节中对 IPv4 的报头格式已经进行了介绍，在 IPv4 的报头中共有 12 个基本报头字段，加上选项字段，长度为 20～60 字节（根据选项字段的扩展应用不同，长度有所区别，最短为 20 字节）。而在 IPv6 的报头中，去掉了 IPv4 报头中一些不常用的字段，将其放到了扩展报头中。IPv6 的报头共有 8 个报头字段，长度固定为 40 字节。具体如图 5-21 所示。

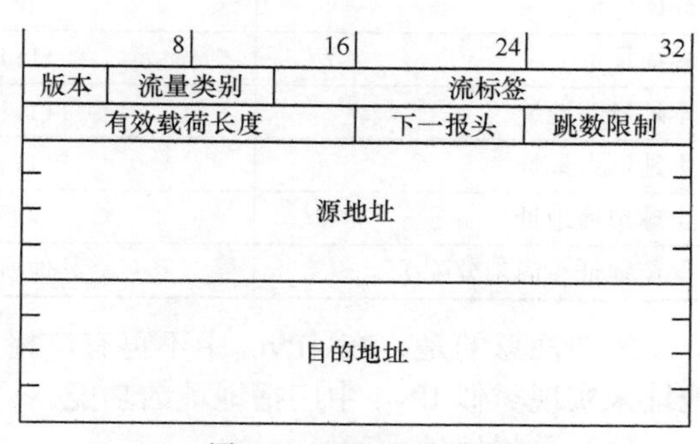

图 5-21　IPv6 报头格式

（1）版本：与 IPv4 中的“版本”字段相同，用来表示 IP 的版本。长度为 4bit，取值为 0110，表示 IP 的版本为 6。

（2）流量类别：相当于 IPv4 协议报头中的“服务类型”字段，该字段用区分业务编码点标记一个 IPv6 数据包，以指出数据包应如何处理。长度为 8bit。

（3）流标签：IPv6 协议独有的字段，长度为 20bit。该字段通过为特定的业务流打上标签来区分不同的流。从而为不同的数据流提供相应的服务质量需求，或在负载均衡的应用中确保属于同一个流的数据包总能被转发到相同的路径上去。目前，关于该字段仍然存在争论，在路由器上该字段目前被忽略。

（4）有效载荷长度：用来指定 IPv6 数据包所封装的有效载荷的长度，长度为 16bit，以字节进行计数。在 IPv4 中，由于其报头长度是可变的，因此要想得到 IPv4 数据包的有效载荷长度，必须用总长度字段的值减去报头长度字段的值。而 IPv6 的报头长度固定为 40 字节，因此单从有效载荷长度字段就可以得到有效载荷的起始和结尾。

（5）下一报头：跟在该 IPv6 数据报头后面的报头，长度为 8bit。与 IPv4 协议报头中的“协议”字段类似，但在 IPv6 中下一报头字段并不一定是上层协议报头（如 TCP、ICMP 等），还有可能是一个扩展的头部（如提供分段、源路由选择、认证等功能）。

（6）跳数限制：与 IPv4 协议报头中的 TTL 字段完全相同，长度为 8bit。定义了 IPv6 数据包在网络中所能经过的最大跳数。如果跳数限制的值减少为 0，则该数据包将被丢弃。

（7）源地址：标识发送方的 IPv6 地址，长度为 128bit。

（8）目的地址：标识接收方的 IPv6 地址，长度为 128bit。

需要注意的是，由于上层协议通常携带有错误校验和恢复机制，因此在 IPv6 报头中，不再包含校验相关字段。

3．IPv6 地址类型

IPv6 地址存在 3 种不同的类型：单播（Unicast）地址、任意播（Anycast）地址和多播（Multicast）地址。与 IPv4 的地址分类方法类似，IPv6 也使用起始的一些二进制位的取值来区分不同的地址类型。具体如表 5-7 所示。

表 5-7　IPv6 地址类型

地址类型	高位数字（二进制表示）	高位数字（十六进制表示）
不确定地址	00…0	::/128
环回地址	00…1	::1/128
多播地址	11111111	FF00::/8
本地链路地址	1111111010	FE80::/10
本地站点地址	1111111011	FEC0::/10
全球单播地址	001	2000::/3
保留地址（尚未分配）	其他所有地址	

需要注意的是，在 IPv6 中不再有广播地址，而是通过一个包含了"全部节点"的多播地址来实现类似 IPv4 中广播地址的功能。

（1）单播地址

单播地址用来表示单台设备。在 IPv6 中，单播地址可以分为以下几种。

① 全球单播地址

全球单播地址是指该地址在全球范围内唯一。它一般可以通过向上聚合，最终到达 ISP。全球单播地址的格式如图 5-22 所示。

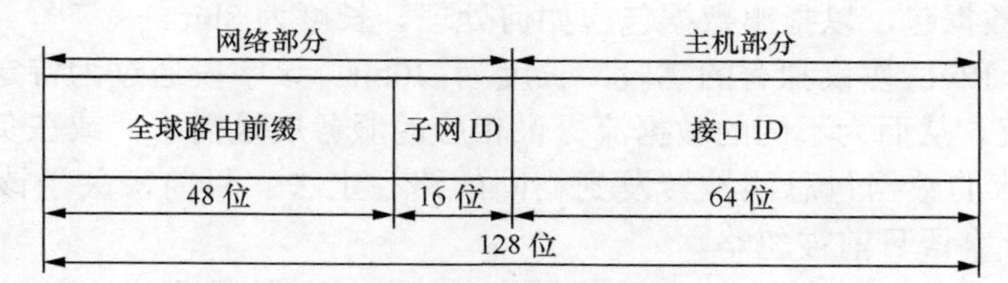

图 5-22　全球单播地址格式

全球单播地址通常由 48 位全球路由前缀、16 位子网 ID 和 64 位接口 ID 组成。全球单播地址由 Internet 地址授权委员会（Internet Assigned Numbers Authority，IANA）进行分配，使用的地址段为 2000::/3，它占全部 IPv6 地址空间的八分之一，是最大的一块分配地址。实际上，目前 IANA 将 2001::/16 范围内的 IPv6 地址空间分配给了 5 家地区 Internet 注册机构（Regional Internet Registries，RIR），而 RIR 通常会把长度为/32 或/35 的 IPv6 前缀分配给本地 Internet 注册机构（Local Internet Registries，LIR），LIR 再把更长的前缀（通常是/48）分配给自己的客户。

IPv6 地址中的子网 ID 部分位于网络部分，而不像 IPv4 将子网 ID 放到主机部分中。这样可以使所有的 IPv6 地址的主机部分长度保持一致，从而简化了地址解析的复杂度。子网 ID 部分长度固定为 16 位，可以提供 65536 个不同的子网。使用固定长度的子网 ID 虽然会

对地址造成一定的浪费，但是考虑到 IPv6 的地址空间的大小，这个浪费是可以接受的。

IPv6 地址中的主机部分称为接口 ID，如果一台主机拥有多个接口，则可以为每一个接口配置一个 IPv6 地址。事实上，一个接口也可以配置多个 IPv6 地址。接口 ID 部分长度固定为 64 位。

② 本地单播地址

与全球单播地址相对应，本地单播地址只是对特定的链路或站点具有本地意义。本地单播地址根据其应用范围可以分成两类。

a．本地站点地址

本地站点地址又称为地区本地单播地址，它的使用范围限定在一个地区或组织内部，仅保证在一个给定的地区或组织内部唯一，而在其他的地区或组织内的设备可以使用相同的地址。因此，本地站点地址仅在本区域内可路由。其功能与 IPv4 中定义的私有 IP 地址类似。使用的地址段是 FEC0::/10。

本地站点地址对于那些希望使用 NAT 技术维持自己网络独立于 ISP 的组织来说是非常有用的。但是由于本地站点地址在实际应用中存在一些问题，因此在 RFC3879 中已经明确不再赞成使用本地站点地址。

b．本地链路地址

本地链路地址又称为链路本地单播地址，它的使用范围限定在特定的物理链路上，仅保证在所在链路上唯一，而在其他链路上可以使用相同的地址。因此，本地链路地址离开其所在的链路是不可路由的。本地链路地址只是用于特定物理网段上的本地通信，如邻居发现等。使用的地址段是 FE80::/10。

当在一个节点上启用 IPv6 协议栈时，该节点的每个接口将自动配置一个本地链路地址。采用的方法是 MAC-to-EUI64 转换机制。在 MAC-to-EUI64 转换中，将在 48 位的 MAC 地址中间插入一个保留的 16 位数值 0xFFFE，并把其高字节的第 7 位，即全局/本地（Universal/Local，U/L）位设置为 1，从而获得一个 64 位的接口 ID。如图 5-23 所示。

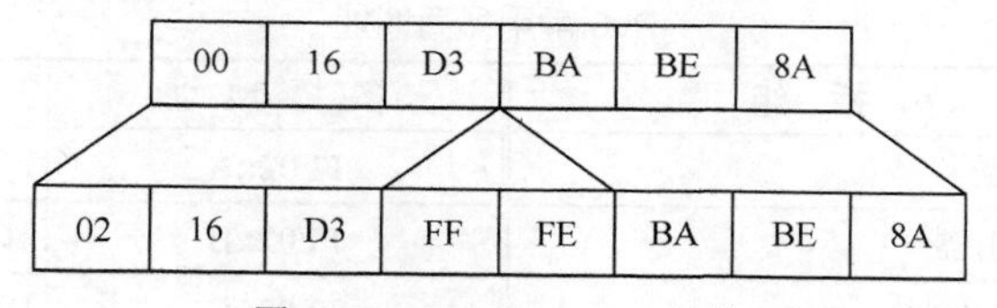

图 5-23　MAC-to-EUI64 转换

将 48 位的 MAC 地址 00-16-D3-BA-BE-8A 通过 MAC-to-EUI64 转换得到 64 位的接口 ID 为：0216:D3FF:FEBA:BE8A。将转换得到的接口 ID 加上本地链路地址的通用前缀 FE80::/64 就构成了一个完整的本地链路地址 FE80:: 0216:D3FF:FEBA:BE8A/64。

③ 环回地址

与 IPv4 的环回地址类似，用来向自身发送 IPv6 数据包来进行测试，不能分配给任何物理接口。但与 IPv4 分配了一个地址块不同，在 IPv6 中，环回地址仅有一个，为单播地址 0:0:0:0:0:0:0:1/128，即::1/128。

④ 不确定地址

不确定地址用来标识一个还未确定的实际 IPv6 地址。如在初始化主机时，在主机尚未获得自己的地址以前，在主机发送的 IPv6 数据包源地址字段需要使用不确定地址。不确定地址为 0:0:0:0:0:0:0:0/128，即::/128。

（2）任意播地址

任意播地址又称为泛播地址。任意播是一种一到最近点的通信。任意播的目的站是一组计算机，但来自用户的数据包在交付时只交付给这组计算机中的任意一个，通常是距离最近的一个。

任意播地址是根据其提供的服务功能来进行定义的，而不是根据它们的格式。从理论上说，任何一个 IPv6 单播地址都可以作为任意播地址来进行使用。要区分单播地址和任意播地址是不可能的。但实际上为了特定的用途，在每一个网段都保留了一个任意播地址，它由本网段的 64 位的单播前缀和全 0 的接口 ID 组成。该保留任意播地址也称为子网-路由器任意播地址。

（3）多播地址

多播地址用来标识一组接口，即一个多播组。目的地址为多播地址的数据包将会被发送到该多播地址标识的所有接口，是一种一对多的通信。一个多播组可能只有一个接口，也可能包含该网络上的所有接口。当包含所有接口时，实际上就是广播。IPv6 多播地址使用的地址段是 FF00::/8。具体的地址格式如图 5-24 所示。

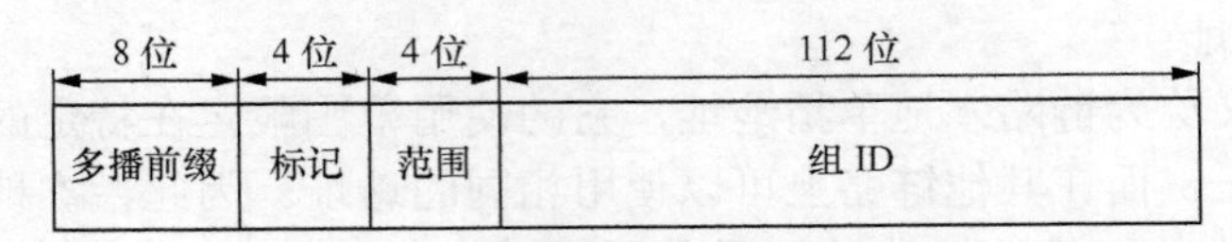

图 5-24　IPv6 多播地址格式

多播地址的最高 8 位是多播前缀，其取值为 8 位全 1，即 0xFF。多播前缀后跟的 4 位称为标记位，前 3 位设置为 0，第 4 位用来指示该地址是永久的、公认的地址（取值为 0），还是一个管理分配使用的暂时性的地址（取值为 1）。接下来的 4 位表示该地址的范围。IPv6 常用多播地址如表 5-8 所示。

表 5-8　IPv6 常用多播地址

多播地址	多播组	多播地址	多播组
FF02::1	所有的节点	FF02::A	EIGRP 路由器
FF02::2	所有的路由器	FF02::B	移动代理
FF02::5	OSPFv3 路由器	FF02::C	DHCP 服务器/中继代理
FF02::6	OSPFv3 指定路由器	FF02::D	所有的 PIM 路由器
FF02::9	RIPng 路由器		

5.6.2　IPv6 过渡策略

从网络发展趋势而言，IPv6 最终将取代 IPv4 成为网络层的主要协议。但是，IPv4 并不会一夜之间消失。事实上，从 IPv4 向 IPv6 的过渡将会持续很长的一段时间，在这段时间内 IPv6 将与 IPv4 共存。这就要考虑到如何在过渡期间实现 IPv6 网络与 IPv4 网络的兼容。目前为业界所接受的主要有 3 种不同的过渡策略：双协议栈、隧道封装和协议转换，下面主要介绍双协议栈和隧道封装两种。

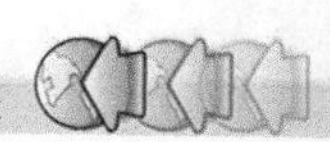

1．双协议栈

双协议栈（Dual Stack）是一种集成的方法，通过该方法，网络中的节点可以同时连接 IPv4 和 IPv6 网络。它需要将网络中的路由器、交换机以及主机等配置为同时支持 IPv4 和 IPv6 协议，并将 IPv6 作为优先协议。双协议栈节点根据数据包的目的地址选择使用的协议栈，在 IPv6 可用的时候，双协议栈节点将优先使用 IPv6。而旧的纯 IPv4 应用程序仍能像以前一样工作。

在传统的应用程序中，应用程序编程接口（API）一般仅提供对于 IPv4 协议的支持，因为应用本身调用的 API 函数只能够处理 32 位的 IPv4 地址。而在双协议栈节点上，应用程序必须被修改成能够同时支持 IPv4 和 IPv6 协议栈，使应用能够运行在 IPv4 上的同时，还能够调用具有 128 位地址处理能力的 API 函数，如图 5-25 所示。

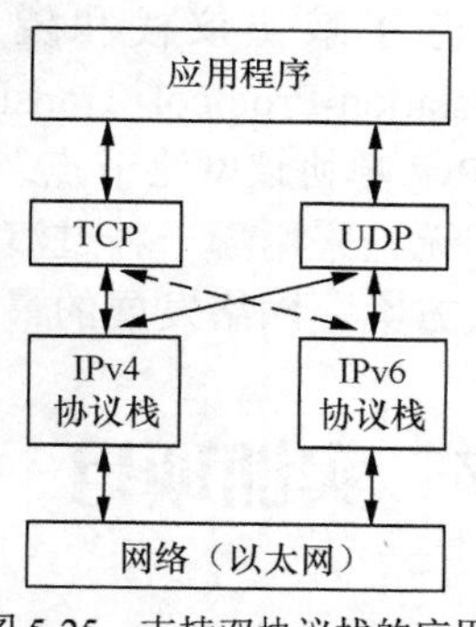

图 5-25　支持双协议栈的应用

应用程序在传输层使用 TCP 或者 UDP 进行封装，进入网络层后，可以根据需要任意选择 IPv4 或者 IPv6 协议栈来封装数据包，然后将数据包送往底层网络。需要注意的是对于使用 IPv4 协议封装的数据包，以太网帧的协议 ID 字段的值是 0x0800，而对于使用 IPv6 协议封装的数据包，以太网帧的协议 ID 字段的值是 0x86DD。

双协议栈是推荐使用的 IPv6 过渡策略，在双协议栈无法实现的情况下，则需要考虑使用隧道封装的方法来实现。

2．隧道封装（Tunneling）

在目前的网络中，主干网络仍然是基于 IPv4 来实现的，而 IPv6 网络更多的时候是以存在于 IPv4 网络海洋中的孤岛形式来出现。要实现与 IPv6 孤岛之间的通信，必然要使用现有的 IPv4 网络进行路由，而 IPv4 网络并不能识别 IPv6。解决的方法是在 IPv6 岛屿间的 IPv4 网络之上配置一条隧道，将 IPv6 数据包封装到 IPv4 数据包中进行传输，由 IPv6 岛屿与 IPv4 网络边缘的边界路由器来执行 IPv6 数据包的封装和解封装，如图 5-26 所示。

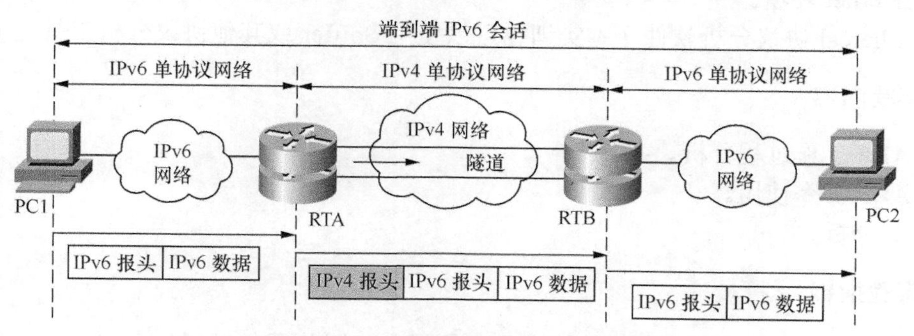

图 5-26　通过 IPv4 隧道传输 IPv6 数据包

PC1 和 PC2 所在的 IPv6 网络通过一个 IPv4 网络连接，在路由器 RTA 和 RTB 之间建立了一个传输 IPv6 数据包的 IPv4 隧道。在 PC1 要和 PC2 之间进行端到端的会话时，PC1 发送一个 IPv6 数据包，该数据包由 IPv6 报头和数据组成，其中 IPv6 报头封装的目的地址是

PC2 的 IPv6 地址。数据包通过 IPv6 网络被传送到作为隧道入口的边界路由器 RTA，RTA 将 IPv6 数据包使用 IPv4 协议再次封装，为其封装上一个不带选项的 20 字节 IPv4 报头，其中 IPv4 报头的协议类型字段指定为 41。IPv4 数据包通过 IPv4 网络最终发送到路由器 RTB，作为隧道的终点，RTB 对接收到的 IPv4 数据包进行解封装，并把解封装得到的 IPv6 数据包通过 IPv6 网络传送给目的主机 PC2，从而实现了 IPv6 孤岛之间的通信。从传输过程可以看出，IPv6 数据包在整个过程中没有发生任何改变。

隧道封装技术要求作为隧道边界的路由器 RTA 和 RTB 必须支持双协议栈。

除了双协议栈和隧道封装技术外，协议转换技术通过 NAT-PT（Network Address Translation-Protocol Translation）可以实现 IPv6 网络上的 IPv6 单协议网络节点和 IPv4 网络上的 IPv4 单协议网络节点之间的通信，但这种转换技术相对比较复杂，因此应用相对较少。

无论采用哪一种过渡策略，都只是在 IPv4 和 IPv6 共存阶段的暂时技术，而不是最终的解决方案。网络发展的最终目标是建立纯粹的 IPv6 网络架构。

5.7 实训项目

5.7.1 IP 和 ARP 分析

1. 实验学时

1 学时，实验组学生人数：1 人。

2. 实验目的

理解 IP 数据包，了解 ARP 工作过程。

3. 实验环境

（1）安装有 TCP/IP 通信协议的 Windows XP 系统 PC 机，每学生 1 台。
（2）Internet 环境。
（3）Ethereal 协议分析软件（本实训也可以使用 Sniffer 或其他协议分析工具完成）。

4. 实验内容

（1）ARP 工作过程分析。
（2）ARP 命令使用。
（3）IP 分析。

5. 实验指导

（1）启动 Ethereal 协议分析软件，启动开始抓包（不使用包过滤）。
（2）在 Windows“命令提示符”窗口中输入命令：arp –a。
如果 arp 地址映射表内有表项时，使用 arp –d * 命令删除所有表项。
（3）打开 IE 浏览器，在地址栏中输入一个网站地址。例如，输入 Http://www.baidu.com。

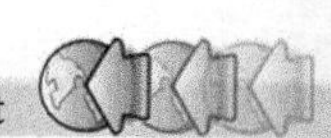

（4）在 Windows“命令提示符”窗口中输入命令 arp –a，查看 arp 地址映射表。

（5）在打开网站后，单击 Ethereal 窗口中的停止按钮，抓包结果如图 5-27 所示。

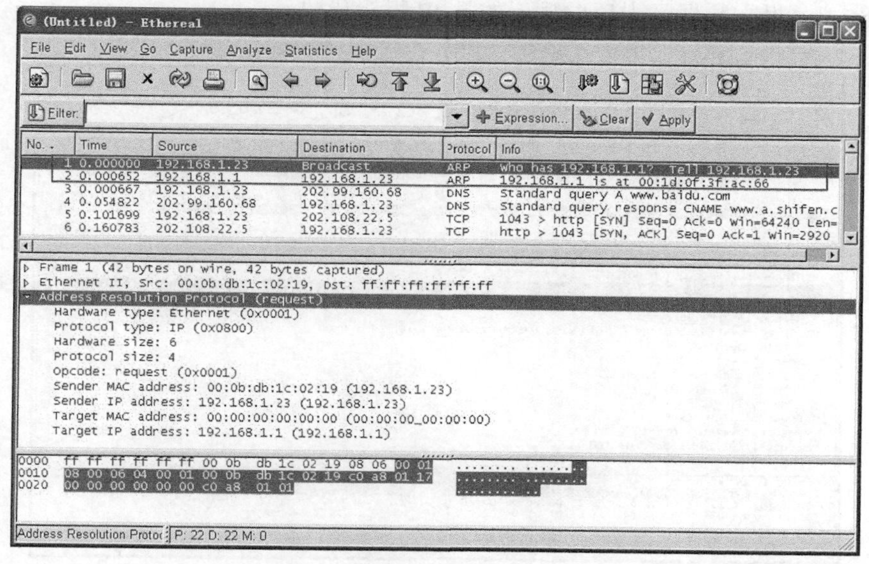

图 5-27 抓包结果

（6）ARP 地址解析过程分析。

从图 5-27 中可以看到，序号为 1、2 的两个报文就是 ARP 广播和 ARP 应答报文。Source 列表项中的是发送报文的源主机 IP 地址，Destination 列表项中的是该报文的目的主机 IP 地址。

在 Ethereal 窗口报文列表区中选中一个 ARP 报文，在协议分析区单击 Address Resolution Protocol 前面的三角图标展开 ARP 分析内容，报文数据区中反白显示的是 ARP 报文代码。

报文数据区中显示的代码是十六进制数据，分析时需要根据同步情况将十六进制数转换为二进制数或十进制数。

图 5-27 中的报文数据分析如下。

字节	内容	协议含义
1～2	00 01	硬件类型
3～4	08 00	协议类型（IP）
5	06	物理地址长度
6	04	IP 地址长度
5～8	00 01	操作类型（1—arp 请求）
9～14		源主机 MAC 地址
15～18		源主机 IP 地址（十六进制）
19～24		目的主机 MAC 地址（请求报文中为全“0”）
25～28		目的主机 IP 地址（十六进制）

依次选择第 1 个和第 2 个 ARP 报文，分析 ARP 地址解析过程。

（7）IP 分析。

在 Ethereal 窗口报文列表区中选中一个 TCP 报文，如图 5-28 所示，在协议分析区展开 Internet protocol，报文数据区中反白显示的是 IP 报头代码。

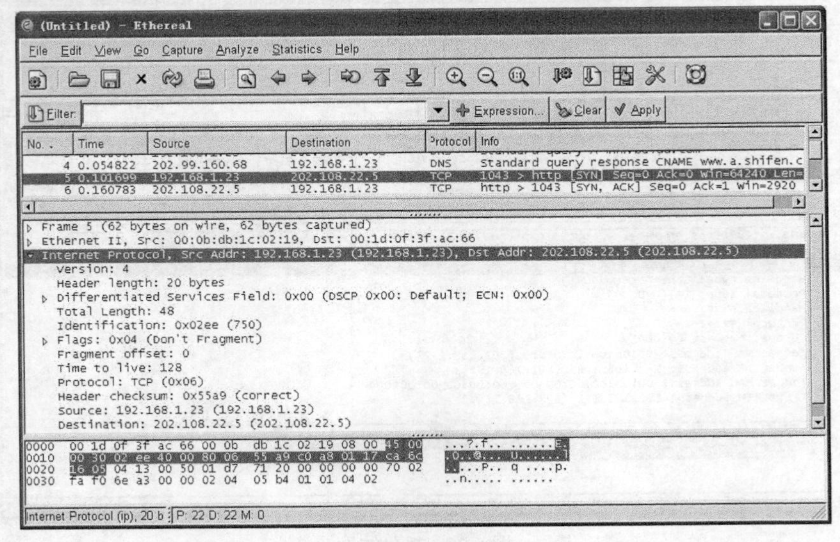

图 5-28　IP 报头

图 5-28 中的报文数据分析如下。

字节	内容	协议含义
1	45	版本与报头长度（IPv4，5*4=20 字节）
2	00	服务类型
3～4		总长度
5～8		标识、标志、片偏移量
9	80	生存时间（8*16=128 秒）
10	06	TCP
11～12		头校验和
13～16		源 IP 地址（十六进制）
15～20		目的 IP 地址（十六进制）

5.7.2　TCP 分析

1．实验学时

1 学时，实验组学生人数：1 人。

2．实验目的

练习 Ethereal 协议分析软件的使用，分析 TCP 建立连接过程。

3．实验环境

（1）安装有 TCP/IP 通信协议的 Windows XP 系统 PC，每学生 1 台。

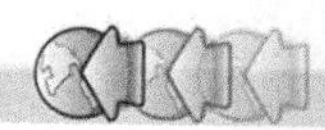

（2）Internet 环境。

（3）Ethereal 协议分析软件（本实训也可以使用 Sniffer 或其他协议分析工具完成）。

4．实验内容

（1）Ethereal 协议分析软件的使用。

（2）TCP 建立连接过程分析。

5．实验指导

（1）启动 Ethereal 协议分析软件，在菜单“capture”中选择“Start”，打开 captrue options 窗口，如图 5-29 所示。

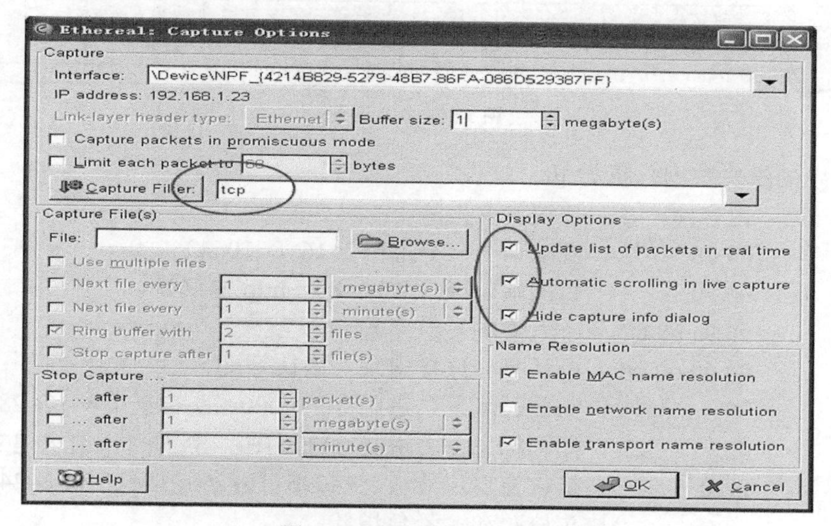

图 5-29 captrue options 窗口

（2）在 captrue Filter 列表框中输入“tcp”，即只抓取 TCP 报文。

（3）全部勾选 Display Options 中的复选框，单击“OK”按钮。

（4）打开 IE 浏览器，在地址栏中输入一个网站地址。例如，输入 Http://www.baidu.com。

（5）在打开网站后，单击 Ethereal 窗口中的停止按钮，抓包结果如图 5-30 所示。

从图 5-30 中可以看到，序号为 1、2、3 的 3 个报文就是 TCP 3 次握手建立连接过程。Source 列表项中的是发送报文的源主机 IP 地址，Destination 列表项中的是该报文的目的主机 IP 地址。

在 Ethereal 窗口报文列表区中选中一个报文后（反白显示），协议分析区是该报文的协议结构树，单击 Transmission Control Protocol 前面的三角图标可以展开传输层协议分析内容。在协议分析区中选中传输层协议后，报文数据区中反白显示的是报文（包括报头）代码数据。

报文数据区中显示的代码是十六进制数据，分析时需要根据同步情况将十六进制数转换为二进制数或十进制数。

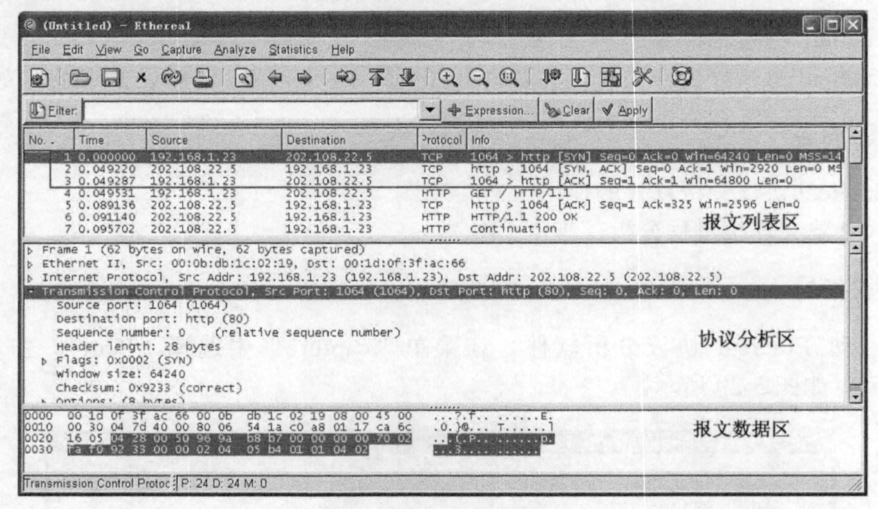

图 5-30　抓包结果

图 5-30 中的报文数据分析如下。

字节	内容	协议含义
1～2	04 28	源端口号（4*256+2*16+8=1064）
3～4	00 50	目的端口号（5*16=80，http 协议）
5～8	96 9a b8 b7	十六进制发送序号
9～12	00 00 00 00	确认号（连接请求，确认号=0）
13	70	头部长度，二进制 01110000，头部长度=4*7=28 字节
14	02	控制标志，二进制 00000010，SYN=1，请求建立连接
15～16	fa f0	接收窗口尺寸（15*4096+10*256+15*16+0=64240）
15～20		头校验和，紧急指针
21～22	02 04	MSS 协商，该选项长度=4 字节
23～24	05 b4	MSS 值（5*256+11*16+4=1460 字节）

依次选择第 2 个和第 3 个 TCP 报文，分析报文数据区中的 1～16 字节内容，就可以清楚看到 TCP 建立连接的 3 次握手过程。

5.7.3 FTP 文件传输

1．实验学时

1 学时，实验组学生人数：2 人。

2．实验目的

理解 FTP 文件传输过程，了解 FTP 命令的使用。

3．实验环境

（1）安装有 TCP/IP 通信协议的 Windows XP 系统 PC，每学生 1 台。

（2）Internet 网络环境。
（3）Serv-U 软件。

4．实验内容

（1）安装 Serv-U 软件，搭建简单的 FTP 服务器。
（2）用命令行的方式实现 FTP 文件传输。
（3）用浏览器方式访问 FTP 服务器。

5．实验指导

（1）安装 Serv-U 软件

每个同学都安装 Serv-U 软件，每组的两个同学互为 FTP 的服务器和客户端。

① 安装服务器软件 Serv-U6.4

Serv-U 是很常见的一款 FTP 服务器软件，我们以 6.4 版本为例介绍其安装设置过程（高版本功能更加强大，界面也更加复杂）。在因特网上下载 Serv-U6.4，其在任何 Windows 系统都能安装。在网上下载的一般都是一个压缩包，解压缩后运行 ServUAdmin.exe 文件，弹出如图 5-31 所示的界面，从中可以看到一个 Serv-U FTP 服务器已经启动。如果选中了"自动开始（系统服务）"对话框，以后 Windows 启动时，Serv-U FTP 服务器会自动开启。

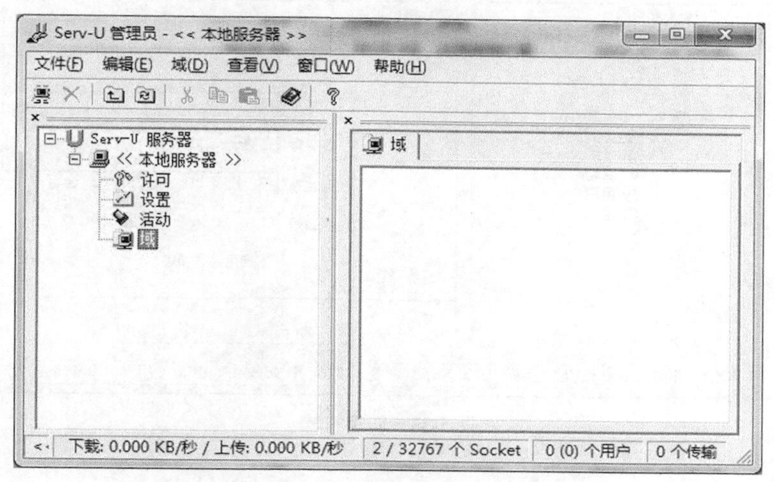

图 5-31　Serv-U6.4 服务器管理界面

② 在 Serv-U FTP 服务器中创建域

在 Serv-U FTP 服务器中，一个域对应一个 IP 地址和一个 TCP 端口号。在一个域中可以有多个用户，每个用户有自己的根目录，对每个用户自己根目录的访问权限可以单独设置。Serv-U 安装完成后，系统里并没有域，所以在使用 Serv-U FTP 服务器之前要先创建域。步骤如下。

- 在 Serv-U FTP 服务器控制台树窗口中右击"域"选项，在弹出的快捷菜单中选择"新建域"命令，打开如图 5-32 所示选择域 IP 地址的对话框。域 IP 地址一般选择主机的 IP 地址。
- 单击"下一步"按钮，在打开的对话框中要求输入域名。如果该 IP 地址在 DNS 服

务器中注册了域名，则要使用注册的域名，如果没有注册域名，则可以随意输入一个域名，在此我们随意输入“ftp.zyc”。单击“下一步”按钮，选择“域端口号”，默认为 21，一般不需要更改，接下来按提示操作即可，最后单击“完成”按钮，创建的域如图 5-33 所示。

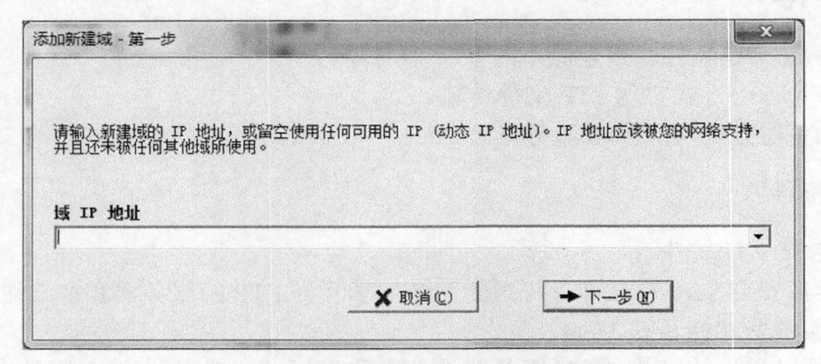

图 5-32　选择域 IP 地址

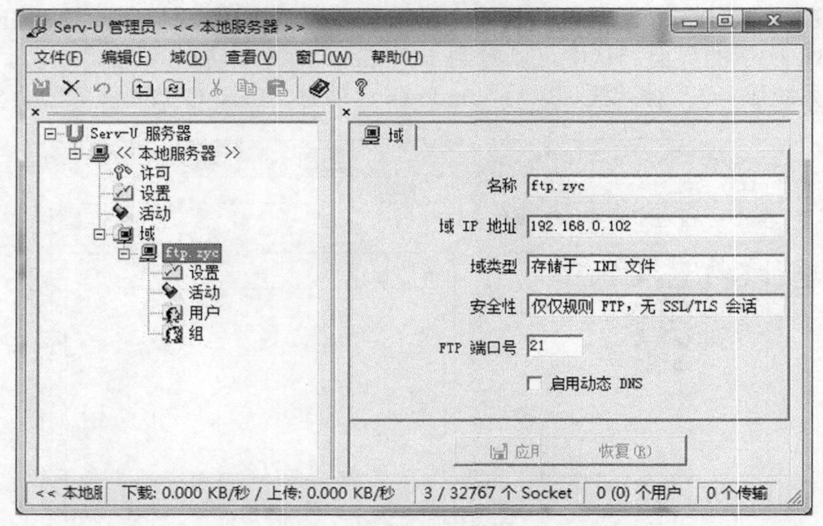

图 5-33　创建的域

③ 创建用户

如图 5-33 所示，在新创建的域内，右击“用户”选项，在弹出的快捷菜单中选择“新建用户”命令，打开“新建用户”对话框，依次设置用户（如 stu1）、密码（如 123）、主目录（如 F:\myweb），设置是否“将用户锁定于主目录”，一般选中此复选框，这样用户就只能访问自己的目录。用户创建完成如图 5-34 所示。

用同样的方法可以在此域中创建多个用户，每个用户都使用相同的 IP 地址和默认的端口号对自己的目录进行操作。

（2）用命令行的方式实现 FTP 文件传输

Serv-U FTP 服务器搭建好之后，同组的同学就可以使用设置好的用户名和密码传输文件了。

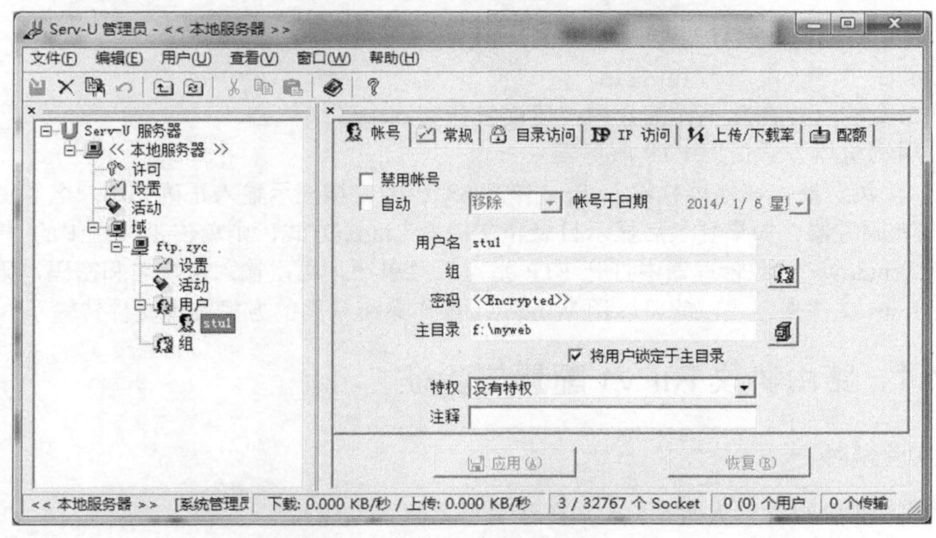

图 5-34　创建用户

例如本地 D 盘根下有一个名为 zyc 的文件夹。在“运行”对话框输入 CMD 命令，打开命令行对话框。

D:\Users\Administrator>cd \zyc　　　　将本地路径改为 D 盘 zyc 目录

D:\zyc>ftp 192.168.0.102　　　　连接到 serv-U 服务器

连接到 192.168.0.102。

220 Serv-U FTP Server v6.4 for WinSock ready...

用户(192.168.0.102:(none)): stu1

331 User name okay, need password.

密码:

230 User logged in, proceed.

ftp>

输入正确的用户名和密码，即可进入 FTP 文件传输模式。

FTP 命令有很多，下面介绍比较常用的几个。

- open　IP 地址/域名：连接到 FTP 服务器。
- dir　[remote-dir]　[local-file]：显示远程主机目录，并将结果存入本地文件 local-fileput。
- put　local-file　[remote-file]：将本地文件 local-file 传送至远程主机。
- put　local-file　[remote-file]：将本地文件 local-file 传送至远程主机。
- cd remote-dir：进入远程主机目录。
- lcd　[dir]：将本地工作目录切换至 dir。
- get　remote-file　[local-file]：将远程主机的文件 remote-file 传至本地硬盘的 local-file。
- mget　remote-files：传输多个远程文件。
- mkdir　dir-name：在远程主机中建一目录。
- close：中断与远程服务器的 ftp 会话(与 open 对应)。

- bye：退出 ftp 会话过程。
- quit：同 bye，退出 ftp 会话。

这些命令的运行在此不详细介绍，请读者在实践中仔细体会。

（3）用浏览器方式访问 FTP 服务器

打开 IE 浏览器，在地址栏输入 ftp://192.168.0.102，按提示输入正确的用户名和密码，即可登录 FTP 服务器。如果登录后显示目录和文件为 Linux 方式，则单击工具栏中的“页面”，选择“在 Windows 资源管理器中打开 FTP 站点”菜单项，再次输入用户名和密码，则页面显示为 Windows 文件夹方式，就可以用 Windows 操作系统常用的方式实现文件传输了。

5.7.4　路由协议 RIPv1 配置与验证

1．实验学时

2 学时，实验组学生人数：5 人（在路由器上配置完成）。

本实训可以在思科 Packet Tracer 模拟器上完成，实验组学生人数为 1 人，下面以思科 Packet Tracer 模拟器为例说明。

2．实验目的

理解 RIP 的工作过程，掌握 RIP 的基本配置。

3．实验环境

（1）安装有 TCP/IP 通信协议的 Windows XP 系统 PC，每学生 1 台。

（2）安装思科 Packet Tracer 模拟器。

4．实验内容

根据图 5-35 中分配的 IP 地址（其中“x”代表分组号）完成下列配置任务。

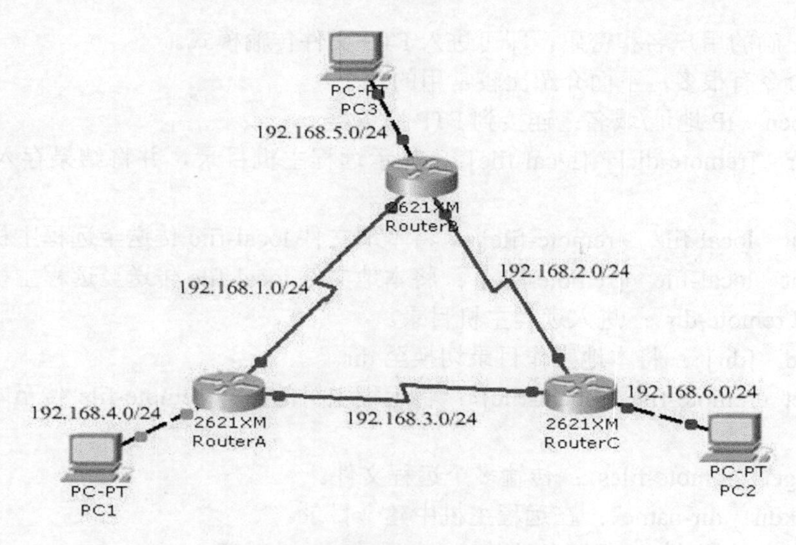

图 5-35　RIP 配置

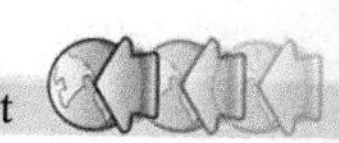

（1）完成路由器 A、路由器 B 和路由器 C 的端口 IP 地址配置，同步串行口时钟配置。

（2）完成路由器 A、路由器 B 和路由器 C 上的路由配置。

（3）完成 PC 上的 TCP/IP 属性配置。

5．实验指导

Packet Tracer 是由思科公司发布的一个辅助学习工具，为学习计算机网络课程的网络初学者去设计、配置、排除网络故障提供了网络模拟环境。学生可在软件的图形用户界面上直接使用拖曳方法建立网络拓扑，软件中实现的 IOS 子集允许学生配置设备，并可提供数据包在网络中行进的详细处理过程，观察网络实时运行情况。

Packet Tracer 的安装使用非常简单，在此对软件不做详细介绍，有兴趣的同学可上网查看 Packet Tracer 相应学习资料。本实验在 Packet Tracer 5.0 以上版本即可实现。

（1）按照图 5-35 所示实现网络设备连接。

（2）完成所有路由器的端口 IP 地址配置，同步串行口时钟配置。

以路由器 A 为例。

```
RouterA>enable
RouterA#configure terminal
Enter configuration commands, one per line.  End with CNTL/Z.
RouterA(config)#interface FastEthernet0/0
RouterA(config-if)#ip address 192.168.4.1 255.255.255.0
RouterA(config-if)#no shutdown
RouterA(config)#interface Serial0/0
RouterA(config-if)#ip address 192.169.3.1 255.255.255.0
RouterA(config-if)#clock rate 64000        ；路由器 A 的 S0/0 口为 DCE，需
要配时钟速率
RouterA(config-if)#no shutdown
RouterA(config-if)#
RouterA(config-if)#exit
RouterA(config)#interface Serial0/1
RouterA(config-if)#ip address 192.168.1.1 255.255.255.0
RouterA(config-if)#no shutdown
```

（3）路由器 B 和路由器 C 进行相应配置，3 台 PC 配置各自的 IP 地址。配置完成后，查看路由表。

```
RouterA#show ip route
Codes: C - connected, S - static, I - IGRP, R - RIP, M - mobile, B
- BGP
      D - EIGRP, EX - EIGRP external, O - OSPF, IA - OSPF inter area
      N1 - OSPF NSSA external type 1, N2 - OSPF NSSA external type 2
      E1 - OSPF external type 1, E2 - OSPF external type 2, E - EGP
      i - IS-IS, L1 - IS-IS level-1, L2 - IS-IS level-2, ia - IS-IS
inter area
```

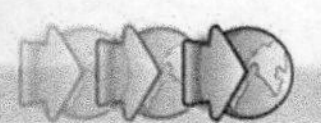


```
      * - candidate default, U - per-user static route, o - ODR
      P - periodic downloaded static route

   Gateway of last resort is not set

   C    192.168.1.0/24 is directly connected, Serial0/1
   C    192.168.4.0/24 is directly connected, FastEthernet0/0
   C    192.169.3.0/24 is directly connected, Serial0/0
```

可以看到，在路由器 A 的路由表中，只有直连路由。此时在主机 PC1 上 ping 主机 PC2。

```
   PC>ping 192.168.6.2

   Pinging 192.168.6.2 with 32 bytes of data:
   Reply from 192.168.4.1: Destination host unreachable.
   Reply from 192.168.4.1: Destination host unreachable.
   Reply from 192.168.4.1: Destination host unreachable.
   Reply from 192.168.4.1: Destination host unreachable.
   Ping statistics for 192.168.6.2:
       Packets: Sent = 4, Received = 0, Lost = 4 (100% loss),
```

发送 4 个数据包，全部丢失，显示目的主机不可达，表示不能够到达 PC2 所在网络。同理，可以 ping 其他接口，只要是非直连网络的地址都不能 ping 通，这是因为还没有配置网络间的动态路由。

（4）在路由器 A 上配置 RIP。

```
   RouterA(config)#router rip
   RouterA(config-router)#network 192.168.1.0
   RouterA(config-router)#network 192.168.3.0
   RouterA(config-router)#network 192.168.4.0
```

路由器 B 和路由器 C 进行相应配置，配置完成在路由器 A 上查看路由表。

```
   RouterA#show ip route
   Codes: C - connected, S - static, I - IGRP, R - RIP, M - mobile, B
- BGP
      D - EIGRP, EX - EIGRP external, O - OSPF, IA - OSPF inter area
      N1 - OSPF NSSA external type 1, N2 - OSPF NSSA external type 2
      E1 - OSPF external type 1, E2 - OSPF external type 2, E - EGP
      i - IS-IS, L1 - IS-IS level-1, L2 - IS-IS level-2, ia - IS-IS
inter area
      * - candidate default, U - per-user static route, o - ODR
      P - periodic downloaded static route

   Gateway of last resort is not set
```

```
C    192.168.1.0/24 is directly connected, Serial0/1
R    192.168.2.0/24 [120/1] via 192.168.1.2, 00:00:02, Serial0/1
                    [120/1] via 192.168.3.2, 00:00:05, Serial0/0
C    192.168.3.0/24 is directly connected, Serial0/0
C    192.168.4.0/24 is directly connected, FastEthernet0/0
R    192.168.5.0/24 [120/1] via 192.168.1.2, 00:00:02, Serial0/1
R    192.168.6.0/24 [120/1] via 192.168.3.2, 00:00:05, Serial0/0
```

可以看到，路由表中涉及了到达所有网络的路由。其中，到达 192.168.2.0/24 的网络具有两条等价路由，跳数都是 1，思考一下：为什么是这样？同理，可以在路由器 B 和路由器 C 上查看路由表，是相似的。此时，此时在主机 PC1 上 ping 主机 PC2。

```
PC>ping 192.168.6.2

Pinging 192.168.6.2 with 32 bytes of data:
Reply from 192.168.6.2: bytes=32 time=9ms TTL=126
Reply from 192.168.6.2: bytes=32 time=15ms TTL=126
Reply from 192.168.6.2: bytes=32 time=7ms TTL=126
Reply from 192.168.6.2: bytes=32 time=11ms TTL=126
Ping statistics for 192.168.6.2:
   Packets: Sent = 4, Received = 4, Lost = 0 (0% loss),
Approximate round trip times in milli-seconds:
   Minimum = 7ms, Maximum = 15ms, Average = 10ms
```

发送了 4 个数据包，全部到达，此时网络连通。

小结

1．Internet 是一个计算机交互网络，采用 TCP/IP 进行通信。TCP/IP 是一个应用协议簇，其中网际层的协议有 Internet 协议（IP）、地址解析协议（ARP）、Internet 控制报文协议（ICMP）及 Internet 组管理协议（IGMP）等，传输层的协议有传输控制协议（TCP）和用户数据报协议（UDP）。

2．IP 地址是 Internet 主机的唯一标识，常用的 IP 地址有 A 类、B 类和 C 类。当一个网络由若干小网络组成时，可以利用子网地址区分这些子网，而不用为每个子网申请一个 IP 地址。子网地址可用子网掩码来表示。为了进一步节约 IP 地址，因特网采用路由汇聚（CIDR）技术。

3．DNS 服务器完成域名地址和 IP 地址的转换，其结构采用层次化结构方式。

4．Internet 的基本应用包括 WWW、FTP、Telnet 和 E-mail 服务等。Internet 采用的路由选择协议包括内部网关协议（IGP）和外部网关协议（EGP）。IGP 常用的有路由信息协议（RIP）和开放最短路径优先协议（OSPF）。

5．RIP 以跳数作为唯一度量，适用于小型网络；OSPF 协议以开销作为度量，各路由器

独立计算路由，在路由器中生成网络的链路状态数据库，适用于大型网络。

6．IPv6 具有 128 位地址空间，是解决 IP 地址紧张的根本方式。

思考题与练习题

5-1　什么是 TCP/IP？在 TCP/IP 簇中包含了哪些协议？

5-2　试简单说明 ARP 和 ICMP 的作用及 ARP 的工作原理。

5-3　分类的 IP 地址共有几类？各类如何表示？分别适用于哪些网络？

5-4　IP 地址 202.206.110.68/28 的网络地址是什么？

5-5　一个数据报长度为 6 000 字节（固定首部长度）。现在经过一个网络传送，但此网络能够传送的最大数据长度为 1 200 字节。试问应当划分为几个短些的数据报片？各数据报片的数据字段长度、片偏移字段和 MF 标志应该为何数值？

5-6　有以下 3 个 IP 地址，128.26.188.15、21.36.240.70、200.3.160.41，请分别说明其网络类别及子网掩码。

5-7　什么是无分类编址（CIDR）？

5-8　简述多条路由进行路由聚合的要求。

5-9　已知存在 172.16.0.0/24、172.15.0.0/24、172.18.0.0/24、172.19.0.0/24、172.20.0.0/24、172.21.0.0/24、172.22.0.0/24、172.23.0.0/24 共 8 条路由，请给出路由汇聚后的汇总路由。

5-10　试述 TCP 和 UDP 的区别。

5-11　Internet 的域名结构是怎样的？什么是域名系统？

5-12　什么是统一资源定位符（URL）？

5-13　简述 SMTP 通信的过程。

5-14　POP 和 IMAP 有何区别？

5-15　什么是内部网关协议？什么是外部网关协议？

5-16　试简述路由协议 RIP、OSPF 和 BGP 的主要特点。

5-17　RIPv1 和 RIPv2 有何区别？

5-18　IPv6 的地址空间有多大？IPv6 的过渡策略有几种，分别是什么？

第 6 章 局域网

【本章内容】

- 局域网的基本概念、拓扑结构和参考模型。
- 共享式以太网、交换式以太网及虚拟局域网的结构及组建。
- 局域网设备。
- 局域网规划设计。
- 局域网配置命令。
- 局域网仿真设计。

【本章重点、难点】

- 共享式以太网和交换式以太网的构建。
- 局域网配置命令。
- 局域网仿真设计。

【本章学习的目的和要求】

- 掌握共享式以太网和交换式以太网的构建。
- 掌握构建局域网所需设备的功能、原理。
- 掌握 CLI 命令配置技巧。
- 掌握局域网规划设计思路。
- 掌握交换机组建局域网方案。
- 掌握 VLAN 划分及规划。
- 了解局域网的基本结构、参考模型和 CSMA/CD 访问控制协议。

6.1 局域网概述

6.1.1 局域网概念

计算机网络是指将地理位置不同的具有独立功能的多台计算机及其外部设备，通过通信线路连接起来，在网络操作系统、网络管理软件及网络通信协议的管理和协调下，实现资源共享和信息传递的计算机系统。

计算机网络根据跨越的距离可分为以下 3 类。

- 局域网（LAN）：距离一般在 10km 以内。
- 城域网（MAN）：大多数 MAN 距离在 50km 以内。

- 广域网（WAN）：距离在几百 km，甚至几千 km。

1．局域网概念

局域网（Local Area Network，LAN），是一种在有限的地理范围内将大量 PC 及各种设备互连在一起，实现数据传输和资源共享的计算机网络，一般情况下，某单位或某组织建设的完成单位内部数据交互的数据通信网就是局域网。

LAN 技术是只包括 OSI 参考模型中的数据链路层和物理层的网络技术。在 LAN 技术中，物理层设备和通信线路都是用户自备的，LAN 中的数据传输速率很高，但网络通信距离较短，所以 LAN 只能覆盖较小的地理范围。

由于 LAN 技术中只包括 OSI 参考模型中的数据链路层和物理层，所以 LAN 只能完成 LAN 内部的通信。如果需要和其他 LAN 通信，就必须依靠网络层以及上层协议软件和设备的支持。即便在 LAN 内部，没有上层协议软件的支持，网络应用也比较困难，所以 LAN 中的计算机都安装了 TCP/IP 软件。LAN 技术在网络通信中只是完成网络层以下的通信任务，其他网络功能是依靠高层通信协议软件完成的。在 LAN 中的一台计算机上，高层协议是 TCP/IP，网络接口层下面是 LAN 技术，即网络层以下协议是 LAN 中的传输协议。

目前 LAN 的使用已相当普遍，其主要用途是：共享打印机、绘图机等费用很高的外部设备，通过公共数据库共享各类信息，计算机用户之间交互、协同工作、资源共享等。

2．局域网的特点

局域网具有以下特点。

（1）网络所覆盖的地理范围比较小，仅用于办公室、机关及学校等内部联网，一般局限于 0.1～10km，最大不超过 25km。

（2）传输速率高，传输时延小，且误码率低。局域网传输速率一般为 0.1～100Mbit/s，目前已出现传输速率高达 Gbit/s，甚至更高的局域网，可交换各类数字和非数字（语音、图像及视频等）信息，而误码率一般为 10^{-11}～10^{-8}。这是因为局域网通常采用短距离基带传输，可以使用高质量的传输介质，从而提高了数据传输质量。

（3）局域网一般为一个单位或组织建设和拥有，易于管理和维护。

3．局域网的硬件组成

局域网的硬件由 3 部分组成，即传输介质（同轴电缆、双绞线、光纤、无线介质等）、工作站和服务器、局域网交换机（集线器）。

为了使网络正常工作，除了网络硬件外，还必须有相应的网络协议和各种网络应用软件，构成完整的网络系统。

4．局域网标准

局域网出现以后，发展迅速，类型繁多。1980 年 2 月，美国电气和电子工程师学会（IEEE）专门成立了 IEEE 802 委员会，从事局域网标准的制定工作，致力于研究局域网和城域网的物理层和数据链路层介质访问规范。后来，ISO 经过讨论，建议将 IEEE 802 标准定为局域网国际标准。

IEEE 802 规范定义了网卡如何访问传输介质（光缆、双绞线、无线等），以及如何在传输介质上传输数据的方法，还定义了传输信息的网络设备之间连接建立、维护和拆除的途径。遵循 IEEE 802 标准的产品包括网卡、桥接器、路由器以及其他一些用来建立局域网络的组件。目前比较常用的局域网标准有：

IEEE 802.1A——局域网体系结构；

IEEE 802.1B——寻址、网络互联与网络管理；

IEEE 802.2——逻辑链路控制（LLC）；

IEEE 802.3——CSMA/CD 访问控制方法与物理层规范；

IEEE 802.3i——10Base-T 访问控制方法与物理层规范；

IEEE 802.3u——100Base-T 访问控制方法与物理层规范；

IEEE 802.3ab——1000Base-T 访问控制方法与物理层规范；

IEEE 802.3z——1000Base-SX 和 1000Base-LX 访问控制方法与物理层规范；

IEEE 802.4——Token-Bus 访问控制方法与物理层规范；

IEEE 802.5——Token-Ring 访问控制方法；

IEEE 802.6——城域网访问控制方法与物理层规范；

IEEE 802.7——宽带局域网访问控制方法与物理层规范；

IEEE 802.8——FDDI 访问控制方法与物理层规范；

IEEE 802.9——综合数据话音局域网；

IEEE 802.10——网络安全与保密；

IEEE 802.11——无线局域网访问控制方法与物理层规范；

IEEE 802.15——无线个人局域网；

IEEE 802.16——无线城域网；

IEEE 802.20——移动宽带无线接入；

6.1.2　局域网拓扑结构

1．LAN 拓扑结构

网络拓扑结构是网络上节点的几何或物理布局。节点用电缆段连在一起。将参与 LAN 工作的各种设备用媒体互连在一起有多种方法，实际上只有几种方式能适合 LAN 的工作。目前大多数 LAN 使用的拓扑结构有 3 种，即星形拓扑结构、环形拓扑结构和总线型拓扑结构。

（1）星形拓扑结构

星形拓扑结构是由各节点通过点到点的链路连接到中央节点组成的，图 6-1 所示为目前使用最普遍的以太网（Ethernet）星形结构。处于中心位置的网络设备称为集线器，英文名为 Hub。

这种结构便于集中控制，因为各端节点之间的通信必须经过中心节点。由于这一特点，也带来了易于维护和安全等优点。在 Hub 上增删节点不需要中断网络。端节点因为故障而停机时也不会影响其他端节点间的通信。但这种结构的缺点是中央节点必须具有极高的可靠性，因为中央节点一旦损坏，整个系统便趋于瘫痪。而且由于每个节点直接和中央节点相连，初次布线时需要大量的电缆。

星形网络拓扑结构的一种扩充便是星形树，如图 6-2 所示。每个 Hub 与端用户的连接仍为星形，Hub 的级连而形成树。然而，Hub 级连的个数是有限制的，并随厂商的不同而有变化。

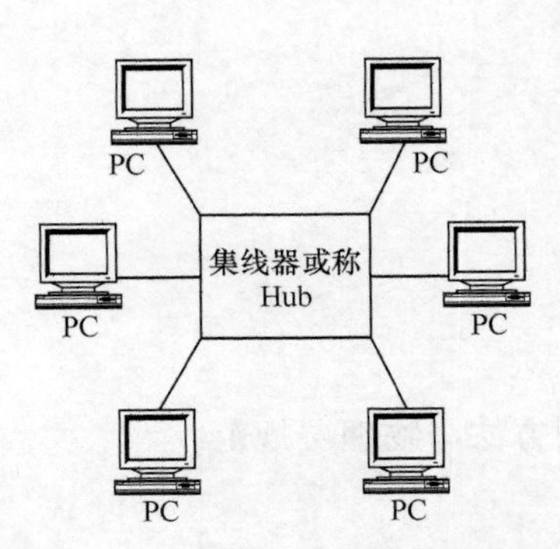

图 6-1　以 Hub 为中心的星形拓扑结构图

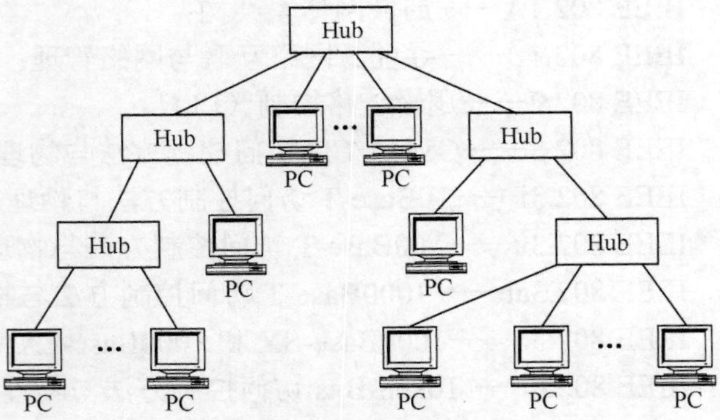

图 6-2　星形树拓扑结构图

以 Hub 构成的网络结构，虽然呈星形布局，但它使用的访问媒体机制却仍是共享媒体的总线方式。

（2）环形拓扑结构

环形拓扑结构是一种所有节点都分别连到与它相邻的两个节点，以形成闭合的环路的网络，如图 6-3 所示。这种结构显然消除了节点之间通信时对中央节点的依赖性。

环形结构的特点是每个节点都与两个相临的节点相连，因而存在着点到点链路，但信号总是沿环的单向（通常是顺时针）传播。数据沿环发送，中间节点接收到数据，然后以同一速率向下一节点发送，一直到达所期待的节点为止。因此，如果环的某一点断开，环上所有节点间的通信便会终止。为克服这种网络拓扑结构的缺点，会采用双环拓扑。每个节点同时连接到两个环上，但通常只有主环工作。当主环有故障时，自动转到备用环上。

（3）总线型拓扑结构

总线型拓扑结构是使用同一媒体或电缆连接所有节点的一种方式，也就是说，连接端用户的物理媒体由所有设备共享，如图 6-4 所示。

这种结构具有费用低，数据端用户入网灵活，某个节点故障不影响其他节点通信的优点，而且使用的电缆量很少。缺点是：一次仅能一个端用户发送数据，其他端用户必须等待获得发送权；媒体访问获取机制较复杂；如果干线链路有故障，将会破坏网络上所有节点的通信；当向总线增加节点时需要断开电缆，停止网络工作；探测电缆故障时，要求研究整个电缆。

2. LAN 传输介质

LAN 中计算机之间的距离较短，被限制在较小的地理空间中，所以可以采用多种传输介质连接不同的计算机，目前常用的有同轴电缆、双绞线和光缆等有线传输介质，还有射频、微波或者红外线等无线传输介质。下面只对常用的传输介质做进一步的介绍。

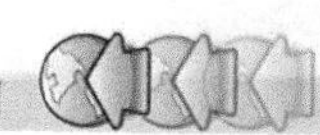

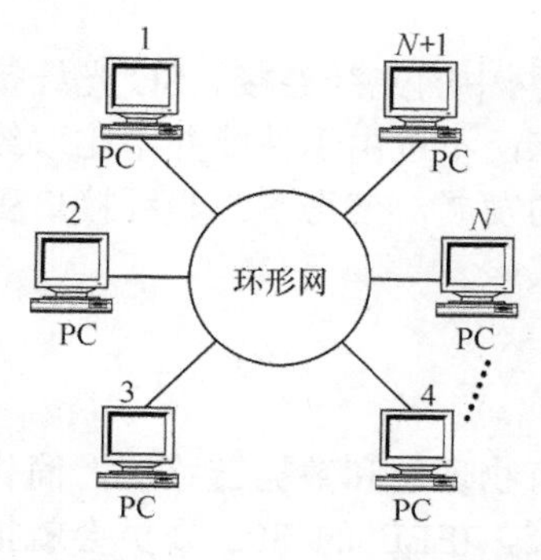

图 6-3　环形拓扑结构图

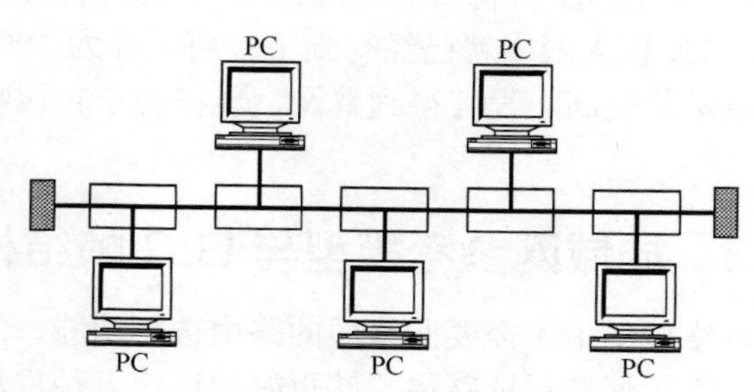

图 6-4　总线形拓扑结构图

（1）同轴电缆

同轴电缆可分为粗同轴电缆和细同轴电缆两种。在 LAN 的发展过程中，首先使用的是粗同轴电缆，其直径近似 13mm（$\frac{1}{2}$英寸），特性阻抗为 50Ω。由于这种电缆很重，存在安装不便以及价格高等缺点，随后出现了细缆，其直径为 6.4mm（$\frac{1}{4}$英寸），特性阻抗也是 50Ω。使用粗缆构成的以太网称为粗缆以太网，使用细缆的以太网称为细缆以太网。现在，用这两种传输介质构建的以太网有 10Base-5（粗缆）和 10Base-2（细缆）。Base 前面的数字“10”表示数据传输速率为 10Mbit/s，而后面的数字 5 或 2 表示每一段电缆的长度为 500m 或 200m（实际上是 185m）。

（2）双绞线

双绞线是 LAN 中广泛使用的传输介质，根据组成双绞线的两根铜线是否屏蔽，可将双绞线分为屏蔽双绞线（STP）和无屏蔽双绞线（UTP）。目前广泛使用的是 UTP，在 100Base-T 和 100Base-TX 标准以太网中，传输介质都使用 UTP。对于 10Base-T 标准以太网，使用三类以上 UTP 都可以；但对于 100Base-TX 标准以太网，必须使用五类以上 UTP。现在市场上的 UTP 多是五类、超五类或六类的。双绞线的最大传输距离为 100m。

（3）光缆

光缆是目前计算机网络和电信网络最好的传输介质，全世界绝大多数广域网络主干线都采用了光缆作为传输介质，而且正在广泛应用于 LAN 的主干网上。光纤与前两种传输介质最基本的差别是光纤传输的信息是光束，而非电气信号。因此，光纤传输的信号不受电磁的干扰。光缆中的光纤可支持高频信号远距离传输，因此适合传输超高速（如 10Gbit/s）信号。

3．LAN 接口

常见的局域网接口有 AUI、RJ-45 和 SC 等。

AUI 接口是用来与粗同轴电缆连接的接口，它是一种“D”型 15 针接口，在令牌环网或总线型网络中是一种比较常见的接口之一。

RJ-45 接口是常见的双绞线以太网接口，在 10Base-T 以太网、100Base-TX 以太网、

1000Base-TX 以太网中都可以使用。

SC 端口为工程塑料材质的标准方形卡式接口，用于局域网中的光纤连接。SC 光纤接口在 100Base-TX 以太网中就已经得到了应用，称为 100Base-FX，不过由于性能并不比双绞线突出，但成本却较高，没有得到普及，现在由于吉比特网络的发展，使得 SC 光纤接口受到重视。

6.1.3 局域网参考模型与 LLC 帧结构

局域网络体系中不需要网络层的路由选择功能，所以只有物理层和数据链路层，简化了网络控制。为了使数据链路层能够更好地适应多种局域网标准，IEEE 的 802 委员会就把局域网的数据链路层拆分为两个子层，即逻辑链路控制（Logical Link Control，LLC）子层和媒体接入控制（Medium Access Control，MAC）子层。与接入到传输介质有关的内容都放在 MAC 子层，不同的局域网可采用不同的 MAC 子层，而 LLC 子层则与传输介质无关，所有局域网的 LLC 子层均是一致的，LLC 子层的主要功能是提供一个或多个相邻层之间的逻辑接口，称为服务访问点（SAP）。有了 LLC 子层，无论在物理网络上采用什么样的控制方式完成数据报文的传输，LLC 子层得到的只是协议报文，上层协议只是和 LLC 层发生关系，通过 LLC 子层向上层协议屏蔽了物理网络的差异。

1．局域网参考模型

局域网参考模型如图 6-5 所示，为了比较对照，将 OSI 参考模型画在旁边。其低两层一般由硬件实现（一般是网卡），高层则由软件实现。

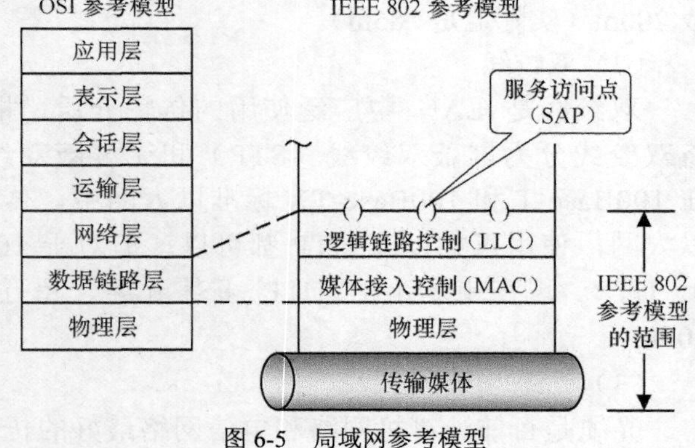

图 6-5　局域网参考模型

局域网的物理层负责比特流的曼彻斯特编码与译码（局域网一般采用曼彻斯特码传输），为进行同步用的前同步码的产生与去除，比特流的传输与接收。

局域网中数据链路层分为 LLC 子层和 MAC 子层，与之相对应的帧是 LLC 帧和 MAC 帧。在 LLC 子层，当高层协议数据单元（PDU）传到 LLC 子层时，LLC 子层会将 PDU 加上头部构成 LLC 帧，再向下传递给 MAC 子层，同样 MAC 子层会将 LLC 帧作为 MAC 的数据字段，加上头部和尾部构成 MAC 帧。

在一个站的 LLC 子层上面一般有多个 SAP，因为一个站中可能同时有多个进程在运行，与其他一些进程进行通信，当一个 LLC 层有很多 SAP 时，不同的用户可以使用不同的 SAP，在一个 LAN 上互不干扰地同时工作，所以多个 SAP 可以复用一条数据链路，以便向多个进程提供服务。一个用户可以同时使用多个 SAP，而一个 SAP 同时只能为一个用户所使用。

2．LLC 帧结构

LLC 帧结构是在 HDLC 帧结构上发展的，LLC 帧也分为信息帧、监控帧和无编号帧。

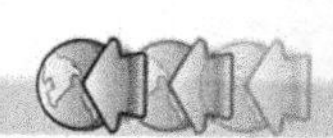

由于 LLC 帧还要封装到 MAC 帧中，所以它没有标志字段和帧校验序列字段。LLC 帧结构共有 4 个字段，即目的服务访问点（Destination Service Access Point，DSAP）、源服务访问点（Source Service Access Point，SSAP）、控制字段和数据字段，如图 6-6 所示。

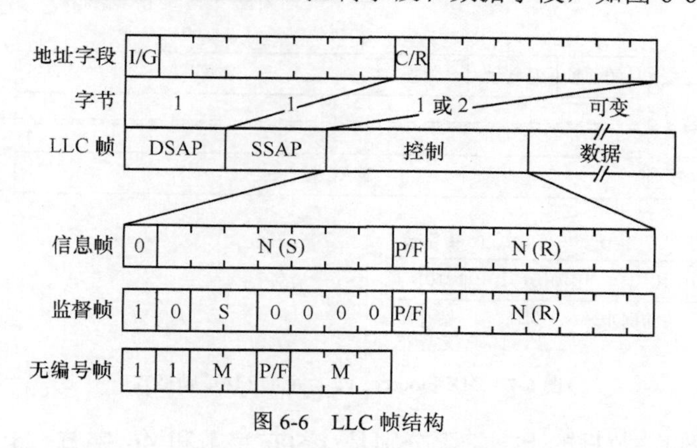

图 6-6　LLC 帧结构

地址字段：占两个字节，DSAP 和 SSAP 各占一个字节。

控制字段：LLC 帧分为信息帧、监控帧和无编号帧，可以用控制字段来区分。若控制字段的第一位为“0”，则是信息帧；若控制字段的前两位是“10”，则此帧为监控帧；若控制字段的前两位是“11”，则此帧为无编号帧。

数据字段：长度没有限制，但应是整数个字节。因 MAC 帧的长度受限制，所以 LLC 帧的长度实际上也是受限制的。

6.1.4　以太网概述

在局域网产品中，以太网是最具生命力的。以太网是美国施乐（Xerox）公司的 Palo Alto 研究中心于 1975 年研制成功的。在 1982 年修改发表了第 2 个版本——DIX Ethernet V2，IEEE 802.3 标准也是在此基础上制定的，以太网帧也写作 Ethernet Ⅱ帧。

1．以太网帧结构

DIX Ethernet V2 标准的 MAC 帧格式如图 6-7 所示。网络层将分组或 IP 数据报交给以太网后，以太网在分组或 IP 数据报外面封装以太网协议信息组成数据帧，通过物理线路传递到下一节点。以太网是广播式网络，在以太网上传输的数据帧中包含源主机物理地址和目的主机物理地址。

- 前同步码：7 字节的 10101010，用于实现时钟同步。
- 帧开始定界符：1 字节的 10101011，表示帧的开始，通知接收方后面开始是数据，准备接收。
- 目的地址：6 字节的目的主机物理地址。
- 源地址：6 字节的源主机物理地址。
- 类型：2 字节，表示接收该帧的上层协议类型。例如：0800H，表示 IP；0806H，表示 ARP。
- 数据：46～1 500 字节的数据，数据部分若不足 46 字节，需补加填充字节。

● FCS：4 字节的 CRC 帧校验码。

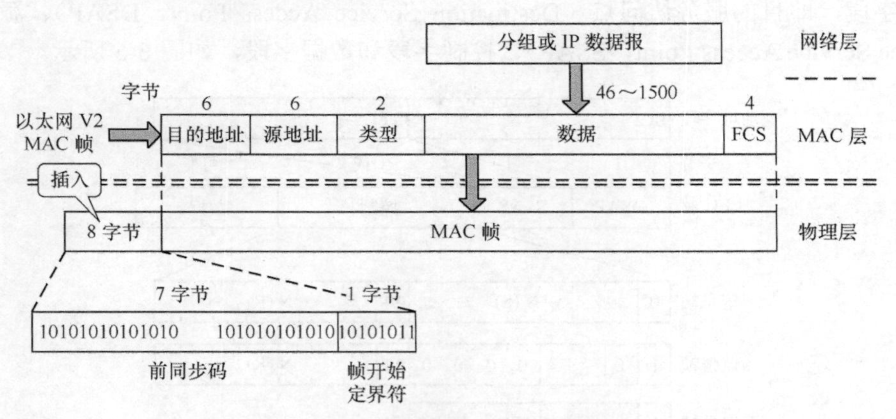

图 6-7　DIX Ethernet V2 标准的 MAC 帧格式

从图 6-7 中可知，数据的上、下限分别是 1 500 字节和 46 字节。上限用于防止一次传输独占传输介质时间过长，下限用来确保冲突检测技术正常工作。一个 MAC 帧的大小必须大于等于一个最小帧长度，以使一个发送站点可以在发送帧结束之前检测到冲突。

以太网帧中的地址是物理地址（MAC 地址），一般使用 6 字节的十六进制数表示。以太网是广播式网络，以太网帧中的目的地址有以下 3 种形式。

① 单点地址：目的地址是某个主机的物理地址，只有目的主机接收该数据帧。

② 广播地址：目的地址是 FF,FF,FF,FF,FF,FF（全“1”），网络内所有主机都接收该数据帧。

③ 多播（组播）地址：目的地址是 01,00,5E,00,00,00～01,00,5E,7F,FF,FF。参加了多组播的主机接收多播数据帧。

IEEE 802.3 标准也称为“以太网”标准，但 IEEE 802 标准中将数据链路层划分成了 MAC 子层和 LLC 子层，所以 IEEE 802.3 标准的帧格式和以太网帧格式稍有不同。在 IEEE 802.3 标准的帧格式中，相对于图 6-7 中的以太网帧格式的“类型”字段是 2 字节的“长度”字段，表示数据字段的长度，上层协议的类型包含在数据字段的 LLC 头部中，如图 6-8 所示。可见实际上以太网的 DIX Ethernet V2 和 IEEE 802.3 略有区别。严格来说，以太网是符合 DIX Ethernet V2 标准的局域网，但在实际应用中，由于局域网产品几乎都是以太网，所以通常并不严格地区分它们。实际上，在以太网中的 LLC 子层是被删除了的。

2. 以太网介质访问控制协议

MAC 子层是在传输介质上完成数据传输的控制方法。基于 802.3 标准的以太网是共享总线型的广播式网络，那么一个重要的问题就是解决如何协调总线上各计算机的工作。在共享式以太网中，由于网络中的所有计算机共享一条总线，网络在同一时间只能允许一台计算机发送数据，其他计算机只能接收数据，否则各计算机之间就会相互干扰，造成所有用户都无法正常通信。

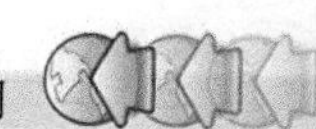

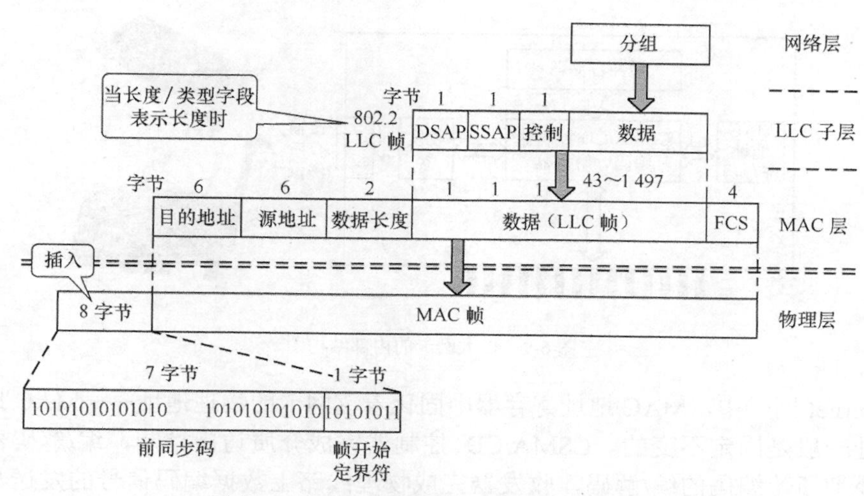

图 6-8 IEEE 802.3 标准规定的 MAC 帧格式

以太网解决的方案是采用载波监听多点接入/碰撞检测（Carrier Sense Multiple Access with Collision Detection，CSMA/CD）协议。该协议的算法中包含了以下 3 层含义。

- 载波监听 CS：监听网络上是否有信息传输以决定是否可以发送信息。
- 多点接入 MA：说明是总线型网络，许多计算机以多点接入的方式连接在一根总线上。
- 碰撞检测 CD：发送信息后检测信息（通过总线上信号电压的大小）来判断信息是否可靠传送到目的计算机。

CSMA/CD 的发送流程可简单概括为 4 点：先听后发，边听边发，冲突停止及随机延迟后重发。

先听后发：在共享式以太网中的计算机准备发送数据之前，首先侦听总线是否空闲，如果空闲就可以发送数据帧。

边听边发：计算机在确认总线空闲后开始发送数据帧，在发送的同时还要接收发送的数据，检查接收到的数据是否是发送出去的数据。

冲突停止及随机延迟后重发：在以太网中，由于传输距离较短，一般不会发生传输差错。但若遇到多台计算机同时在总线上发送数据，肯定会发生传输差错。所以在共享式以太网中，计算机在发送数据帧的同时也接收数据帧，以进行冲突检测。若发生传输差错，则肯定发生了冲突。发生冲突之后，所有计算机停止发送数据，随机延迟一段时间后再重新进行总线争用。

显然，在使用 CSMA/CD 协议时，一个站不可能同时进行发送和接收，因此使用 CSMA/CD 协议的以太网不可能进行全双工通信，而只能进行半双工通信。

3．以太网技术实现方式

以太网技术实际上都集成在网络接口卡（NIC）上，市场上的各种 Ethernet 网卡就是实现以太网技术的网络接口卡。在计算机上安装 Ethernet 网卡之后，该计算机就可以连接到以太网中，以太网卡的内部结构如图 6-9 所示。

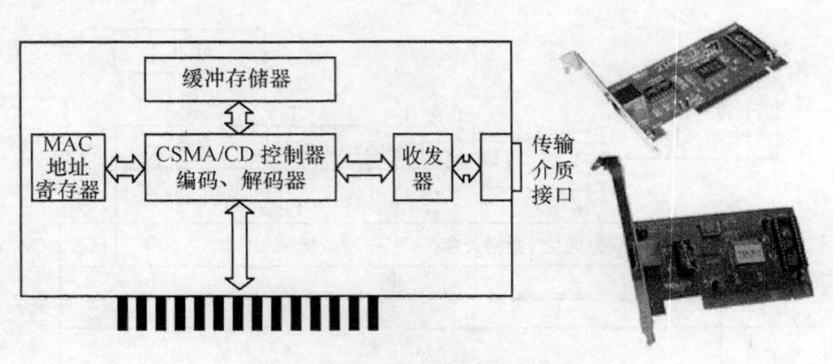

图 6-9　以太网卡的内部结构图

在 Ethernet 网卡中，MAC 地址寄存器中固化着该网卡的物理地址——MAC 地址，网卡的物理地址一般是固定不变的。CSMA/CD 控制器完成介质访问控制，编/解码器完成二进制数据与曼彻斯特编码的编/解码，收发器完成物理线路上数据编码信号的发送与接收。网卡通过数据总线连接到计算机上。

4．以太网标准

从 IEEE 802.3 以后，随着通信技术和以太网技术的发展，出现了多种适应不同要求的以太网标准，使用比较多的以太网有以下几种。

（1）10Base-T 以太网

早期的以太网是用细同轴电缆构成的 10Base-2 和用粗同轴电缆构成的 10Base-5 以太网，传输速率是 10Mbit/s，最大网段长度为 200m 和 500m，这种结构虽然节省了通信线路的费用，但所有计算机都串成一串，给组网和网络维护带来了不少困难，这两种以太网都已经淘汰。1990 年，IEEE 通过 10Base-T 的标准 IEEE 802.3i，T 表示双绞线星形网。

10Base-T 以太网的传输速率为 10Mbit/s，使用 3 类以上 UTP 双绞线作为传输介质，单段双绞线的最大长度为 100m，最大网络直径为 500m，一般最多允许有 4 个中继器（中继器的功能往往含在集线器里）级联。如图 6-1 所示，虽然使用集线器的局域网表面上是一个星形网，但由于集线器是用电子器件模拟实际电缆线的工作，所以，它在逻辑上依然是一个总线网，各工作站还是使用 CSMA/CD 协议，并共享逻辑上的总线。

10Base-T 双绞线以太网的出现，既降低了成本，又提高了可靠性，它为以太网在局域网中的统治地位奠定了牢固的基础。

（2）快速以太网

快速以太网是符合 IEEE 802.3u 标准的传输速率为 100Mbit/s 的以太网，常见的有两类。

- 100Base-TX

这是目前使用最多的快速以太网标准，其物理布局采用星形结构，MAC 层仍采用 CSMA/CD 介质访问控制方式，采用两对 5 类以上 UTP 作为传输介质，单段双绞线的最大长度为 100m。其采用 HUB 组网时仍然属于共享总线型网络，网络内的计算机之间最多允许经过 2 个集线器，最大网络直径为 206m。

100Base-TX 以太网一般用交换机组网，采用全双工通信方式。利用交换机组网时，网络直径不受限制。

- 100Base-FX

100Base-FX 是采用光纤作为传输介质的快速以太网标准，其光纤长度可达 500m 以上，一般用于园区和楼宇之间的网络连接。

（3）吉比特以太网

吉比特以太网是符合 IEEE 802.3z 标准的 1 000Mbit/s 以太网，常用的有以下 3 类。

- 1000Base-T

1000Base-T 是传输速率为 1 000Mbit/s 的快速以太网标准，采用超五类以上 UTP 作为传输介质，单段双绞线最大长度为 100m。

- 1000Base-LX

1000Base-LX 是采用单模光纤作为传输介质的快速以太网标准，其光纤长度可以达到 3km。

- 1000Base-SX

1000Base-SX 是采用多模光纤作为传输介质的快速以太网标准，其光纤长度可以达到 550m。

使用原有以太网的帧结构、帧长及 CSMA/CD 协议，只是在低层将数据速率提高到了 1Gbit/s。因此，它与标准以太网（10Mbit/s）及快速以太网（100Mbit/s）兼容。

（4）10 吉比特以太网

10 吉比特以太网是符合 IEEE 802.3ae 标准的 10Gbit/s 以太网，采用光纤作为传输介质，只支持全双工通信，不再采用 CSMA/CD 介质访问控制方式，最大通信距离为 40km。

6.1.5　共享式以太网

目前，以太网的传输介质普遍使用双绞线作为传输介质。共享式以太网可以理解为使用 HUB 组成的以太网，无论是 10Mbit/s 网络还是 100Mbit/s 网络，只要使用 HUB 组网，就是共享式以太网。显然，组建共享式以太网需要具备的条件是：计算机上安装以太网卡，使用双绞线把计算机连接到 HUB 上，为计算机配置网络连接的 TCP/IP 属性参数后，计算机之间就可以通过以太网进行通信了。但是，在组建共享式以太网时还需要具备一些网络技术知识和操作技能。

1．设备接口类型

在共享式以太网的组件中，需要使用的设备只有网络接口卡（网卡）和集线器（HUB）。虽然网卡和 HUB 上的接口都是用于连接以太网的 RJ-45 接口，但是它们的传输速率不同，一般有 10Mbit/s、100Mbit/s、10/100Mbit/s 自适应接口，在连接时有所区别。

（1）网卡类型

- 10Mbit/s 网卡：只能连接到 10Mbit/s 的 HUB 接口或 10/100Mbit/s 自适应接口，用于组建符合 10Base-T 标准以太网。
- 100Mbit/s 网卡：只能连接到 100Mbit/s 的 HUB 接口或 10/100Mbit/s 自适应接口，用于组建符合 100Base-TX 标准以太网。
- 10/100Mbit/s 自适应网卡：允许连接到 10Mbit/s 或 100Mbit/s 的 HUB 接口。

（2）HUB 接口类型

HUB 接口有 10Mbit/s、100Mbit/s 或 10/100Mbit/s 自适应速率 3 种类型，分别用于连接

相同类型的网卡。HUB 接口除了速率不同之外，还有普通接口和级联接口之分。普通接口用于连接计算机，级联接口用于 HUB 之间的连接。实际使用中，普通接口也可以用于 HUB 级联。

2．双绞线电缆

（1）直通电缆和交叉电缆

UTP 电缆中有 4 对双绞线，分别用橙白-橙、绿白-绿、蓝白-蓝、棕白-棕表示，每对双绞线按照一定的密度绞合在一起，绞合在一起的双绞线只有成对使用才能达到规定的传输速率。在制作以太网电缆中一般只需要使用其中的两对，一对作为发送信道，一对作为接收信道。

制作双绞线电缆，需要在电缆两端安装 RJ-45 水晶头，水晶头上还可以安装水晶头护套（一般省略）。RJ-45 水晶头上的线路引脚序号，引脚面朝上时，左侧为 1 号引脚。双绞线电缆需要连接到网卡和 HUB 上，所以在制作电缆时必须知道线序如何排列和每条线路的功能。网卡上的 RJ-45 接口引脚功能和 HUB 上普通口 RJ-45 引脚排列及功能如图 6-10 所示。

在图 6-10 中可以看到，在网卡的插座上，1、2 引脚是发送数据线（TD+，TD−），3、6 引脚是接收数据线（RD+，RD−），而在 HUB 插座上的引脚正好相反，所以网卡和 HUB 的电缆连接规则是 1 到 1，2 到 2，3 到 3，6 到 6，即 4 根直通线。发送数据线（1、2 引脚）需要使用一对双绞线，接收数据线（3、6 引脚）需要使用一对双绞线，这样的双绞线电缆称作直通电缆。

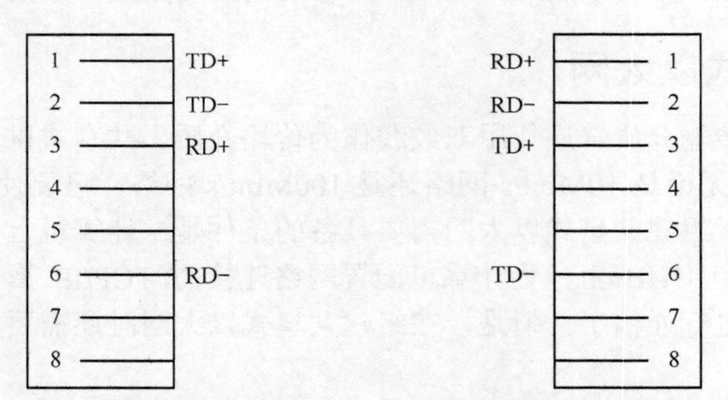

图 6-10　RJ-45 接口引脚功能

在以太网中，网卡和 HUB 的连接使用直通电缆。但是路由器上的 RJ-45 接口插座引脚及 HUB 级联接口上的 RJ-45 接口插座引脚和网卡上的一样，显然，相同引脚功能排列的接口之间不能使用直通电缆连接，需要将发送数据线连接到对方的接收数据线，即交叉连接。交叉电缆需将双绞线电缆一端的 1、2 引脚连接到另一端的 3、6 引脚。直通电缆和交叉电缆的连接示意图如图 6-11 所示。

（2）电缆布线标准

无论是直通电缆还是交叉电缆，从原理上讲，只要发送信道使用一对双绞线，接收信道使用一对双绞线，一方的发送信道连接到对方的接收信道就没有问题。但是从综合布线来说，电缆制作需要遵守综合布线标准。有两种综合布线标准，EIA/TIA-568A 和 EIA/TIA-568B。按照 RJ-45 水晶头上的引脚序号，EIA/TIA-568A 和 EIA/TIA-568B 标准如下。

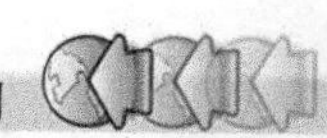

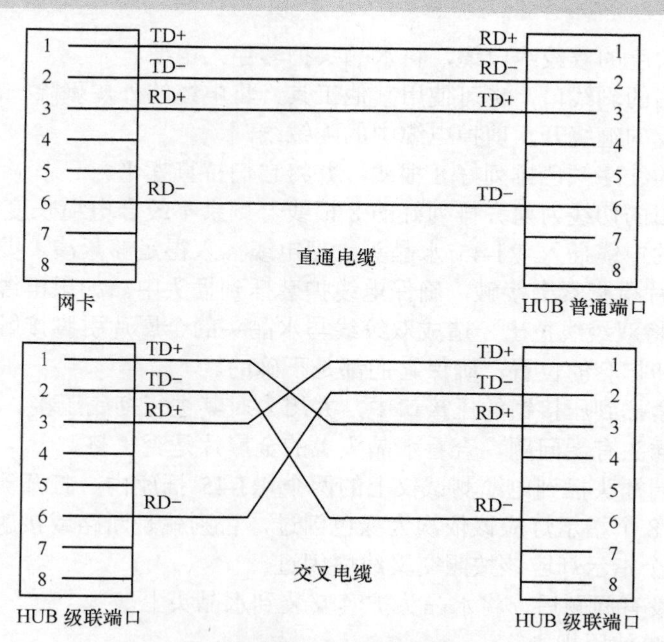

图 6-11　直通电缆和交叉电缆的连接示意图

EIA/TIA-568A 标准：绿白—1，绿—2，橙白—3，蓝—4，蓝白—5，橙—6，棕白—7，棕—8。

EIA/TIA-568B 标准：橙白—1，橙—2，绿白—3，蓝—4，蓝白—5，绿—6，棕白—7，棕—8。

制作直通电缆两端可以采用 EIA/TIA-568A 标准，也可以采用 EIA/TIA-568B 标准，但一般使用 EIA/TIA-568B 标准；制作交叉电缆时，一端采用 EIA/TIA-568A 标准，另一端采用 EIA/TIA-568B 标准。

（3）电缆制作方法

制作双绞线电缆时需要专用工具和电缆测试仪，如图 6-12 所示。

图 6-12　压接钳和电缆测试仪

双绞线电缆制作专用工具称作压接工具或压接钳、压线钳，电缆测试仪用于检测电缆的质量是否合格。压接钳的种类比较多，一般都具备切线刀、剥线口和压接口。切线刀用于截取电缆和将双绞线切齐整，剥线口用于剥离双绞线电缆外层护套，压接口用于把双绞线和 RJ-45 水晶头压接在一起。双绞线电缆的制作过程简述如下。

- 截取所需长度的双绞线电缆，将水晶头护套穿入电缆。
- 使用压接钳的剥线口，也可使用其他工具，将电缆的外皮剥除一段。
- 将双绞线反向缠绕开，剪掉电缆中的呢绒线。
- 按照需要的线序颜色排列好8根线，并将它们捋直摆平。
- 使用压线钳的切线刀剪齐排列好的8根线，剩余不绞合电缆长度约12mm。
- 将有次序的电缆插入RJ-45水晶头，把电缆插入得足够紧凑，要确保每条线都能和水晶头里面的金属片引脚紧密接触，确保电缆护套插到插头中。如果电缆护套没有插到插头里，拉动电缆时会将双绞线拉出，造成双绞线与水晶头的金属片引脚接触不良。
- 检查线序和护套的位置，确保它们都是正确的。
- 将插头紧紧插到压接钳的压接口中，并用力对其进行彻底压接。
- 检查两端插头有无问题，查看水晶头上的金属片是否平整。
- 将电缆两端插头插到电缆测试仪上的两个RJ-45插座内，打开测试开关。对于直通电缆，测试仪上的8个指示灯应该依次为绿色闪过，否则就是断路或接触不良。对于交叉电缆，测试仪上的8个指示灯应该按照交叉线序闪过。
- 电缆检查没有问题后，将水晶头护套安装到水晶头上。

（4）双绞线电缆使用规则

双绞线电缆有直通电缆和交叉电缆，在使用双绞线电缆进行网络连接时，必须选择正确的双绞线电缆种类，否则会发生网络故障。双绞线的使用规则是同种类型接口之间连接使用交叉电缆，不同种类接口之间连接使用直通电缆。与网卡接口相同种类的设备接口有路由器以太网接口和HUB的级联接口。与HUB普通接口相同种类的设备接口有交换机端口。

随着技术进步，一些网络设备具备Auto-MDI/MDIX自动翻转功能，即可根据双绞线电缆的功能线序自动改变设备插座的引脚功能排列顺序，使用接收信道连接到对方的发送信道，使用发送信道连接到对方的接收信道。和支持Auto-MDI/MDIX自动翻转功能的设备进行网络连接时，采用直通或交叉缆都可以。

3．共享式以太网的组网

共享式以太网组网主要针对总线型以太网，组网规则称作5-4-3-2-1规则、5-4-3规则或4中继规则。规则中的5指一个网络中最多可连接5个网段，4指一个网络中最多可连接4个中继器，3指一个网络中的5个网段上只能有3个网段可以连接计算机，2指一个网络中的5个网段上有2个网段不能连接计算机，1指由中继器连接的整个网络组成一个大的冲突域（在共享式网络中，所有争用一条总线的计算机称作一个冲突域）。

在10Base-T标准以太网中，虽然使用双绞线和HUB组成物理星形连接网络，但从介质访问控制方式看，仍然是共享式网络。HUB是一种多端口中继器，所以在10Base-T标准以太网中使用HUB组网时，也需要遵守4中继规则，即在一个网络中，任意两台计算机之间的HUB个数不能超过4个，网段不能超过5段。

10Base-T标准以太网中使用多个HUB级联组网时，HUB之间的级联连接可以是级联端口到级联端口连接，可以是普通端口到级联端口连接，也可以是普通端口到普通端口连接。但需注意同类端口级联需要使用交叉电缆，不同种类端口级联需要使用直通电缆。图6-13是10Base-T标准以太网HUB级联示意图。

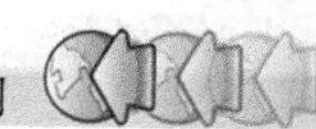

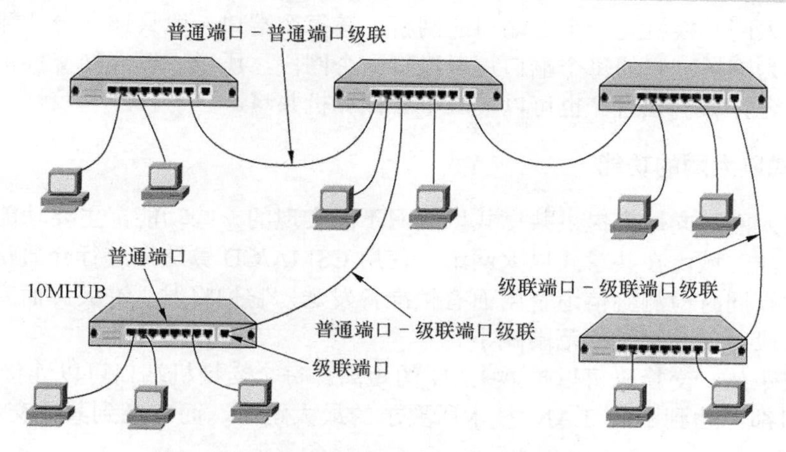

图 6-13　10Base-T 标准以太网 HUB 级联示意图

6.1.6　交换式以太网

共享式以太网组网比较简单，费用较低，但由于其所有的节点都接在同一冲突域中，不管一个帧从哪里来或到哪里去，所有的节点都能接收到这个帧。随着节点的增加，发生冲突的概率越大，大量的冲突将导致网络性能急剧下降。虽然共享式以太网的标称传输速率是 10Mbit/s 或 100Mbit/s，如果局域网中有 n 台计算机，即 n 台计算机共享信道带宽，实际的平均传输速率只有标称速率的 $1/n$。改善以太网性能的方法就是尽量减少冲突域中计算机的数量，增加计算机的信道带宽平均占有量。交换式以太网是一种最佳的解决办法。其将网络分段，将一个大的冲突域划分为若干小冲突域，各个冲突域之间仍然可以通信。这样既保持了原来网络规模，又改善了以太网性能。

交换式以太网的关键设备是交换机。交换机为每个端口提供专用带宽，网络总带宽是各端口带宽之和。例如，一个 8 端口（每端口可提供 10Mbit/s 的带宽）的交换机可提供 80Mbit/s 的带宽。实际上，并不是所有的站点都需要专用带宽，只有少数实时性要求比较高的站点和服务器才需要专用带宽。一般站点往往通过集线器共享一个端口的带宽，这是目前常见的以太网的布局，如图 6-14 所示。

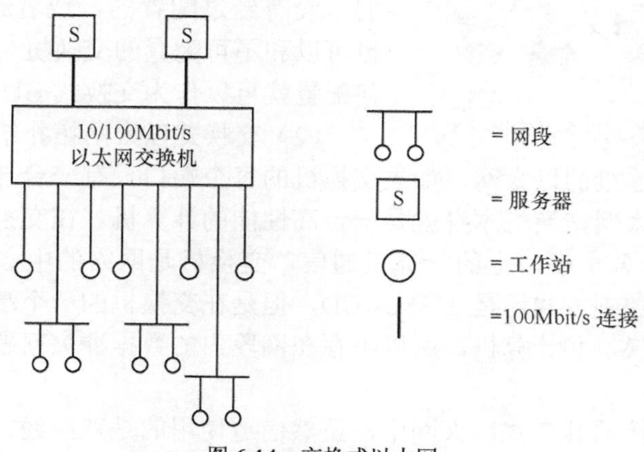

图 6-14　交换式以太网

可见，以太网交换机是一个多端口的网桥，其每个端口一般只连一台计算机，形成交换式以太网。作为网桥，它的每个端口可以连接一个网段，所以，以太网交换机的端口提供的带宽可以被一台计算机独占，也可以被若干台计算机共享。

1．交换式以太网的功能

交换式以太网可向用户提供共享式以太网不能实现的一些功能，主要功能如下。

（1）隔离冲突域。在共享式以太网中，使用 CSMA/CD 算法来进行介质访问控制。如果两个或更多站点同时检测到信道空闲而有帧准备发送，它们将发生冲突。而交换式以太网则可以将网络分段，使冲突域的范围减小。

（2）扩展距离。交换机可以扩展 LAN 的距离。每个交换机端口可以连接不同的 LAN，因此每个端口都可达到不同 LAN 技术所要求的最大距离，而与连到其他交换机端口 LAN 的长度无关。

（3）增加总容量。在共享式以太网中，其容量（无论是 10Mbit/s、100Mbit/s，还是 1 000Mit/s）是由所有接入设备分享的。而在交换式以太网中，由于交换机的每个端口具有专用容量，交换式以太网总容量随着交换机的端口数量而增加，所以交换机提供的数据传输容量比共享式以太网大得多。

（4）数据率灵活。对于共享式以太网，不同以太网可采用不同数据率，但连接到同一共享式以太网的所有设备必须使用同样的数据率。而对于交换式以太网，交换机的每个端口可以使用不同的数据率，所以可以以不同数据率部署站点，非常灵活。

2．交换式以太网的组网

（1）交换式以太网连接

以太网交换机的端口设计和 HUB 端口是一样的，从外表上看，交换机和 HUB 没有什么区别。一个典型的交换式以太网连接如图 6-15 所示。

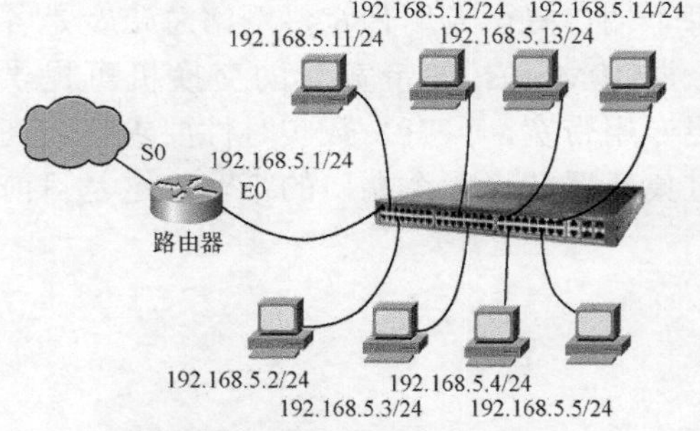

图 6-15　典型的交换式以太网连接

对于不可配置的简单交换机（交换式 HUB），连接交换机和连接 HUB 没有任何区别；对于可配置的交换机，如果没有进行任何配置（例如新购置的，没有经过配置的，或者删除了配置文件的），也可以和不可配置的交换机一样使用，即不经过任何配置就可以作为交换式 HUB 使用。

（2）交换式以太网拓扑结构

对于使用交换机连接的以太网，如果交换机的每个端口只有一台计算机，其网络是真正的星形拓扑结构。以太网交换机本身就是一台高性能的计算机。在交换式以太网中，交换机采用存储-转发方式和各个端口上的计算机通信，交换机是网络的中心节点。虽然在交换式以太网中，介质访问控制方式还是 CSMA/CD，但是在交换机的一个端口上只连接一台计算机，通信的双方是交换机和计算机，所以不存在网段内的数据冲突问题，每台计算机独占信道带宽。

在使用 HUB 连接的共享式以太网中，虽然信道使用的是双绞线，但由于是共享数据总线，所以计算机之间只能是半双工通信方式。在交换式以太网中，网络拓扑结构是星形的，

计算机和交换机之间是点对点通信，可以实现全双工通信。

（3）交换式以太网中的 IP 地址

交换式以太网中，利用交换机连接很多网段，每个网段上可以是一台独占信道带宽的计算机，也可以是多台计算机共享信道带宽的网段。交换式以太网是局域网的一种，从局域网的角度看，一个局域网就是一个具有唯一网络地址的网络。所以，在一个局域网内，所有的主机都应该使用同一个网络地址，有相同的子网掩码（具体内容在后续章节中介绍），或者说，连接到交换机上的所有计算机和路由器端口都必须属于一个 IP 网络。图 6-15 给出了连接在交换机上的计算机和路由器 E0 端口的 IP 地址和掩码。

（4）交换机的级联

在交换式以太网中，交换机也可以级联。交换机级联和 HUB 级联有本质的差别。HUB 级联时需要考虑两台计算机之间不能超过 4 个 HUB，而且级联的 HUB 越多，局域网内的计算机数量越多，冲突域越大，网络性能越差；交换机级联，因为属于交换机到交换机之间的点到点通信，除了受到双绞线电缆长度的限制之外，不需要考虑交换机的级联级数，也不用考虑局域网的网络通信距离。交换机级联的交换式以太网如图 6-16 所示。

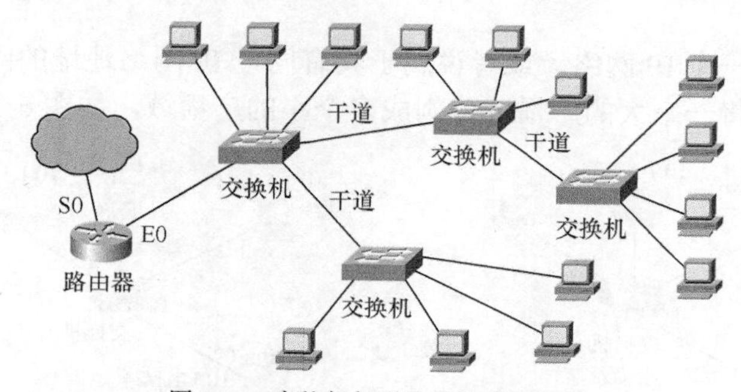

图 6-16　交换机级联的交换式以太网

3．共享式以太网和交换式以太网的区别

共享式以太网和交换式以太网都使用两对双绞线作为通信线路，但它们的工作方式和网络性能有很大的差别，主要有以下几点。

- 共享式以太网使用 HUB 级联，交换式以太网使用交换机级联。
- 共享式以太网内的计算机共享冲突域内的信道带宽，交换式以太网独占网段信道带宽。
- 共享式以太网的拓扑结构是物理星形，通信方式是半双工方式；交换式以太网为星形网络拓扑结构，通信方式是全双工方式。
- HUB 级联有一定的限制，交换机级联不受限制。

6.1.7　虚拟局域网

1．广播域

在交换式以太网中，利用交换机分割了共享式以太网中的冲突域，实现了网段内信道带宽独占和全双工通信方式，改善了以太网的性能。

但是，交换式以太网是一个局域网，网络内所有的计算机都属于一个 IP 网络（属于具有同一 IP 网络地址的网络）。在网络层中有很多广播报文，例如 ARP 广播、RIP 广播等。网络层的广播报文都是针对一个网络（组播除外）的。例如，IP 地址中目的主机地址全“1”的报文是对特定网络的广播，目的地址是 255.255.255.255 的报文是对本网络的广播。一个局域网属于一个 IP 网络，网络层的广播报文会发送到局域网内的每个主机。一个广播报文能够传送到的主机范围称作一个广播域。可见 IP 地址中具有相同网络号的网络属于一个广播域。

在以太网内，以太网帧封装一个广播报文时，目的 MAC 地址字段使用 FF:FF:FF:FF:FF:FF，即目的 MAC 地址是广播地址，因此网络内的所有主机都要接收该数据帧。在交换式以太网中，交换机会将广播帧转发到所有端口。如果交换机有级联，广播帧会转发到其他的交换机上，IP 网络内的所有主机都会收到广播帧。

一个广播报文需要传到广播域内的所有主机，一个广播域内的主机数量越多，网络内的广播报文越多。网络内的大量的广播报文会严重影响网络带宽，降低网络效率，严重时造成网络不能进行正常的通信。改善这种情况的办法就是分割广播域，将广播范围缩小，减小广播报文的影响范围。

一个广播域属于一个 IP 网络，或者说属于具有同一 IP 网络地址的网络。

利用路由器可以将一个大的广播域分割成多个小的广播域，如图 6-17 所示。

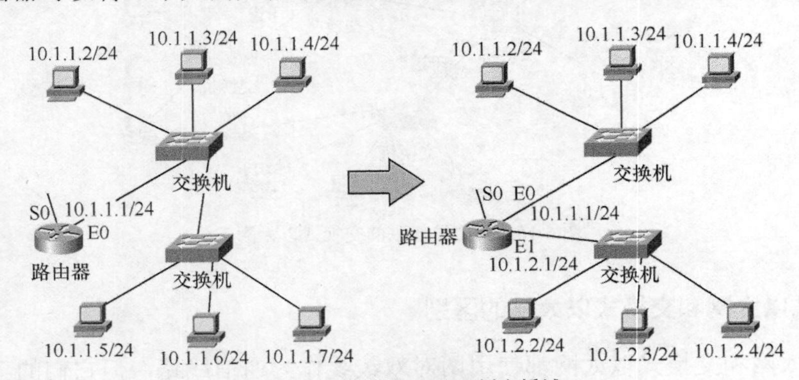

图 6-17　利用路由器分割广播域

在图 6-17 中左边两个交换机上的计算机属于同一个 IP 网络，网络地址都是 10.1.1.1/24，所以是一个广播域。右边将两个交换机分别连接在路由器的 E0 口和 E1 口上，各自为一个 IP 网络，网络地址分别是 10.1.1.1/24 和 10.1.2.1/24，所以各自为一个广播域。

2．分割广播域

分割广播域的方法就是将一个大的 IP 网络分割成小的 IP 网络，减少网络内的主机数量，减少网络内部广播影响的范围。

从原理上讲，连接不同网络必须使用路由器，分割广播域显然也必须使用路由器。在局域网技术中，无论使用 HUB 连接还是使用交换机连接，最终都是一个局域网，这意味着它们必须属于同一个 IP 网络，或者说，连接到 HUB 或交换机上的所有主机都必须具有相同的 IP 网络地址。

虚拟局域网（Virtual LAN，VLAN）技术是将一组设备或用户逻辑地而不是物理地划分成不同网络的技术。用交换机连接的局域网原理上只能属于同一IP 网络，使用软件“虚拟”的方法，通过对交换机端口的配置，将部分主机划分在一个 IP 网络中，这些主机可以连接在不同的交换机上。通过“虚拟”方式划分出来的局域网各自构成一个广播域，VLAN之间在没有路由支持时不能进行通信，这样就完成了广播域的分割。

通过 VALN 技术，连接在一台交换机上的计算机可以属于不同的 IP 网络，如图 6-18 所示。连接在不同交换机上的计算机可以属于同一个 IP 网络，如图 6-19 所示。所以有人把 VLAN 定义为一组不被物理网络分段或不受传统的 LAN 限制的逻辑上的设备或用户。

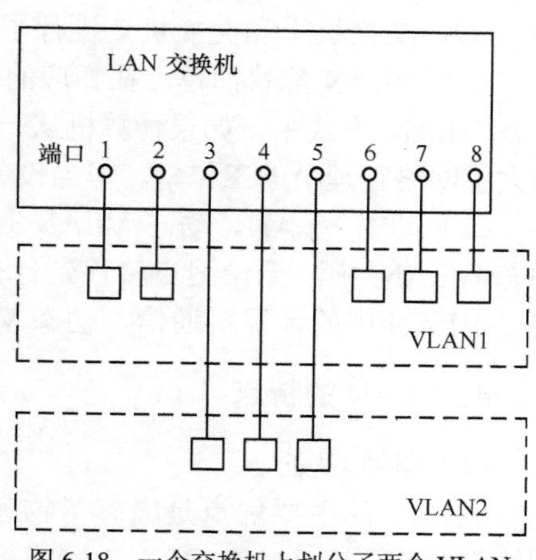

图 6-18　一个交换机上划分了两个 VLAN

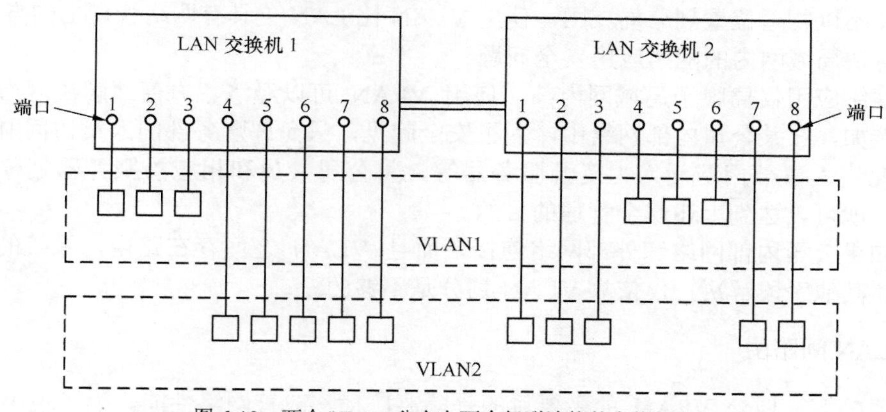

图 6-19　两个 VLAN 分布在两个级联连接的交换机上

VLAN 和传统的局域网没有什么区别，一个 VLAN 属于一个 IP 网络，每个 VLAN 是一个广播域，即 A VLAN = A Broadcast Domain = Logical Network (Subnet)。对于一个 VLAN 的广播帧，它不会转发到不属于该 VLAN 的交换机端口上。VLAN 之间没有路由的设置也不能进行通信。

3．VLAN 的实现方法

VLAN 的实现有两种方法：静态 VLAN 和动态 VLAN。

（1）静态 VLAN。静态 VLAN 是使用交换机端口定义的 VLAN，即将交换机上的若干端口划分成一个 VLAN。静态 VLAN 是基于端口的 VLAN，是最常用的 VLAN 划分方法。使用交换机端口划分 VLAN 时，一个交换机上可以划分多个 VLAN，一个 VLAN 也可以分布在多个交换机上。例如，图 6-18 所示是一个交换机上划分了两个 VLAN，图 6-19 所示是两个 VLAN 分布在两个级联连接的交换机上。

图 6-18 中，交换机上的 1、2、6、7、8 号端口定义为 VLAN1，3、4、5 号端口定义为 VLAN2。图 6-19 中，交换机 1 上的 1、2、3 端口和交换机 2 上的 4、5、6 端口定义为 VLAN1，交换机 1 上的 4、5、6、7、8 端口和交换机 2 上的 1、2、3、7、8 端口定义为

VLAN2，交换机 1 和交换机 2 进行了级联。

静态 VLAN 配置简单，在相应的 VLAN 中，在每个交换机上分别配置，易于实现。但在静态 VLAN 方式中，如果计算机从一个端口转移到了另外一个端口，VLAN 需要重新配置，加大了网络管理员的工作量。但当设备位置相对稳定时，静态 VLAN 可以良好地运行。

（2）动态 VLAN。动态 VLAN 是根据计算机的 MAC 地址或 IP 地址定义的 VLAN。在动态 VLAN 中，无论用户转移到什么位置，只要连接到单位的局域网交换机上，就能够和自己 VLAN 中的计算机通信。动态 VLAN 适合用户流动性较强的环境。

4．VLAN 的特点

（1）隔离广播

VLAN 的主要优点是隔离了物理网络中的广播。VLAN 技术将连接在交换机上的物理网络划分成了多个 VLAN，IP 网络中的广播报文只能在某个 VLAN 中转发，因而不会影响其他 VLAN 成员。

（2）方便网络管理

VLAN 不以物理位置划分局域网，使用 VLAN 比 LAN 更具有网络管理上的方便性。

（3）解决局域网内的网络应用安全问题

如果网络应用仅局限于局域网内部，使用 VLAN 可以经济、方便地解决网络应用的安全问题。例如，在某公司内部网络中，为了安全起见，只允许财务部门人员访问财务系统服务器，只允许人事部门访问人力资源服务器等，将公司人员和相应的服务器划分在不同的 VLAN 中，就可以达到上述安全管理的目的。

但是如果公司内部网络和外部网络连接，而且 VLAN 之间存在路由，系统的安全问题就需要依靠其他手段解决，仅依靠 VLAN 划分是不够的。

5．VLAN 间路由

多数情况下，划分 VLAN 的主要目的是隔离广播，改善网络性能。为了使不同 VLAN 内的用户能够相互通信，必须提供 VLAN 间路由，其方法是把交换机连接到路由器，或者把交换机连接到具有路由功能的第 3 层交换机。

6.2 局域网设备

目前，局域网主要由交换机组成，其他相关设备还有网卡、集线器等。

6.2.1 网卡

网卡是网络接口卡（Network Interface Card，NIC）的简称，又叫网络适配器，是计算机与计算机网络中其他设备通信的网络接口板，是计算机网络中必不可少的基本设备。网卡是局域网的接入设备，是单机与网络中其他计算机通信的桥梁，它为计算机之间的数据通信提供了物理连接。每台接入网络的计算机必须要安装网卡。多数情况下网卡是安装在计算机主板的扩展插槽上的，有极少部分通过计算机的其他接口来安装（如 PCMCIA），还有的网卡直接集成在计算机的主板上，不需要另外安装。

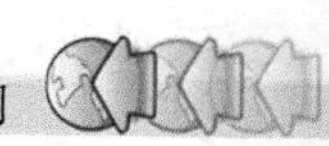

（1）网卡的功能

网卡与计算机中其他插卡一样，是一块布满了芯片和电路的电路板。网卡将计算机连接到网络，将数据打包并处理传输与接收的所有细节，这样就可以缓解 CPU 的运算压力，使得数据可以在网络中更快地传输。

网卡作为一种通信设备，主要具备如下功能。

① 接收由其他网络设备传输过来的数据包，经过拆包，将其变成系统可以识别的数据，通过主板上的总线将数据传输到所需设备中。

② 代表固定的网络地址。数据从一台计算机传输到另外一台计算机时，也就是从一块网卡传输到另一块网卡，即从源网络地址传输到目的网络地址。

③ 在网络中，网卡的工作是双重的。一方面它将本地计算机上的数据转换格式后送入网络；另一方面它负责接收网络上传过来的数据包，对数据进行与发送数据时相反的转换，将数据通过主板上的总线传输给本地计算机。

（2）网卡的分类

网卡分为有线网卡、无线网卡和无线上网卡。

① 有线网卡是局域网中最重要的设备，连接计算机和网线。

② 无线网卡就是不通过有线连接，采用无线信号进行连接的网卡。

无线网卡的作用、功能跟有线网卡一样，是用来连接到局域网上的。它只是一个信号收发的设备，只有在找到上互联网的出口时才能实现与互联网的连接，所有无线网卡只能局限在已布有无线局域网的范围内。

③ 无线上网卡指的是无线广域网卡，连接到无线广域网，如中国移动TD-SCDMA、中国电信的 CDMA2000 和 CDMA 1X，以及中国联通的 WCDMA 网络等。无线上网卡的作用、功能相当于有线的调制解调器，也就是我们俗称的“猫”。它可以在拥有无线电话信号覆盖的任何地方，利用 USIM 或 SIM 卡来连接到互联网上。

6.2.2　集线器

集线器（Hub）是一种能够改变网络传输信号，扩展网络规模，连接 PC、服务器和外设构建网络的最基本的设备。

集线器在本质上是一种特殊的中继器。中继器的主要功能是对接收到的信号进行再生放大，以扩大网络的传输距离。而集线器除了具有中继器的功能外，还能够提供多端口的服务，所以又可以称它为多端口中继器。

1．集线器的作用与工作原理

集线器工作在 OSI 参考模型的第一层，因此又被称为物理层设备。

集线器主要用于共享网络的组建，是解决从服务器到桌面的最佳、最经济的方案。集线器作为网络传输介质的中央节点，克服了传输介质是单一通路的缺陷。以集线器为中心的优点是：在网络系统中即使某条线路或某个节点出现了故障，它也不会影响网上其他节点的正常工作。利用一个集线器连接的网络如图 6-20 所示。

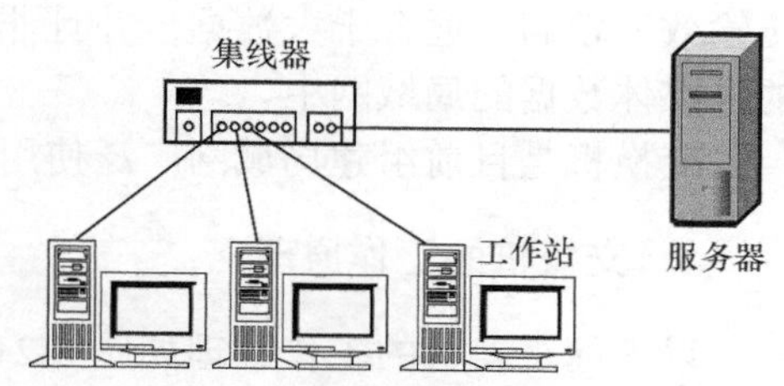

图 6-20　利用集线器组网示意图

集线器在网络中的主要作用是作为多端口的信号放大设备。当一个端口接收到信号时，由于信号在从节点到集线器的传输过程中已有了衰减，所以集线器便需先将该信号再生（恢复）到发送时的状态，紧接着转发到其他所有处于工作状态的端口上。从集线器的工作方式可以看出，它在网络中只起到信号的放大和重发作用，其目的是扩大网络的传输范围，而不具备信号的定向传递能力，它是一个标准的共享式设备。

集线器对两段电缆之间的电信号先进行中继，再根据帧格式中目的站地址决定最终的接收方，即目标主机。这种工作方式与网桥和交换机的工作机理存在很大的区别。网桥和交换机需首先分析所接受的数据帧，并根据数据帧中包含的信息做出转发决定，然后将数据帧转发到目的节点。集线器却是向每个端口（数据接受端口除外）广播数据帧，采用 CSMA/CD（载波监听多路访问/冲突检测）机制来决定最终的接收方。网桥和交换机还可以通过使用不同的数据链路层协议（以太网协议、令牌环及 FDDI 等）实现控制数据流量、处理传输错误、提供物理地址及管理物理介质的访问等功能，而对于工作于物理层的集线器来讲，却不具有这样的功能。但集线器廉价，实用，仍然是实现 LAN 网络扩展的较理想的选择。

2．集线器的分类

集线器有多种类型，不同类型的集线器具有各自特定的功能，提供不同等级的服务。依据总线带宽的不同，可分为 10Mbit/s、100Mbit/s 和 10/100Mbit/s 自适应 3 种；若按配置形式的不同可分为独立型、模块化和堆叠式 3 种；根据端口数目的不同主要有 1 口、2 口和 34 口几种；根据工作方式的不同可分为智能型和非智能型两种。目前所使用的 Hub 基本是前 3 种分类的组合，如在广告中经常看到的 10/100Mbit/s 自适应智能型、可堆叠式 Hub 等。

6.2.3　交换机

局域网中的交换机是专门设计的、使各计算机能够独享带宽进行通信的网络设备。

集线器存在的主要问题是其所有用户共享带宽，每个用户的可用带宽随接入用户数的增加而减少。这是因为当通信比较繁忙时，多个用户可能同时争用信道，而信道在某一时刻只允许一个用户占用，故大量的用户经常处于侦听等待状态，这样会严重影响数据传输效率。

交换机则为每个用户提供专用的信息通道，除多个源端口企图同时将信息发往同一个目的端口的情况外，各个源端口与其目的端口之间均可同时进行通信而不会发生冲突，从而可提高数据传输效率。

交换机作为高性能的集线设备，随着价格的不断降低和性能的不断提升，在以太网中，已经逐步取代了集线器而成为常用的网络设备。用交换机构建的局域网称为交换式局域网，而用集线器构建的局域网则属于共享式局域网。与共享式局域网相比，交换式局域网的数据传输效率较高，适合于大数据量并且非常频繁的网络通信，因此被广泛应用于传输各种类型的多媒体数据的局域网中。

交换机是目前组建局域网广泛使用的设备。

1．交换机的工作原理

以太网交换机的工作原理如图 6-21 所示。

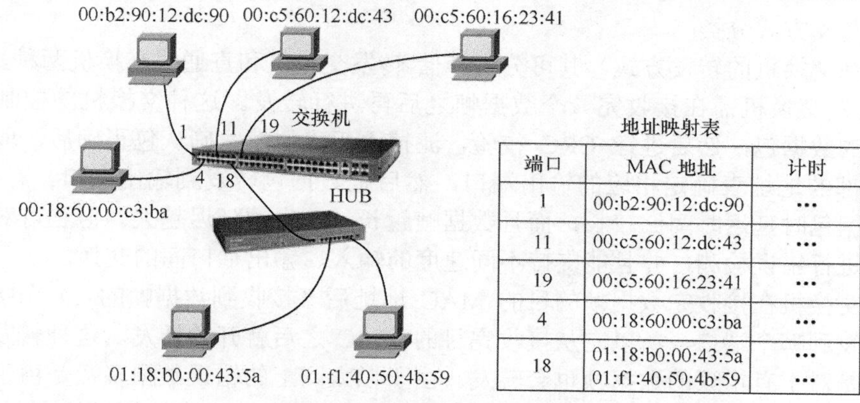

地址映射表

端口	MAC 地址	计时
1	00:b2:90:12:dc:90	···
11	00:c5:60:12:dc:43	···
19	00:c5:60:16:23:41	···
4	00:18:60:00:c3:ba	···
18	01:18:b0:00:43:5a 01:f1:40:50:4b:59	··· ···

图 6-21 以太网交换机的工作原理

图 6-21 中，以太网交换机的 1、4、11、19 号端口各连接了一台计算机，这些计算机独占交换机端口提供的信道带宽。18 号端口通过一个 HUB 连接了两台计算机，这两台计算机共享交换机端口提供的信道带宽。

以太网交换机具有地址学习功能，通过地址学习动态地建立和维护一个端口/MAC 地址映射表。以太网交换机接收数据帧后，根据源 MAC 地址在地址映射表内建立源 MAC 地址和交换机端口的对应关系，并启动一个计时。如果该映射关系已经存在于地址映射表内，则刷新计时。如果计时溢出，则删除该映射关系。这样，在交换机内建立和维护着一个动态的端口/MAC 地址映射表，当一台计算机从一个端口转移到其他端口时，交换机也不会错误地转发数据帧。

以太网交换机通过端口/MAC 地址映射表维护正确的转发关系。以太网交换机接收到数据帧后，根据目的 MAC 地址在地址映射表内查找对应的端口，然后从该端口将数据帧转发出去。如果在地址映射表内查找不到目的 MAC 地址对应的端口，会将数据帧转发到其他所有端口。

对于共享带宽的端口，交换机具有数据帧过滤功能。交换机检查目的 MAC 地址对应的端口，如果是数据帧来自源端口，交换机不执行转发。如图 6-21 所示，如果 18 号端口上的两台计算机之间通信，交换机虽然能接收到该端口上的数据帧，但不会转发。

2. 交换机的种类

交换机的分类方法很多，种类也很多，这里只是按照不同的标准，对交换机进行分类。

（1）按交换机是否可以配置分类

按交换机是否可以配置，其可分成可配置交换机和不可配置交换机。不可配置交换机也称作交换 HUB，意思是起集线器作用的交换机，这种交换机常用于家庭或办公室内的几台计算机连接，所以也称桌面交换机。可配置交换机上都有 Console 口，连接控制台终端后可以对交换机进行端口及其他功能的配置，一般用于较大型网络的连接。

（2）按端口速率分类

以太网交换机端口提供的速率有 10Mbit/s、100Mbit/s、1 000Mbit/s、10M/100Mbit/s、10M/100M/1 000Mbit/s 兼容端口。有的交换机也提供 1 000Mbit/s 的光纤接口，用于交换机之间的干道连接。

（3）按转发方式分类

按以太网交换机的转发方式，其可分为存储-转发交换机和直通式交换机两种。

存储-转发交换机需在接收完一个数据帧之后再进行转发。这种交换机的控制器先缓存输入到端口的数据包，然后进行 CRC 校验，滤掉不正确的帧，确认包正确后，取出目的地址，通过内部的地址表确定相应的输出端口，然后把数据包转发到输出端口。存储-转发方式在处理数据包时延迟时间比较长，而且数据帧越长，产生的延迟越大。但它可对进入交换机的数据包进行错误检测，并且能支持不同速度的输入、输出端口间的交换。

直通式交换机在接收完数据帧的目的 MAC 地址后（接收到数据帧的 14 个字节后）就可以确定转发到哪个端口，所以它从接收完目的 MAC 之后就开始转发。这种转发方式的延时很小，但是对于有错误的数据帧也会转发。由于以太网上的错误数据多数是由于共享式网络中的冲突引起，在发生冲突时双方都会停止发送，所以发生错误的数据长度一般小于 64 字节（称作碎片）。在直通式交换机中，为了避免转发“碎片”，对转发方式进行了改进，即在接收完 64 字节数据后再进行转发，对于由于冲突才产生的碎片，长度小于 64 字节，在交换机中就可以被过滤掉。经过改进的直通式交换方式也称作无碎片直通交换方式。

（4）按工作的协议层次分类

一般的以太网交换机都是指二层交换机，即按照数据链路层 MAC 地址转发数据帧。三层交换机中增加了路由功能，主要用于局域网的快速交换和网络间的路由，即三层交换机不仅可以按照 MAC 地址转发数据帧，还能够提供网络层的路由。

三层交换机是仅仅在路由过程中才需要三层处理，绝大部分数据都通过二层交换转发，因此，三层交换机的速度很快，接近二层交换机的速度，解决了传统路由器低速、复杂所造成的网络瓶颈问题，同时比相同路由器的价格低很多。另外三层交换机在划分子网和广播限制等方面提供了较好的控制。传统的通用路由器与二层交换机一起使用也能达到此目的，但是与三层交换机方案相比，三层交换机需要更少的配置、更小的空间、更少的布线，价格更便宜，并能提供更高、更可靠的性能。

三层交换机一般用于交换机之间的连接。当网络规模足够大，以致于不得不划分 VLAN 以减小广播域时，则必须用三层交换机才能实现 VLAN 间的线速路由。因此，在大中型网络中，三层交换机已经成为基本设备。

三层交换机主要用于局域网的快速交换，而路由器主要用于广域网和局域网的连接。路由器比三层交换机具有更多的网络功能，二者应用场合不同。

（5）根据交换机之间的连接方式分类

根据交换机之间的连接方式，其可以分为级联型交换机和堆叠型交换机。

一般交换机都是级联型的，即交换机之间可以采用交换机的端口进行连接。

堆叠型交换机主要考虑的是提高交换机端口的数量。并不是所有的交换机都支持堆叠模式。堆叠型交换机使用专门的连接线路和接口完成交换机之间的连接，这种连接可提供 Gbit/s 到几十 Gbit/s 的传输带宽，相当于背板电路的扩展。此外，同一堆叠中的交换机必须是同一品牌，否则，堆叠不能正常工作。堆叠型交换机的堆叠连接电缆一般为并行传输，长度在 15m 以内，所以使用堆叠方式连接的几台交换机只能看作是一个交换机，在配置和管理上只作为一个交换机使用。如果需要把交换机放置在不同的地理位置，只能使用级联型交换机。

6.3 局域网规划设计

6.3.1 局域网设计

局域网设计步骤如下。

1. 需求分析

需求分析是要了解局域网用户现在想要实现什么功能，未来需要什么功能，为局域网的设计提供必要的条件。

2. 确定网络类型和带宽

（1）确定网络类型

现在局域网市场几乎完全被性能优良、价格低廉、升级和维护方便的以太网所占领，所以一般局域网都选择以太网。

（2）确定网络带宽和交换设备

一个大型局域网（数百台至上千台计算机构成的局域网）可以在逻辑上分为以下几个层次，即核心层、分布层和接入层。

在中小规模局域网（几十台至几百台计算机构成的局域网）中，可以将核心层与分布层合并，称为“折叠主干”，简称“主干”，称“接入层”为“分支”。

对于由几十台计算机构成的小型网络，可以不必采取分层设计的方法，因为规模太小了，不必分层处理。

（3）网络主干和分支方案确定之后，就可以选定交换机产品了。

现在市场上交换机产品品牌不下几十种。

交换机的数量由连入网络的计算机数量和网络拓扑结构来决定。

3. 确定布线方案和布线产品

现在布线系统主要是光纤和非屏蔽双绞线的天下，小型网络多以超五类非屏蔽双绞线为布线系统。因为布线是一次性工程，因此应考虑到未来几年内网络扩展的最大点数。

布线方案确定之后，就可以确定布线产品了，现在的布线产品有许多，如安普、IBM、IBDN、德特威勒等，可以根据实际需要确定。

4. 确定服务器和网络操作系统

服务器是网络数据储存的仓库，其重要性可想而知。服务器的类型和档次应与网络的规模和数据流量以及可靠性要求相匹配。

如果是几十台计算机以下的小型网络，而且数据流量不大，选用工作组级服务器基本上可以满足需要；如果是数百台的中型网络，要选用 3 至 5 万元左右的部门级服务器；如果是上千台的大型网络，5 万元甚至 10 万元以上的企业级服务器是必不可少的。

6.3.2 局域网综合布线

1．综合布线概念

综合布线系统（Premises Distributed System，PDS）是专为通信与计算机网络而设计的，它可以满足各种通信与计算机信息传输的要求，是为具有综合业务需求的计算机数据网开发的。

综合布线系统具体的应用对象主要是通信和数据交换，即语音、数据、传真、图像信号等。综合布线系统是一套综合系统，它可以使用相同的线缆、配线端子板、插头及模块插孔，解决传统布线存在的兼容性问题。综合布线系统是智能化大厦工程的重要组成部分，是智能化大厦传送信息的神经中枢。

2．综合布线系统的特点

与传统布线系统相比，综合布线系统具有兼容性、开放性、灵活性、可靠性、经济性、先进性等特点。

（1）兼容性

兼容性是指其设备可以用于多种系统。它将语音、数据信号的配线统一设计规划，采用统一的传输线、信息插接件等，把不同信号综合到一套标准布线系统中，同时，该系统比传统布线系统简洁很多，不存在重复投资，可以节约大量资金。

（2）开放性

综合布线系统由于采用开放式体系结构，符合国际标准，对现有著名厂商的硬件设备均是开放的，对通信协议也同样是开放的。

（3）灵活性

综合布线系统中每条线路均可传送语音、传真和数据，所有系统内的设备（计算机、终端、网络集散器、集线器或中心集线器、电话、传真）的开通及变动无需改变布线，只要在设备间或管理间做相应的跳线操作即可。

（4）可靠性

综合布线系统全部使用物理星型拓扑结构，任何一条线路有故障都不会影响其他线路，从而提高了可靠性。各系统采用同一传输介质，互为备用，又提高了备用冗余。

（5）经济性

综合布线系统设计信息点时要求按规划容量留有适当的发展容量，因此，就整体布线系统而言，按规划设计所做的经济分析表明，综合布线系统会比传统布线系统的性价比更优，后期运行维护及管理费也会下降。

（6）先进性

为了适应数据传递、语音及多媒体技术的发展，综合布线系统采用双绞线与光纤混合布置方式进行布线。

3．综合布线系统的构成

综合布线系统由 6 个子系统组成，即水平子系统、垂直子系统、工作区子系统、管理子系统、设备间子系统及建筑群子系统，如图 6-22 所示。大型布线系统需要用铜介质和光纤

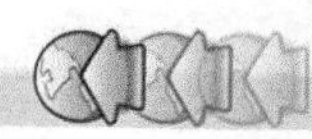

介质将 6 个子系统集成在一起。

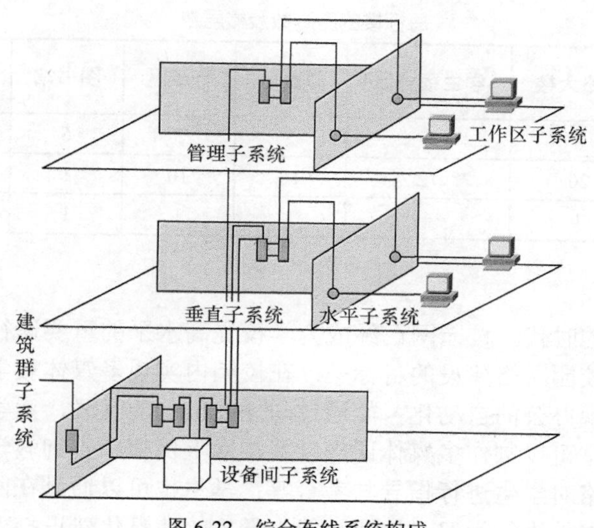

图 6-22　综合布线系统构成

（1）水平子系统：由信息插座、配线电缆或光纤、配线设备和跳线等组成，又称为配线子系统。

（2）垂直子系统：由配线设备、干线电缆或光纤、跳线等组成，又称为干线子系统。

（3）工作区子系统：需要终端设备的独立区域。

（4）管理子系统：是针对设备间、交接间、工作区的配线设备、缆线、信息插座等设施进行管理的系统。

（5）设备间子系统：是安装各种设备的场所。对综合布线而言，还包括安装的配线设备。

（6）建筑群子系统：由配线设备、建筑物之间的干线电缆或光纤、跳线等组成。

6.3.3　局域网设计案例

下面以××中学为例，规划设计校园网组网方案。

××中学是一所私立的全日制封闭中学，该中学包括了初中部和高中部，校园规模属于一般的中小型私立中学。图 6-23 为该中学的物理位置图，可简化分为 7 个区，分别是网络大楼、学生宿舍区、教师公寓区、行政区、办公区、图书馆、教学区。

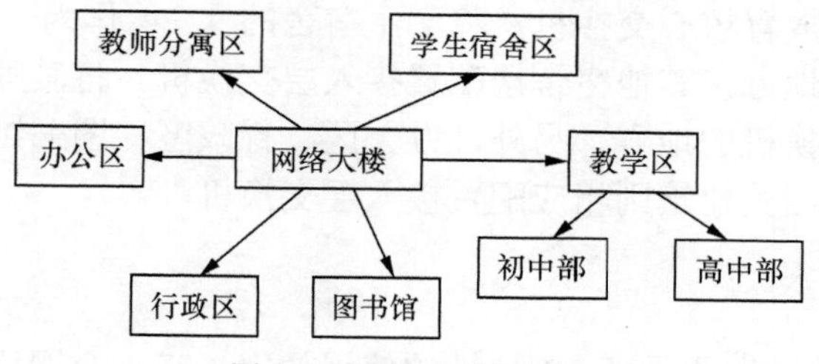

图 6-23　学校建筑分布图

其中学生宿舍区还包括 1 栋、2 栋、3 栋、4 栋学生宿舍楼，且 1 栋、3 栋为高中生的宿舍，2 栋、4 栋为初中生的宿舍。教师公寓区有两栋楼，分别为 A 区、B 区，教学区分为初

中部、高中部两栋楼。学校每栋大楼的具体情况见表 6-1。

表 6-1　　每栋楼的房间数及楼层数

建筑区 楼房情况	网络大楼	学生宿舍区	办公区	行政区	图书馆	教学区	教师公寓区
楼层数	8	6	5	3	6	6	5
每一层的房间数	20	12	18	10	1	7	10
栋数	1	4	1	1	1	2	2

1．需求分析

在信息高速发展的时代，校园网已经成为学校提高水平的重要途径。校园网络的主干承担着很大的信息量，校园网络建设的目标是：在校园内实现多媒体教学、教务管理、通信等信息共享功能，能实现办公的自动化；能通过与 Internet 的互联，为学校师生提供国际互联网上的各种服务；教室可以制作多媒体课件以及在网上保存和查询教学资源，能对学生进行多媒体教学和通过网络对学生进行指导与考查等；学生也可以通过在网上浏览和查询网上学习资源，从而可以更好地进行学习。校园网能为学校的信息化建设打下基础。

其主要的性能需求如下。

（1）用户的应用需求：根据用户单位的具体工作职能能提供各种应用服务，例如，要求此校园网能为用户提供教务管理、学籍管理、办公管理等，能为用户提供常用的服务，如 WWW 服务、文件服务、远程登录等。

（2）通信需求：通过 E-mail、网上 BBS 以及其他网络功能满足全校师生的通信与信息交换的要求，提供文件数据共享、电子邮箱服务等。

（3）性能需求：根据用户的业务需求，弄清用户对网络的主要性能指标的要求，如网络的容量、响应的时间与延迟、网络利用率与可靠性等。该校园网网络支持学校的日常办公和管理，包括办公自动化、档案管理、学生管理、教学管理等。

（4）安全与管理需求：由于校园网与外部网进行互联，应该采用一定的技术来控制网络的安全性，从内部和外部同时对网络资源的访问进行控制。当前主要的网络安全技术有用户身份验证、防火墙等技术。

2．校园网设计方案

经调查分析，根据校园建筑的物理位置分区后的校园网拓扑结构如图 6-24 所示。将网络大楼设为网络中心，放置核心交换机。将学生宿舍的 1～4 作为一个区，选择宿舍楼 1 作为放置汇聚层交换机的地方，其他宿舍楼配置接入层交换机。将教师公寓的 A、B 区，选择 A 区作为放置汇聚层交换机的地方。另外，办公区、行政区、图书馆、教学区分别放置一个汇聚层交换机，各自的相关建筑则相应配置接入层交换机。

3．子网划分方案

第 5 章已经介绍过，为了提高 IP 地址的使用效率，将一个网络划分为子网，采用借位的方式，从主机位最高位开始借位变为新的子网位，所剩余的部分则仍为主机位。这使得 IP 地址的结构分为三级地址结构，即网络位、子网位和主机位。这种层次结构便于 IP 地址

分配和管理。它的使用关键在于选择合适的层次结构——如何既能适应各种现实的物理网络规模，又能充分地利用 IP 地址空间。子网的划分主要是根据子网掩码来区分的，掩码的作用就是告诉电脑把“大网”划分为多少个“小网”，以及每个子网中的主机数目。学校子网的划分，如表 6-2 所示。

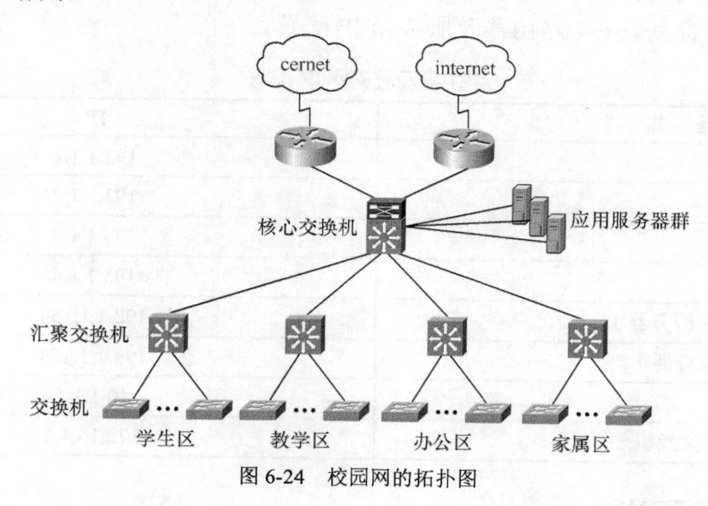

图 6-24　校园网的拓扑图

表 6-2　学校子网的划分表

序　号	子 网 名 称	主机地址范围
1	学生宿舍子网	172.16.4.3～172.16.6.253
2	教师公寓子网	172.16.8.1～172.16.11.254
3	行政区子网	172.16.12.1～172.16.15.254
4	图书馆子网	172.16.16.2～172.16.19.254
5	教学区子网	172.16.20.1～172.16.23.254
6	办公区子网	172.16.24.2～172.16.26.254
7	服务器群子网	172.16.28.1～172.16.31.254
8	无线网络子网	172.16.32.1～172.16.35.254

4．VLAN 划分

根据实际情况的需求分析，学生宿舍区高中部、初中部分别设置在两个不同的虚拟局域网中。图书馆和办公区分别设置虚拟局域网。分别在交换机上定义 VLAN 所对应的 IP 接口，如表 6-3 所示。

表 6-3　VLAN 配置

VLAN ID	所 属 位 置	网 段 地 址	子 网 掩 码
VLAN 1	学生宿舍区	172.16.4.0/22	255.255.252.0
VLAN 2	办公楼区	172.16.24.0/22	255.255.252.0
VLAN 3	图书馆区	172.16.16.0/22	255.255.252.0
VLAN 4	行政区	172.16.12.0/22	255.255.252.0

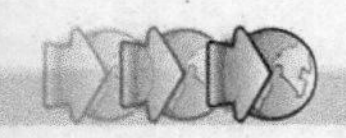

5．路由配置

根据校园网的需求分析，进行 IP 地址的划分，并相应地配置路由器、服务器等设备，该校园网使用的路由设备有 4 个端口，分别接 WWW 服务器、FTP 服务器、核心层交换机和外网，具体的配置见表 6-4 路由器及服务器 IP 配置。

表 6-4　路由器及服务器 IP 配置

服　务　器	IP
WWW 服务器	192.1.1.1
FTP 服务器	193.1.1.2
MAIL 服务器	194.1.1.3
DNS 服务器	195.1.1.4
路由端口 1（接 WWW 服务器）	192.1.1.254
路由端口 2（接 FTP 服务器）	193.1.1.254
路由端口 3（接外网）	10.1.1.1
路由端口 4（接核心层交换机）	172.16.4.2

6.4 局域网配置

6.4.1 局域网共享设置

1．基本网络配置——网络协议、网络服务、网络客户

在使用网络时，必须安装能使网络适配器与网络正确通信的网络协议，协议的类型取决于所在网络的类型。

网络协议的安装步骤如下。

（1）右键单击“网上邻居”，指向“属性”，打开“网络连接”对话框。

（2）右键单击“本地连接”，指向“属性”，打开“本地连接 属性”对话框，如图 6-25 所示。

（3）在“此连接使用下列项目”列表框中列出了目前系统中已经安装的网络组件，单击“安装”按钮，打开“选择网络组件类型”对话框，如图 6-26 所示。

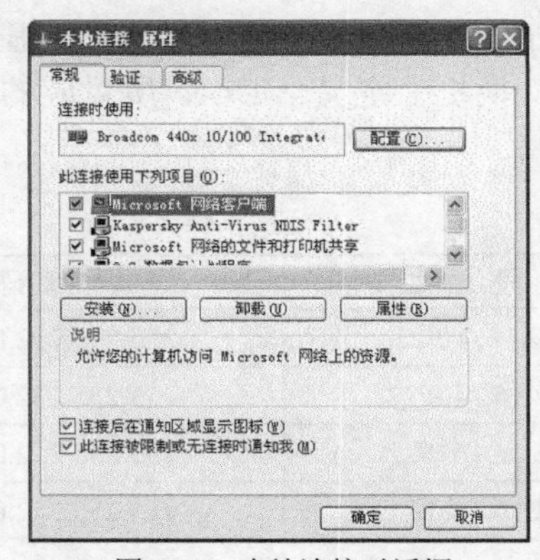

图 6-25　本地连接对话框

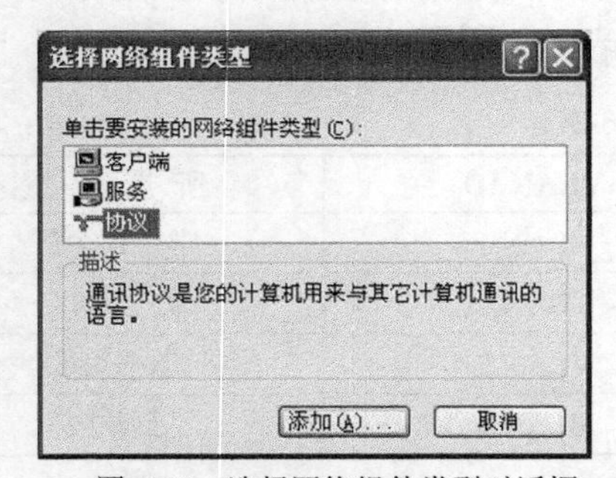

图 6-26　选择网络组件类型对话框

（4）在“单击要安装的网络组件类型”列表中列出了“客户端”、“服务”、“协议”3 个选项。

（5）选中“协议”选项，单击“添加”按钮，打开“选择网络协议对话框”对话框，如图 6-27 所示。

在“选择网络协议”对话框中，“网络协议”列表框中列出了 Windows XP 提供的网络协议在当前系统中尚未安装的部分，双击欲安装的协议名称，或选中协议名称后再单击“确定”按钮，被选中的协议将会添加至“本地连接属性”列表中。

（6）选中“服务”选项，单击“添加”按钮，打开“选择网络服务”对话框，如图 6-28 所示。

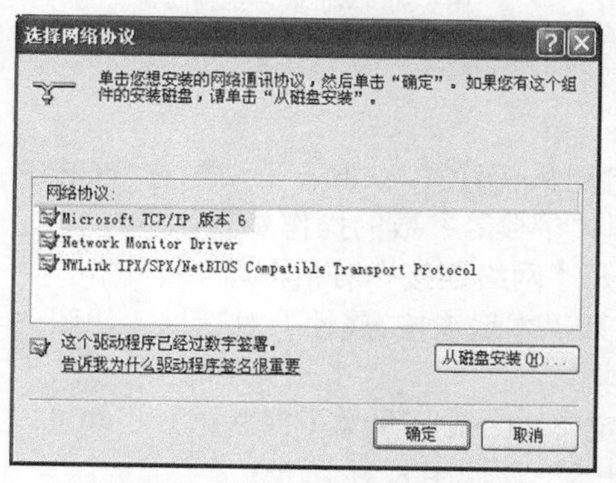

图 6-27　选择网络协议对话框

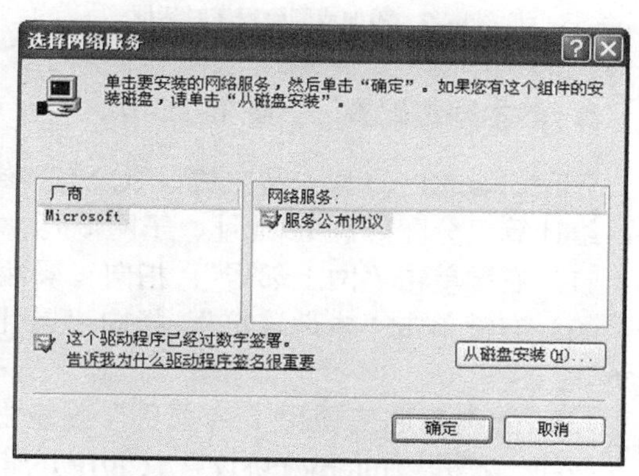

图 6-28　选择网络服务对话框

安装 Windows XP 时已经默认安装了“Microsoft Networks 的文件和打印机服务”，系统还提供了其他类型的网络服务，用户可根据需要来自行安装，以便向网络中其他的用户提供优先级不同的网络服务。添加网络服务与添加网络协议的方法相同。

（7）选中“客户端”选项，单击“添加”按钮，打开“选择网络客户端”对话框，可以添加、配置网络客户组件。

2．基本网络配置——添加网络组件

用户需要服务器系统启动某项管理或服务功能（例如，DHCP 服务、Windows Internet 命名服务或网络监视功能）时，若安装操作系统时，未安装这些网络组件，此时需要用户重新手动为系统添加网络组件，其操作步骤如下。

（1）打开“开始”，指向“设置”，再指向“控制面板”，单击“添加/删除程序”，打开“添加或删除程序”对话框，如图 6-29 所示。

（2）单击“添加/删除 Windows 组件”按钮，出现“Windows 组件向导”对话框，如图 6-30 所示。在对话框中的“组件”列表框中，系统列出了用户可以选择安装的网络组件。

（3）单击组件选项旁边的复选框确认安装该类组件，单击“下一步”按钮，系统自动在 Windows XP 的安装盘中查找安装组件所需的文件，对选择安装的网络组件进行安装配置。

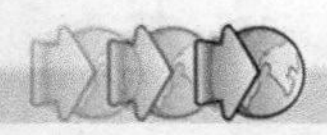

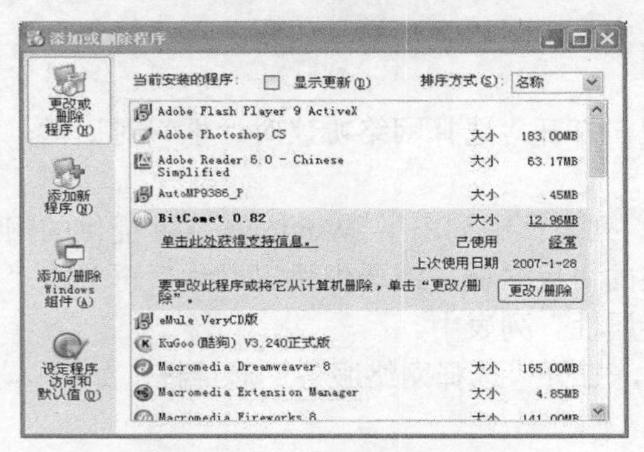

图 6-29　添加或删除程序对话框

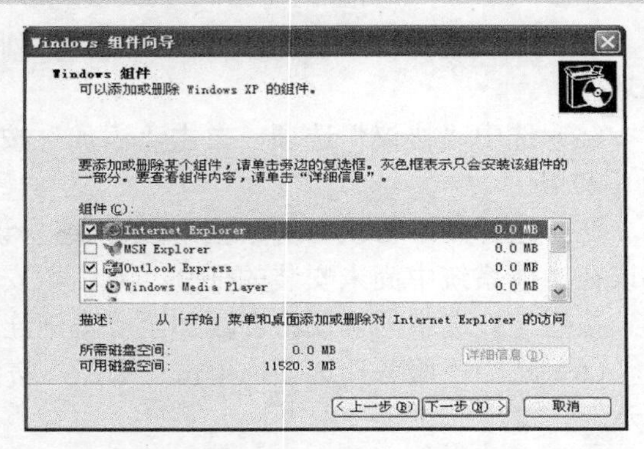

图 6-30　Windows 组件向导

3．基本网络配置——配置 TCP/IP

Windows XP 典型安装完成，TCP/IP 参数为自动从 DHCP 获取。手动配置 TCP/IP 参数，给计算机分配静态 IP 地址、子网掩码、默认网关参数等参数的操作步骤如下。

（1）右键单击“网上邻居”，指向“属性”，打开“网络连接”对话框。

（2）右键单击“本地连接”，指向“属性”，打开“本地连接 属性”对话框，如图 6-25 所示。

（3）在“此连接使用下列项目”列表框中选定“Internet 协议（TCP/IP）”，单击“属性”按钮，打开“Internet 协议（TCP/IP）属性”对话框，如图 6-31 所示。

（4）选中“使用下面的 IP 地址”，手动配置 IP 地址、子网掩码、默认网关、DNS 服务器地址。完成后单击“确定”按钮进行设置保存。不用重新启动计算机，设置即可生效。

4．添加与管理共享文件夹

（1）在非系统盘下新建一个文件夹，如“D:\练习”，选中该文件夹，单击鼠标右键，选中“共享和安全”，出现如图 6-32 所示的“练习 属性”对话框。

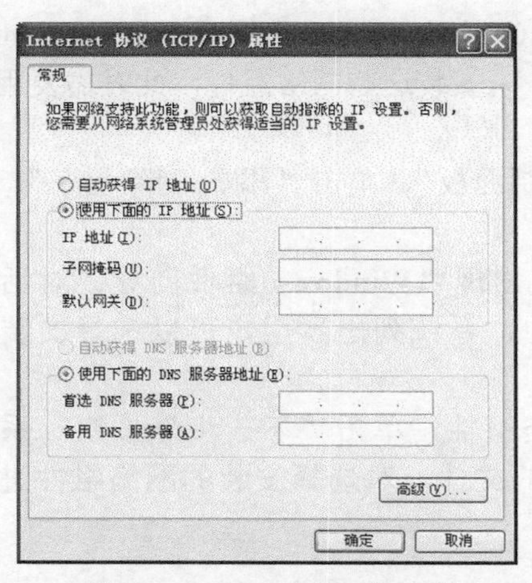

图 6-31　Internet 协议属性对话框

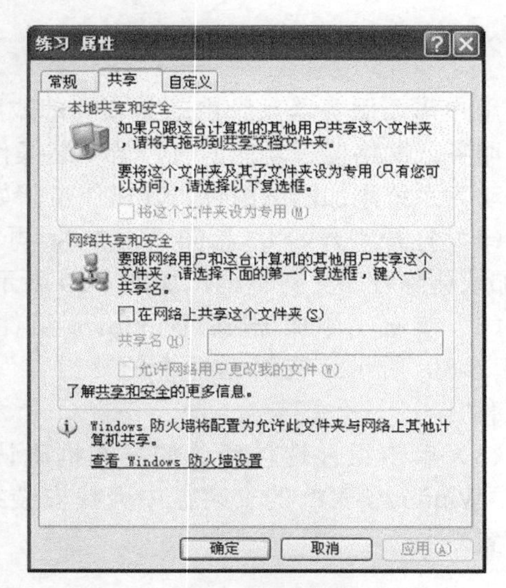

图 6-32　练习属性对话框

（2）选中“在网络上共享这个文件夹”旁边的复选框，并在“共享名”后输入一个供网络中其他用户访问该资源时使用的名称。如果允许网络用户更改文件，把“允许网络用户更改我的文件”的复选框选中即可。

（3）打开“开始”菜单，选择“设置”-“控制面板”-“管理工具”命令后，打开“计算机管理”窗口，然后单击“共享文件夹”-“共享”，打开如图 6-33 所示的窗口。

（4）在窗口的右边显示出当前计算机中所有的共享文件夹的信息。网络中的其他用户可通过“网上邻居”找到该共享文件夹，实现资源共享。

（5）如果要取消所建共享目录，如“D:\练习”的共享属性，选中该文件夹，单击鼠标右键，选中“共享和安全”，不选中“在网络上共享这个文件夹”旁边的复选框即可。

（6）映射网络驱动器。

① 右击“我的电脑”，选择“映射网络驱动器”，打开如图 6-34 所示对话框。

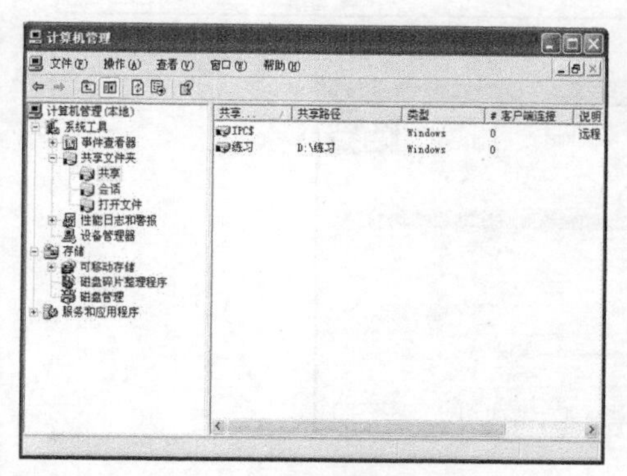

图 6-33　计算机管理窗口

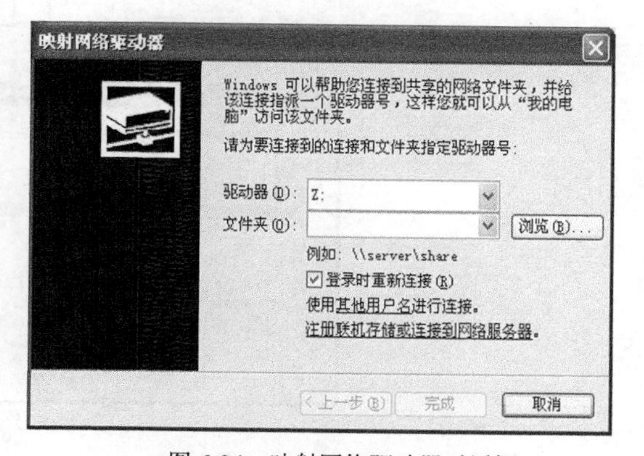

图 6-34　映射网络驱动器对话框

② 在“驱动器”下拉列表框中，选择一个本机没有的盘符作为共享文件夹的映射驱动器符号。输入要共享的文件夹名及路径，或者单击“浏览”按钮打开“浏览文件夹”对话框，选择要映射的文件夹。

③ 如果需要下次登录时自动建立同共享文件夹的连接，选定“登录时重新连接”复选框。

④ 单击“完成”按钮，即可完成对共享文件夹到本机的映射。完成后，打开“我的电脑”，将发现本机多了一个驱动器盘符，通过该驱动器盘符可以访问该共享文件夹，如同访问本机的物理磁盘一样。

⑤ 如果要断开网络驱动器，右键单击“我的电脑”，选择“断开网络驱动器”，然后选择要断开的网络驱动器，单击“确定”按钮即可。

5. 添加共享打印机

（1）打开“开始”菜单，选择“设置”-“打印机和传真”-“添加打印机”命令后，打开“添加打印机向导”窗口，然后单击“下一步”按钮，打开如图 6-35（a）所示的窗口。

（2）选中“网络打印机或连接到其他计算机的打印机”，单击“下一步”，出现如图 6-35（b）所示的对话框。

（3）选中第二项，如果知道打印机的准确位置和名称，则可以在“名称”编辑框中输入要添加的打印机的位置和名称。如果不能确定，则保持“名称”编辑框为空，单击“下一

步”按钮，出现如图 6-35（c）所示的对话框。

（4）找到所要添加的网络打印机，单击“下一步”按钮，在出现的对话框中选择“是”按钮，将打印机设置为默认打印机。

（5）单击“下一步”按钮，在出现的对话框中单击“完成”按钮，结束安装。此时就可以共享网络中的打印机进行打印了。

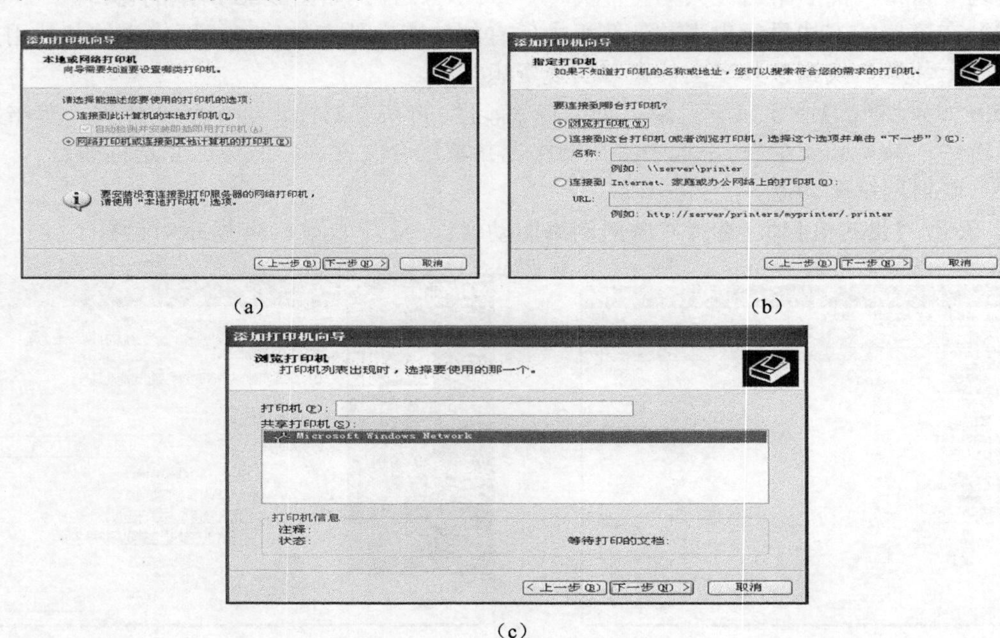

图 6-35 添加打印机向导对话框

6.4.2 交换机带外管理

交换机的管理方式基本分为两种：带内管理和带外管理。

带内管理指通过业务通道对设备进行维护与管理，即同一根物理连线除了传输业务数据外还同时传输网管数据。带内管理利用原有的业务通道传输网管数据，节约了资源。

带外管理指用 PC 直接通过连接交换机的 Console 口对设备进行维护与管理。带外管理不占用交换机的网络接口，其特点是需要使用配置线缆，近距离配置。

第一次配置交换机时必须利用 Console 端口进行配置。

交换机带外管理步骤如下。

1. 连线

如图 6-36 所示，用 Console 线将 PC 的串口和交换机 Console 口相连，对交换机进行带外管理。

2. 使用超级终端连入交换机

单击“开始”-“程序”-“附件”-“通信”-超级终端”，为建立的超级终端连接取名字。单击后出现图 6-37 界面，输入新建连接的名称，系统会为用户把这个连接保存在附件

中的通信栏中，以便于用户的下次使用。单击“确定”按钮。

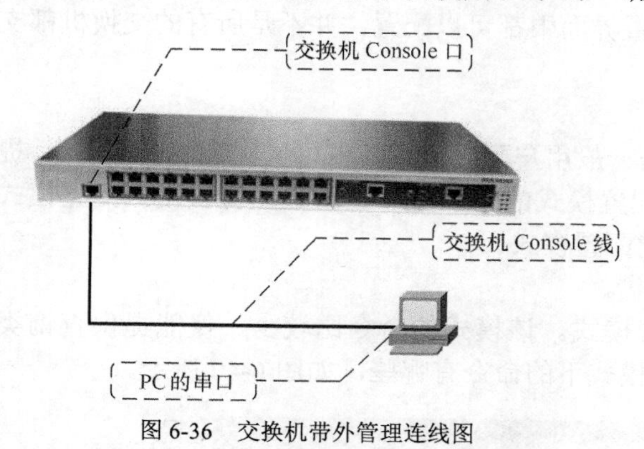

图 6-36　交换机带外管理连线图

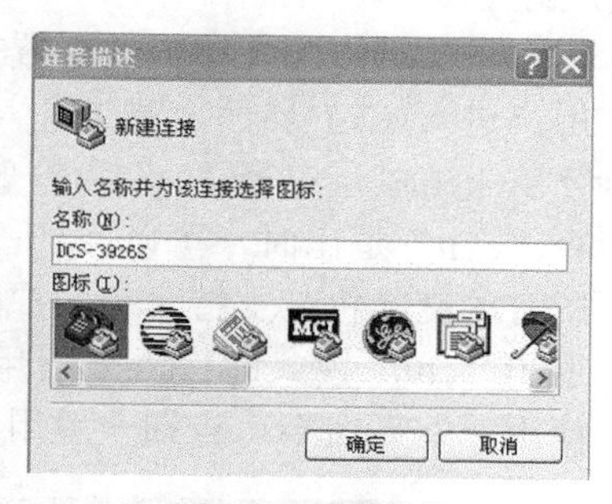

图 6-37　新建连接

选择所使用的端口号，缺省设置是在“COM1”口上，如图 6-38 所示。

设置超级终端属性，设置端口属性如图 6-39 所示。进入交换机配置命令行模式，对交换机进行配置。

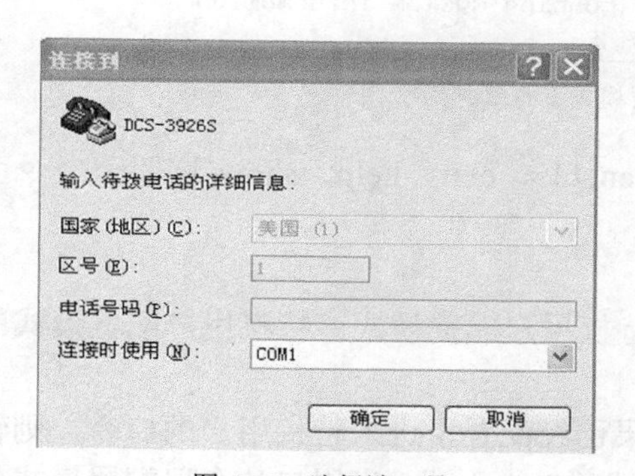

图 6-38　选择端口号

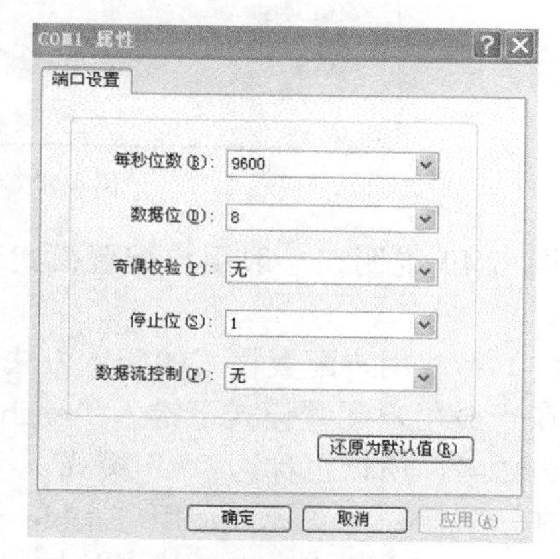

图 6-39　设置端口属性

6.4.3　交换机配置模式及 CLI 界面调试技巧

1．交换机配置模式

交换机主要有一般用户配置模式、特权配置模式、全局配置模式、端口配置模式等模式。

（1）setup 模式的配置方法

交换机出厂第一次启动，进入“setup configuration”，用户可以选择进入 setup 模式或者跳出 setup 模式。

Setup 配置大多是以菜单的形式出现的，在 setup 配置模式中可以做一些交换机最基本的配置，比如修改交换机提示符、配置交换机 IP 地址、启动 Web 服务等。

更多情况下，为了配置更复杂的网络环境，我们经常直接跳出 setup 模式，而使用命令行方式进行配置。用户从 setup 配置模式退出后，进入到命令行界面（command-line

interface，CLI）配置界面。

Setup 模式所做的所有配置在 CLI 配置界面中都可以配置。并不是所有的交换机都支持 setup 配置模式。

（2）一般用户配置模式的配置方法

用户进入 CLI 界面，首先进入的就是一般用户配置模式，也可以称为“>”模式，提示符为“Switch>”，符号“>”为一般用户配置模式的提示符。当用户从特权用户配置模式使用命令“exit”退出时，可以回到一般用户配置模式。

所有的交换机都支持一般用户配置模式。

退出 setup 模式即进入一般用户配置模式。该模式的命令比较少，仅能提供查询类命令，使用“？”命令可查询一般用户配置模式下的命令有哪些，如图 6-40 所示。

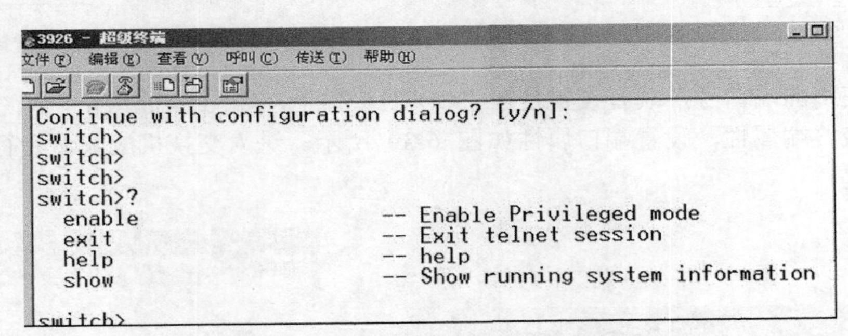

图 6-40 一般用户配置模式下的命令

图 6-40 说明在一般用户配置模式下，只有 enable、exit、help、show 这四个命令可以使用。

（3）特权用户配置模式的配置方法

在一般用户配置模式下键入“enable”进入特权用户配置模式。特权用户配置模式的提示符为“#”，所以也称为“#”模式。

在一般用户配置模式使用 Enable 命令，如果已经配置了进入特权用户的口令，则输入相应的特权用户口令，即可进入特权用户配置模式“Switch#”。当用户从全局配置模式使用“exit”退出时，也可以回到一般用户配置模式。另外交换机提供“Ctrl+z”的快捷键，使得交换机在任何配置模式（一般用户配置模式除外），都可以退回到特权用户配置模式。

所有的交换机都支持特权用户配置模式。

在特权用户配置模式下，用户可以查询交换机配置信息、各个端口的连接情况、收发数据统计等。在进入特权模式后，可以进入到全局模式对交换机的各项配置进行修改，因此进行特权用户配置模式必须要设置特权用户口令，防止非特权用户的非法使用。

（4）全局配置模式的配置方法

在特权模式下输入“config terminal”、“config t”或“config”就可以进入全局配置模式，全局配置模式也称为“config”模式。

在全局配置模式下，可以对交换机进行全局性的配置，如对 MAC 地址表、端口镜像、创建 VLAN、启动 IGMP Snnooping 等。用户在全局配置模式下还可以通过命令进入到端口对各个端口进行配置。

在全局配置模式下，还可以进一步进行端口配置，端口配置模式的配置方法如图 6-41

所示。

```
switch#config
switch(Config)#interface ethernet 0/0/1
switch(Config-Ethernet0/0/1)#
switch(Config-Ethernet0/0/1)#exit
switch(Config)#interface vlan 1
%Jan 01 00:20:26 2001 %LINK-5-CHANGED: Interface Vlan1, changed state to UP
switch(Config-If-Vlan1)#_
```

图 6-41　端口配置模式

在全局配置模式下，也可进行 VLAN 的配置，VLAN 配置模式的配置方法如图 6-42 所示。

```
switch(Config)#vlan 100
switch(Config-Vlan100)#exit
switch(Config)#exit
switch#vlan 100
> Unrecognized command or illegal parameter!
switch#show vlan
VLAN Name         Type       Media     Ports
---- ------------ ---------- --------- ----------------------------------------
1    default      Static     ENET      Ethernet0/0/1          Ethernet0/0/2
                                       Ethernet0/0/3          Ethernet0/0/4
                                       Ethernet0/0/5          Ethernet0/0/6
                                       Ethernet0/0/7          Ethernet0/0/8
                                       Ethernet0/0/9          Ethernet0/0/10
                                       Ethernet0/0/11         Ethernet0/0/12
                                       Ethernet0/0/13         Ethernet0/0/14
                                       Ethernet0/0/15         Ethernet0/0/16
                                       Ethernet0/0/17         Ethernet0/0/18
                                       Ethernet0/0/19         Ethernet0/0/20
                                       Ethernet0/0/21         Ethernet0/0/22
                                       Ethernet0/0/23         Ethernet0/0/24
100  VLAN0100     Static     ENET
switch#_
```

图 6-42　VLAN 配置模式

（5）交换机配置模式总结

交换机的命令行操作模式主要包括用户模式、特权模式、全局配置模式、端口模式等。

① 用户模式：进入交换机后得到的第一个操作模式，该模式下可以简单查看交换机的软、硬件版本信息，并进行简单的测试。用户模式提示符为“switch”。

② 特权模式：由一般用户模式进入的下一级模式，该模式下可以对交换机的配置文件进行管理，查看交换机的配置信息，进行网络的测试和调试等。特权用户模式提示符为“switch#”。

③ 全局配置模式：属于特权模式的下一级模式，该模式下可以配置交换机的全局性参数（如主机名、登录信息等）。在该模式下可以进入下一级的配置模式，对交换机具体的功能进行配置。全局模式提示符为“switch(config)#”。

④ 端口模式：属于全局模式的下一级模式，该模式下可以对交换机的端口进行参数配置。端口模式提示符为“switch(config-if)#”。

交换机各种模式间的切换关系如图 6-43 所示。

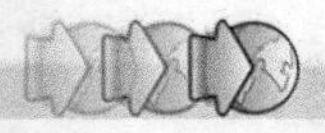

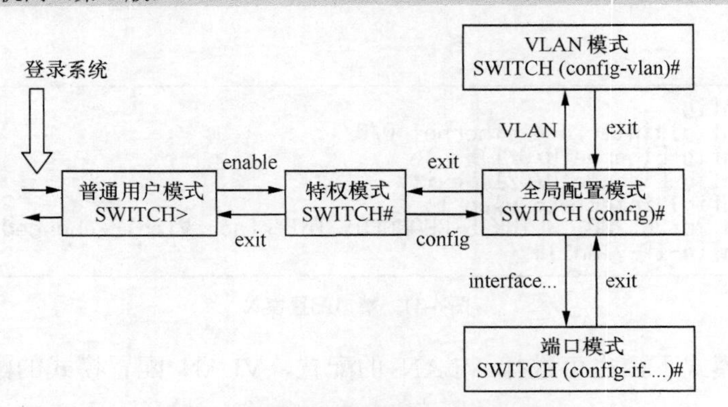

图6-43　交换机各种模式间的切换关系

命令模式向下兼容，普通用户模式中的所有命令在特权模式下都能执行，普通用户模式和特权模式中的所有命令在全局配置模式下都能执行。不同级别的用户可以进入不同的命令模式。同时，对于不同级别的用户，即使进入同样的模式，他们所能执行的命令也会有所不同。

2. CLI界面调试技巧

（1）“？”的使用

```
switch#show v?
version                          //查看交换机的版本号
vlan                             //VLAN信息
vlan-translation                 //VLAN转换
vrrp                             //VRRP信息
switch#show version              //查看交换机版本信息
```

（2）查看错误信息

```
switch#show v                    //直接敲show v，回车
> Ambiguous command!             //根据已有输入可以产生至少两种不同的解释
switch#
switch#show valn                 //show vlan 写成了show valn
> Unrecognized command or illegal parameter!   // 不识别的命令
switch#
```

（3）不完全匹配

```
switch#show ver          //应该是show version，没有敲全，但是无歧义即可
DCRS-5650-52CT Device, Compiled on Nov 11 12:13:16 2011
  SoftWare Version DCRS-5650-52CT_6.0.220.46
  BootRom Version DCRS-5650-52CT_2.0.2
  HardWare Version R01C
  Copyright (C) 2001-2007 by Digital China Networks Limited.
  All rights reserved
  Uptime is 0 weeks, 0 days, 9 hours, 2 minutes
switch#
```

（4）Tab 的用途

```
switch#show v            //show v 按 Tab 键，出错，因为有 show vlan，有歧义
> Ambiguous command!
switch#show ver          //show ver 按 Tab 键补全命令
DCRS-5650-52CT Device, Compiled on Nov 11 12:13:16 2011
  SoftWare Version DCRS-5650-52CT_6.0.220.46
  BootRom Version DCRS-5650-52CT_2.0.2
  HardWare Version R01C
  Copyright (C) 2001-2007 by Digital China Networks Limited.
  All rights reserved
  Uptime is 0 weeks, 0 days, 9 hours, 2 minutes
switch#
```

只有当前命令正确的情况下才可以使用 Tab 键，也就是说如果命令没有输全，但是 Tab 键又没有起作用时，就说明当前的命令中出现了错误，或者命令错误，或者参数错误等，需要仔细排查。

（5）否定命令“no”

```
switch#config                                //进入全局配置模式
switch(Config)#vlan  10                      //创建 VLAN 10 并进入 VLAN 配置模式
switch(Config-Vlan10 )#exit                  //退出 VLAN 配置模式
switch(Config)#show vlan                     //查看 VLAN
> Unrecognized com mand or illegal parameter!     //该命令不在全局配置
模式下
switch(Config)#exit                          //退出全局配置模式
switch#show vlan                             //查看 VLAN 信息
VLAN Name      Type      Media     Ports
---- ----------- --------- -------- --------------------------
1   default     Static    ENET     Ethernet0/0/1      Ethernet0/0/2
                                   Ethernet0/0/3      Ethernet0/0/4
                                   Ethernet0/0/5      Ethernet0/0/6
                                   Ethernet0/0
                                   Ethernet0/0/9      Ethernet0/0/10
                                   Ethernet0/0/11     Ethernet0/0/12
                                   Ethernet0/0/13     Ethernet0/0/14
                                   Ethernet0/0/15     Ethernet0/0/16
                                   Ethernet0/0/17     Ethernet0/0/18
                                   Ethernet0/0/19     Ethernet0/0/20
                                   Ethernet0/0/21     Ethernet0/0/22
                                   Ethernet0/0/23     Ethernet0/0/24
                                   ……
                                   ……
```

```
10  VLAN0010    Static    ENET     //有 VLAN 10 的存在
switch#config
switch(Config)#no vlan 10        //使用 no 命令删掉 vlan 10
switch(Config)#exit
switch#show vlan
VLAN Name          Type       Media     Ports
---- ----------- --------- -------- ---------------------------
1   default    Static   ENET    Ethernet0/0/1      Ethernet0/0/2
                                 Ethernet0/0/3       Ethernet0/0/4
                                 Ethernet0/0/5       Ethernet0/0/6
                                 Ethernet0/0/7       Ethernet0/0/8
                                 Ethernet0/0/9       Ethernet0/0/10
                                 Ethernet0/0/11      Ethernet0/0/12
                                 Ethernet0/0/13      Ethernet0/0/14
                                 Ethernet0/0/15      Ethernet0/0/16
                                 Ethernet0/0/17      Ethernet0/0/18
                                 Ethernet0/0/19      Ethernet0/0/20
                                 Ethernet0/0/21      Ethernet0/0/22
                                 Ethernet0/0/23      Ethernet0/0/24
switch#                          //vlan 10 不见了，已经删掉了
```

交换机中大部分命令的逆命令都是采用 no 命令的模式，还有一种否定的模式是 enable 和 disable 的相反。

（6）使用上下光标键“↑”“↓”来选择已经敲过的命令来节省时间。

6.4.4 交换机基本配置命令

1．配置语法

交换机为用户提供了各种各样的配置命令，尽管这些配置命令的形式各不一样，但它们都遵循交换机配置命令的语法。以下是交换机提供的通用命令格式。

```
cmdtxt <variable> {enum1 | enum2 } [option]
```

语法说明：黑体字 cmdtxt 表示命令关键字，<variable>表示参数为变量，{enum1 | … | enumN } 表示在参数集 enum1 ～enumN 中必须选一个参数，[option]中的“[ ]” 表示该参数为可选项。在各种命令中还会出现“< >”“{ }”“[ ]”符号的组合使用，如[<variable>]、{enum1 <variable>| enum2}、[option1 [option2]] 等。

下面是几种配置命令语法的具体分析。

- show version，没有任何参数，属于只有关键字没有参数的命令，直接输入命令即可。
- vlan <vlan-id>，输入关键字后，还需要输入相应的参数值。
- duplex {auto|full|half}，此类命令用户可以输入 duplex half、duplex full 或者 duplex auto。

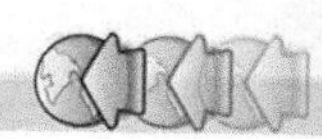

- snmp-server community {ro|rw} <string>，出现以下两种输入情况。

```
snmp-server community ro <string>
snmp-server community rw <string>
```

2．支持快捷键

交换机为方便用户的配置，特别提供了多个快捷键，如上、下、左、右键及删除键 BackSpace 等。如果超级终端不支持上下光标键的识别，可以使用 Ctrl+P 快捷键和 Ctrl+N 快捷键来替代。表 6-5 列出了一些常用的快捷键。

表 6-5　　交换机常用快捷键

<table>
<tr><th>按　键</th><th colspan="2">功　能</th></tr>
<tr><td>删除键 BackSpace</td><td colspan="2">删除光标所在位置的前一个字符，光标前移</td></tr>
<tr><td>上光标键“↑”</td><td colspan="2">显示上一个输入命令
最多可显示最近输入的 10 个命令</td></tr>
<tr><td>下光标键“↓”</td><td colspan="2">显示下一个输入命令。当使用上光标键回溯到以前输入的命令时，也可以使用下光标键退回到相对于前一个命令的下一个命令</td></tr>
<tr><td>左光标键“←”</td><td>光标向左移动一个位置</td><td rowspan="2">左右键的配合使用，可对已输入的命令做覆盖修改</td></tr>
<tr><td>右光标键“→”</td><td>光标向右移动一个位置</td></tr>
<tr><td>Ctr+p</td><td colspan="2">相当于上光标键“↑”的作用</td></tr>
<tr><td>Ctr+n</td><td colspan="2">相当于下光标键“↓”的作用</td></tr>
<tr><td>Ctr+z</td><td colspan="2">从其他配置模式（一般用户配置模式除外）直接退回到特权用户模式</td></tr>
<tr><td>Ctr+c</td><td colspan="2">打断交换机 ping 其他主机的进程</td></tr>
<tr><td>Tab 键</td><td colspan="2">当输入的字符串可以无冲突的表示命令或关键字时，可以使用 Tab 键将其补齐成完整的命令或关键字</td></tr>
</table>

3．帮助功能

交换机为用户提供了两种方式获取帮助信息，其中一种方式为使用“help”命令，另一种为“？”方式。两种方式的使用方法和功能见表 6-6。

表 6-6　　交换机获取帮助信息的两种方式

帮　助	使用方法及功能
Help	在任一命令模式下，输入“help”命令均可获取有关帮助系统的简单描述
“？”	1．在任一命令模式下，输入“？”获取该命令模式下的所有命令及其简单描述 2．在命令的关键字后，输入以空格分隔的“？”。若该位置是参数，会输出该参数类型、范围等描述：若该位置是关键字，则列出关键字的集合及其简单描述：若输出“<cr>”，则此命令已输入完整，在该处键入回车即可 3．在字符串后紧接着输入“？”，会列出以该字符串开头的所有命令

使用指南：交换机提供随时随地的在线帮助；help 命令则显示关于整个帮助体系的信息，包括完全帮助和部分帮助，用户可以随时随地键入“？”，获取在线帮助。

关于帮助命令举例如下。

```
DCRS-5650-52CT>help
CLI provides advanced help feature.  When you need help,
anytime at the command line please press '?'.
If nothing matches, the help list will be empty and you must
backup
until entering a '?' shows the available options.
Two styles of help are provided:
1. Full help is available when you are ready to enter a
   command argument (e.g. 'show ?') and describes each possible
   argument.
2. Partial help is provided when an abbreviated argument is
entered
   and you want to know what arguments match the input
   (e.g. 'show ve?'.)
```

4．对输入的检查

（1）成功返回信息

通过键盘输入的所有命令都要经过 Shell 的语法检查。当用户正确输入相应模式下的命令后，且命令执行成功，不会显示信息。

（2）错误返回信息

常见的错误返回信息见表 6-7。

表 6-7　交换机常见错误返回信息

输出错误信息	错 误 原 因
Unrecognized command or illegal parameter!	命令不存在，或者参数的范围、类型、格式有错误
Ambiguous command	根据已有输入可以产生至少两种不同的解释
Invalid command or parameter	命令解析成功，但没有任何有效的参数记录
Shell Task error …	多任务时，新的 shell 任务启动失败
This command is not exist in current mode	命令可解析，但当前模式下不能配置该命令
Please configurate precursor command "*" at first!	当前输入可以被正确解析，但其前导命令尚未配置
Syntax error: missing "" before the end of command line!	输入中使用了引号，但没有成对出现

5．支持不完全匹配

绝大部分交换机的 Shell 支持不完全匹配的搜索命令和关键字，当输入无冲突的命令或关键字时，Shell 就会正确解析，有冲突的时候会显示“Ambiguous command”。

例如，对特权用户配置命令“show interface ethernet 1”，只要输入“sh in e 1”即可。

再如，对特权用户配置命令“show running-config”，如果仅输入“sh r”，系统会报“> Ambiguous command!”，因为 Shell 无法区分“show r”是“show rom”命令还是“show running-config”命令，因此必须输入“sh ru”，Shell 才会正确地解析。

6．常用配置技巧

（1）命令简写

在输入一个命令时可以只输入各个命令字符串的前面部分，只要长到系统能够与其他命令关键字区分就可以。例如，如果输入“logging console”命令，可只需输入“logging c”，系统会自动进行识别。如果输入的缩写命令太短，无法与别的命令区分，系统会提示继续输入后面的字符。

（2）命令完成

如果在输入一个命令字符串的部分字符后按 Tab 键，系统会自动显示该命令的剩余字符串形成一个完整的命令。例如在输入“log”后键入 Tab 键，系统会自动补成“logging”。当然，所键入的部分字符也需要足够长，以区分不同的命令。

（3）命令查询

如果知道一个命令的部分字符串，也可以通过在部分字符串后面输入“？”来显示匹配该字符串的所有命令，例如，输入“s?”将显示以 s 开头的所有关键字。

```
Console#show s?
snmp    startup-config system
```

（4）否定命令的作用

对于许多配置命令你可以输入前缀 no 来取消一个命令的作用，或者是将配置重新设置为默认值。例如，logging 命令会将系统信息传送到主机服务器，为了禁止传送，可输入 no logging 命令。

（5）命令历史

交换机可以记忆已经输入的命令，用户可以用“Ctrl+P”调出已经输入的命令，也可以用“show history”来显示已经输入的命令列表。

6.4.5　交换机 VLAN 划分

图 6-44 是由一个交换机、两台计算机组建的局域网的拓扑图。图中各设备 IP 地址规划见表 6-8。

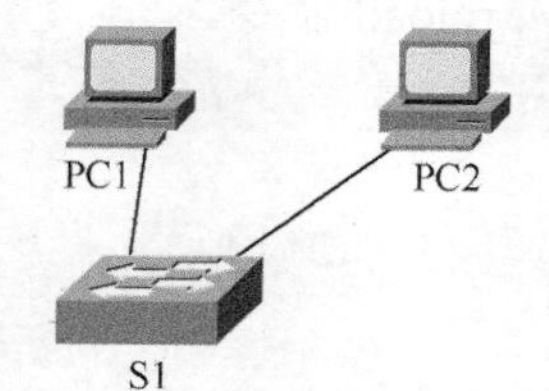

图 6-44　交换机划分 VLAN

表 6-8　VLAN 地址规划

设　备	接　口	IP 地址	子网掩码	默认网关
PC1	网卡	192.168.99.21	255.255.255.0	192.168.99.11
PC2	网卡	192.168.99.22	255.255.255.0	192.168.99.11
S1	VLAN99	192.168.99.11	255.255.255.0	192.168.99.1

配置步骤如下。

1．连接网络电缆，删除配置，然后重新加载交换机

（1）根据拓扑图 6-44 所示完成网络电缆连接，将 PC1 连接至 S1 的 Fa0/24 端口，将 PC2 连接至 S1 的 Fa0/23 端口。

（2）删除 VLAN 数据库信息文件。

```
Switch#delete flash:
Delete filename[]? vlan.dat
Delete flash:/vlan.dat?[confirm]
```

如果没有 VLAN 文件，则会显示以下消息。

```
%Error deleting flash:/vlan.dat (No such file or directory)
```

（3）从 NVRAM 删除交换机启动配置文件。

```
Switch#erase startup-config
```

响应行显示的提示信息如下。

```
Erasing the nvram filesystem will remove all files! Continue?
[confirm]
```

按 Enter 确认，随后系统显示如下。

```
Erase of nvram: complete
```

（4）检查 VLAN 信息是否已删除。

使用 show vlan 命令检查步骤（2）是否确实删除了 VLAN 配置。

如果步骤（2）成功删除了 VLAN 信息，则转到步骤（5）并使用 reload 命令重新启动交换机。

如果之前的 VLAN 配置信息（默认管理 VLAN 1 除外）仍然存在，则必须将交换机重新通电（硬件重启），而不能使用 reload 命令。要对交换机重新加电，请拔下交换机背面的电源线，然后重新插入。

（5）重新启动软件。

如果已通过重新通电的方式重启了交换机，则无需执行此步骤。

在特权执行模式提示符下，输入 reload 命令。

```
Switch#reload
```

响应行显示的提示信息如下。

```
Press RETURN to get started! [Enter]
```

2．对交换机进行基本配置

（1）为交换机指定名称 S1

```
Switch>en
Switch#conf  t
Switch(config)#hostname S1
S1(config)#
```

（2）设置访问口令

进入控制台的配置行模式，将登录口令设置为 123。

```
S1>en
S1#conf  t
S1(config)#line console 0
S1 (config-line)# password 123
S1 (config-line)# login
```

（3）设置命令模式口令

将使能加密口令设置为 class。此口令用于保护对特权执行模式的访问。

```
S1>en
S1#conf  t
S1(config)#enable password class
S1(config)#
```

（4）配置交换机的第 3 层地址

必须先为主机分配 IP 地址，然后才能从 PC1 远程管理 S1。交换机的默认配置是通过 VLAN 1 控制交换机的管理。但基本交换机配置的最佳做法是将管理 VLAN 改为 VLAN 1 以外的 VLAN，出于管理目的，我们将使用 VLAN 99。选择 VLAN 99 并没有特别的含义，是随意选择的。

首先需要在交换机上创建新的 VLAN 99。然后将交换机的 IP 地址设置为 192.168.99.11，在内部虚拟接口 VLAN 99 上使用子网掩码 255.255.255.0。

```
S1(config)#vlan 99
S1(config-vlan)#interface vlan99
%LINK-5-CHANGED: Interface Vlan99, changed state to up  【ENTER】
S1(config-if)#ip address 192.168.99.11 255.255.255.0
S1(config-if)#no shutdown
S1(config-if)#exit
```

请注意，即使输入了命令 no shutdown，VLAN 99 接口也处于关闭状态。该接口目前关闭的原因是没有为 VLAN 99 分配交换机端口。

将端口 Fa0/20 到端口 Fa0/24 分配到 VLAN 99。

```
S1#configure terminal
S1(config)#interface range fa0/20 - 24
S1(config-if-range)#switchport access vlan 99
%LINEPROTO-5-UPDOWN: Line protocol on Interface Vlan99, changed
state to upS1(config-if-range)#[enter]
S1(config-if-range)#exit
S1(config)#
```

但是，要在主机与交换机之间建立连接，主机使用的端口必须与交换机位于同一个 VLAN 中。在以上输出中，VLAN 1 的接口关闭是因为没有为其分配端口。几秒钟后，VLAN 99 将会打开，因为此时至少有一个端口已经分配到 VLAN 99。

（5）设置交换机的默认网关

S1 是一个第 2 层交换机，因此根据第 2 层报头来做出转发决策。如果有多个网络连接到交换机，则需要指定交换机如何转发网间帧，因为路径必须在第 3 层确定。这可以通过规

定指向路由器或第3层交换机的默认网关地址来实现。虽然此活动不包括外部IP网关，但假定您最终会将LAN连接到路由器以进行外部访问。假设路由器上的LAN接口是192.168.99.1，请设置交换机的默认网关。

```
S1(config)#ip default-gateway 192.168.99.1
S1(config)#exit
```

（6）检查管理VLAN的配置

```
S1#show interface vlan 99
```

检查结果会显示（省略部分输出）。

```
Vlan99 is up, line protocol is up
Internet address is 192.168.99.11/24
```

（7）配置主机的IP地址和默认网关

将PC1的IP地址设置为192.168.99.21，使用子网掩码255.255.255.0。将默认网关配置为192.168.99.11。

将PC2的IP地址设置为192.168.99.22，使用子网掩码255.255.255.0。将默认网关配置为192.168.99.11。

（8）检验连通性

请从PC1 ping交换机的IP地址(192.168.99.11)。

请从PC2 ping交换机的IP地址(192.168.99.11)。

请从PC1 ping PC2的IP地址(192.168.99.22)。

如果不成功，纠正交换机和主机的配置错误。

（9）保存配置

若已经完成了交换机的基本配置。现在将运行配置文件备份到NVRAM，以确保所做的更改在系统重新启动或断电时不会丢失。

```
S1#copy running-config startup-config
Destination filename [startup-config]?[enter]
```

6.4.6 常用网络命令

交换机常用网络命令包括ipconfig、ping、Netstat、ARP、Tracert等。

1. IPConfig命令

ipconfig命令用来显示本机当前的TCP/IP配置信息。这些信息一般用来验证TCP/IP设置是否正确。如果我们的计算机和所在的局域网使用了动态主机配置协议（DHCP），这个程序所显示的信息也许更加实用。这时，IPConfig可以让我们了解自己的计算机是否成功地租用到一个IP地址，如果租用到则可以了解它目前分配到的是什么地址。了解计算机当前的IP地址、子网掩码和缺省网关实际上是进行测试和故障分析的必要项目。

IPConfig最常用的选项如下。

（1）ipconfig

当使用IPConfig时不带任何参数选项，那么它为每个已经配置了的接口显示IP地址、子网掩码和缺省网关值。

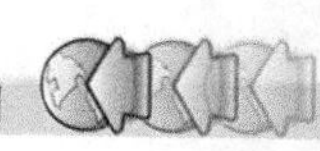

（2）ipconfig /all

当使用 all 选项时，IPConfig 能为 DNS 和 WINS 服务器显示它已配置且所要使用的附加信息（IP 地址等），并且显示内置于本地网卡中的物理地址（MAC）。如果 IP 地址是从 DHCP 服务器租用的，IPConfig 将显示 DHCP 服务器的 IP 地址和租用地址预计失效的日期。

（3）ipconfig /release 和 ipconfig /renew

这是两个附加选项，只能在向 DHCP 服务器租用其 IP 地址的计算机上起作用。如果我们输入 ipconfig /release，那么所有接口的租用 IP 地址便重新交付给 DHCP 服务器（归还 IP 地址）。如果我们输入 ipconfig /renew，那么本地计算机便设法与 DHCP 服务器取得联系，并租用一个 IP 地址。请注意，大多数情况下网卡将被重新赋予和以前所赋予的相同的 IP 地址。

2．ping 命令

ping 是个使用频率极高的实用程序，用于确定本地主机是否能与另一台主机交换（发送与接收）数据报。根据返回的信息，就可以推断 TCP/IP 参数是否设置得正确以及运行是否正常。需要注意的是：成功地与另一台主机进行一次或两次数据报交换并不表示 TCP/IP 配置就是正确的，必须执行大量的本地主机与远程主机的数据报交换，才能确信 TCP/IP 的正确性。

简单地说，ping 就是一个测试程序，如果 ping 运行正确，大体上就可以排除网络访问层、网卡、MODEM 的输入输出线路、电缆和路由器等存在的故障，从而减小了问题的范围。但由于可以自定义所发数据报的大小及无休止地高速发送，ping 也被某些别有用心的人作为 DDOS（拒绝服务攻击）的工具，例如许多大型的网站就是被黑客利用数百台可以高速接入互联网的电脑连续发送大量 ping 数据报而瘫痪的。

按照缺省设置，Windows 上运行的 ping 命令发送 4 个 ICMP（网间控制报文协议）回送请求，每个 32 字节数据，如果一切正常，我们应能得到 4 个回送应答。ping 能够以毫秒为单位显示发送回送请求到返回回送应答之间的时间量。如果应答时间短，表示数据报不必通过太多的路由器或网络连接，速度比较快。ping 还能显示生存时间（Time To Live，TTL）值，我们可以通过 TTL 值推算一下数据包已经通过了多少个路由器，即源地点 TTL 起始值（就是比返回 TTL 略大的一个 2 的乘方数）-返回时 TTL 值。例如：返回 TTL 值为 119，那么可以推算数据报离开源地址的 TTL 起始值为 128，而源地点到目标地点要通过 9 个路由器网段（128-119）；如果返回 TTL 值为 246，TTL 起始值就是 256，源地点到目标地点要通过 10 个路由器网段。

（1）通过 ping 检测网络故障的典型次序

正常情况下，当我们使用 ping 命令来查找问题所在或检验网络运行情况时，我们需要使用许多 ping 命令，如果所有都运行正确，我们就可以相信基本的连通性和配置参数没有问题。如果某些 ping 命令出现运行故障，它也可以指明到何处去查找问题。下面就给出一些典型的检测命令及对应的可能故障。

① ping 126.0.0.1

这个 ping 命令被送到本地计算机的 IP 软件，该命令永不退出该计算机。如果没有做到这一点，就表示 TCP/IP 的安装或运行存在某些最基本的问题。

② ping 本机 IP

这个命令被送到计算机所配置的 IP 地址，计算机始终都应该对该 ping 命令做出应答，如果没有，则表示本地配置或安装存在问题。出现此问题时，局域网用户需断开网络电缆，然后重新发送该命令。如果网线断开后本命令正确，则表示另一台计算机可能配置了相同的 IP 地址。

③ ping 局域网内其他 IP

这个命令应该离开我们的计算机，经过网卡及网络电缆到达其他计算机，再返回。收到回送应答表明本地网络中的网卡和载体运行正确。但如果收到 0 个回送应答，那么表示子网掩码（进行子网分割时，将 IP 地址的网络部分与主机部分分开的代码）不正确或网卡配置错误或电缆系统有问题。

④ ping 网关 IP

这个命令如果应答正确，表示局域网中的网关路由器正在运行并能够做出应答。

⑤ ping 远程 IP

如果收到 4 个应答，表示成功地使用了缺省网关。对于拨号上网用户则表示能够成功的访问 Internet（但不排除 ISP 的 DNS 会有问题）。

⑥ ping localhost

localhost 是系统的网络保留名，它是 126.0.0.1 的别名，每台计算机都应该能够将该名字转换成该地址。如果没有做到这一点，则表示主机文件（/Windows/host）中存在问题。

⑦ ping www.xxx.com（如 www.yesky.com 天极网）

对这个域名执行 ping www.xxx.com 地址，通常是通过 DNS 服务器，如果这里出现故障，则表示 DNS 服务器的 IP 地址配置不正确或 DNS 服务器有故障（对于拨号上网用户，某些 ISP 已经不需要设置 DNS 服务器了）。另外，也可以利用该命令实现域名对 IP 地址的转换功能。

如果上面所列出的所有 ping 命令都能正常运行，那么我们对自己的计算机进行本地和远程通信的功能基本上就可以放心了。但是，这些命令的成功并不表示所有的网络配置都没有问题，例如，某些子网掩码错误就可能无法用这些方法检测到。

（2）ping 命令的常用参数选项

① ping IP –t

连续对 IP 地址执行 ping 命令，直到被用户以 Ctrl+C 中断。

② ping IP -l size

指定 ping 命令中的数据长度为 3000 字节，而不是缺省的 32 字节。

③ ping IP –n count

执行特定次数的 ping 命令。

3．Netstat 命令

Netstat 用于显示与 IP、TCP、UDP 和 ICMP 相关的统计数据，一般用于检验本机各端口的网络连接情况。

计算机有时候接收到的数据报会出错或故障，我们不必感到奇怪，TCP/IP 可以允许这些类型的错误，并能够自动重发数据报。但如果累计的出错数目占到所接收的 IP 数据报相当大的百分比，或者它的数目正迅速增加，就应该使用 Netstat 查一查为什么会出现这些情况了。

（1）netstat 的一些常用选项

① netstat

无参数，显示本机当前 TCP/IP 网络连接情况。

② netstat –s

本选项能够按照各个协议分别显示其统计数据。如果应用程序（如 Web 浏览器）运行速度比较慢，或者不能显示 Web 页之类的数据，可以用本选项来查看一下所显示的信息。需要仔细查看统计数据的各行，找到出错的关键字，进而确定问题所在。

③ netstat –e

本选项用于显示关于以太网的统计数据。它列出的项目包括传送的数据报的总字节数、错误数、删除数、数据报的数量和广播的数量。这些统计数据既有发送的数据报数量，也有接收的数据报数量。这个选项可以用来统计一些基本的网络流量。

④ netstat –r

本选项可以显示关于路由表的信息。除了显示有效路由外，还显示当前有效的连接。

⑤ netstat –a

本选项显示一个所有的有效连接信息列表，包括已建立的连接（ESTABLISHED），也包括监听连接请求（LISTENING）的那些连接。

⑥ netstat –n

显示所有已建立的有效连接。

（2）Netstat 的妙用

经常上网的人一般都使用 QQ 的，不知道读者有没有被一些讨厌的人骚扰，想投诉却又不知从何下手？其实，只要知道对方的 IP，就可以向他所属的 ISP 投诉了。但怎样才能通过 QQ 知道对方的 IP 呢？如果对方在设置 QQ 时选择了不显示 IP 地址是无法在信息栏中看到的。其实，只需要通过 Netstat 就可以很方便地做到这一点，当他通过 QQ 或其他的工具与我们相连时，例如我们给他发一条 QQ 信息或他给我们发一条信息，我们立刻在 DOS 命令提示符下输入 netstat -n 或 netstat -a 就可以看到对方上网时所用的 IP 或 ISP 域名了，甚至连所用 Port 都完全暴露了。

4．ARP 命令

ARP 是一个重要的 TCP/IP 命令，并且用于确定对应 IP 地址的网卡物理地址。使用 arp 命令，能够查看本地计算机或另一台计算机的 ARP 高速缓存中的当前内容。此外，使用 arp 命令，也可以用人工方式输入静态的网卡物理/IP 地址对，可以使用这种方式为缺省网关和本地服务器等常用主机进行这项操作，有助于减少网络上的信息量。

按照缺省设置，ARP 高速缓存中的项目是动态的，每当发送一个指定地点的数据报且高速缓存中不存在当前项目时，ARP 便会自动添加该项目。一旦高速缓存的项目被输入，它们就已经开始走向失效状态。例如，在 Windows NT/2000 网络中，如果输入项目后不进一步使用，物理/IP 地址对就会在 2～10 分钟内失效。因此，如果 ARP 高速缓存中项目很少或根本没有时，通过另一台计算机或路由器的 ping 命令即可添加。所以，需要通过 arp 命令查看高速缓存中的内容时，请最好先 ping 此台计算机（不能是本机发送 ping 命令）。

ARP 常用命令选项如下。

（1）arp -a 或 arp –g

用于查看高速缓存中的所有项目。-a 和-g 参数的结果是一样的，-g 一直是 UNIX 平台上用来显示 ARP 高速缓存中所有项目的选项，而 Windows 用的是 arp -a（-a 可被视为 all，即全部的意思），但它也可以接受比较传统的-g 选项。

（2）arp -a IP

如果有多个网卡，使用 arp -a 加上接口的 IP 地址，就可以只显示与该接口相关的 ARP 缓存项目。

（3）arp -s IP 物理地址

向 ARP 高速缓存中人工输入一个静态项目。该项目在计算机引导过程中将保持有效状态，或者在出现错误时，人工配置的物理地址将自动更新该项目。

（4）arp -d IP

使用本命令能够人工删除一个静态项目。

例如在命令提示符下，输入 Arp –a，如果使用过 ping 命令测试并验证从这台计算机到 IP 地址为 10.0.0.99 的主机的连通性，则 ARP 缓存显示以下项。

```
Interface:10.0.0.1 on interface 0x1
Internet Address     Physical Address     Type
10.0.0.99            00-e0-98-00-7c-dc    dynamic
```

在此例中，缓存项指出位于 10.0.0.99 的远程主机解析成 00-e0-98-00-7c-dc 的媒体访问控制地址，它是在远程计算机的网卡硬件中分配的。媒体访问控制地址是计算机用于与网络上远程 TCP/IP 主机物理通信的地址。

至此，我们可以用 ipconfig 和 ping 命令来查看自己的网络配置并判断是否正确，可以用 netstat 查看别人与我们所建立的连接并找出 QQ 使用者所隐藏的 IP 信息，可以用 arp 查看网卡的 MAC 地址。

5. Tracert 命令

（1）Tracert 的使用技巧

如果有网络连通性问题，可以使用 Tracert 命令来检查到达的目标 IP 地址的路径并记录结果。Tracert 命令显示用于将数据包从计算机传递到目标位置的一组 IP 路由器，以及每个跃点所需的时间。如果数据包不能传递到目标，Tracert 命令将显示成功转发数据包的最后一个路由器。当数据报从我们的计算机经过多个网关传送到目的地时，Tracert 命令可以用来跟踪数据报使用的路由（路径）。该程序跟踪的路径是源计算机到目的地的一条路径，不能保证或认为数据报总遵循这个路径。如果我们的配置使用 DNS，那么我们常常会从所产生的应答中得到城市、地址和常见通信公司的名字。Tracert 是一个运行得比较慢的命令（如果我们指定的目标地址比较远），每个路由器我们大约需要给它 15 秒钟。

Tracert 的使用很简单，只需要在 tracert 后面跟一个 IP 地址或 URL，Tracert 会进行相应的域名转换的。

（2）Tracert 最常见的用法

Tracert IP address [-d]，该命令返回到达 IP 地址所经过的路由器列表。使用-d 选项，将更快地显示路由器路径，因为 Tracert 不会尝试解析路径中路由器的名称。

Tracert 一般用来检测故障的位置，可以用 Tracert IP 检测在哪个环节上出了问题，虽然还是没有确定是什么问题，但它已经告诉了问题所在的地方。

6.5　局域网规划仿真

6.5.1　Packet Tracer 仿真软件

Packet Tracer 仿真软件非常简明扼要，白色的工作区显示得非常明白，工作区上方是菜单栏和工具栏，工作区左下方是网络设备、计算机、连接栏，工作区右侧选择设备工具栏，如图 6-45 所示。

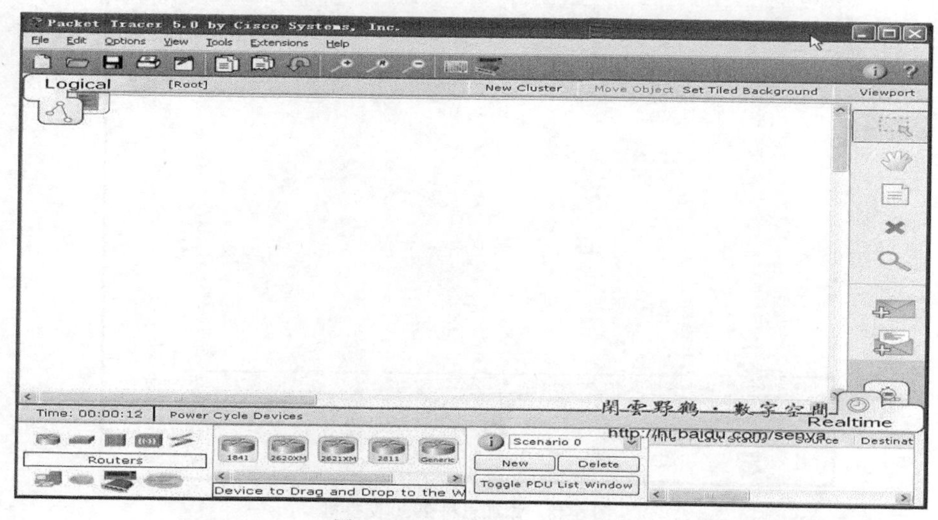

图 6-45　Packet Tracer 主界面

在界面的左下角一块区域，这里有许多种类的硬件设备，从左至右、从上到下依次为路由器、交换机、集线器、无线设备、线缆、终端设备、仿真广域网、 自定义设备、多用户连接，如图 6-46 所示。

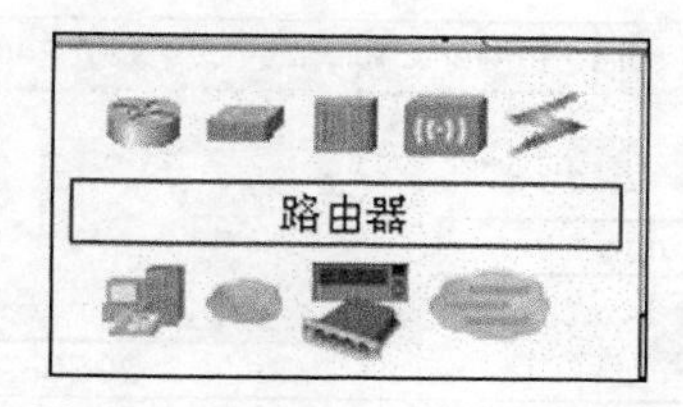

图 6-46　Packet Tracer 硬件设备区

6.5.2　交换机基本配置

打开 Cisco Packet Tracer 仿真软件。

（1）添加交换机

单击图 6-47 中硬件设备区的 switch 图标，选择 cisco switch2950-24 交换机并将其拖入

拓扑图窗口，如图 6-48 所示。

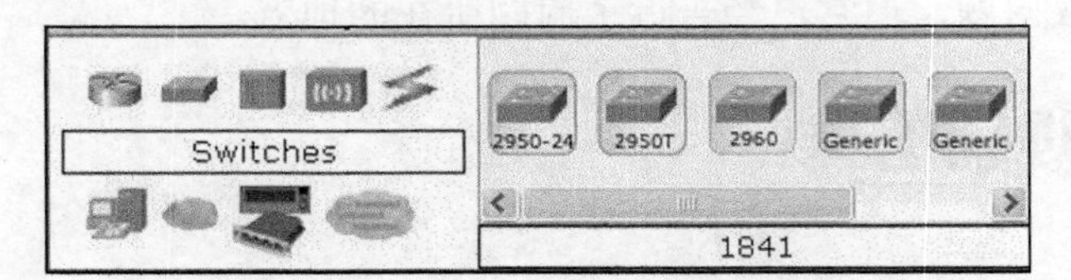

图 6-47　Cisco Packet Tracer 交换机选项

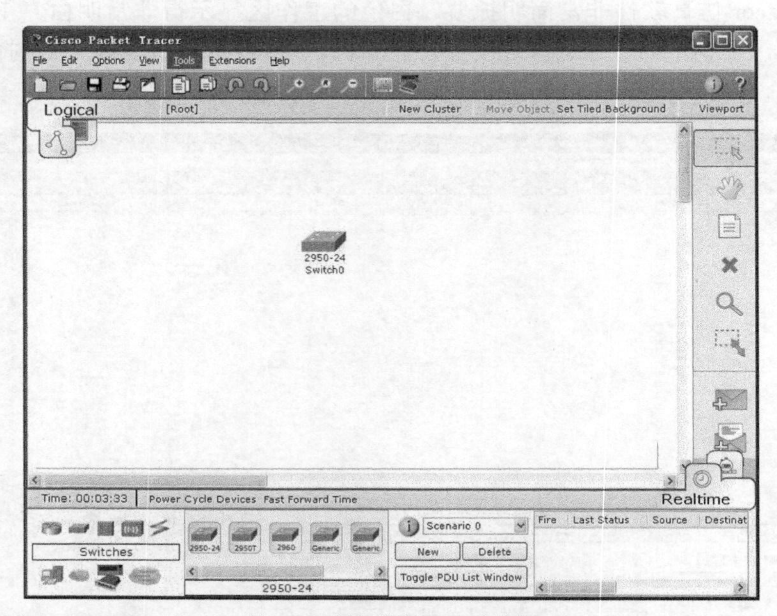

图 6-48　添加思科 2950 交换机

（2）添加计算机

单击 Cisco Packet Tracer 主界面左下角 End Devices 图标，如图 6-49 所示，选择合适的计算机并将其拖入拓扑图窗口，如图 6-50 所示。

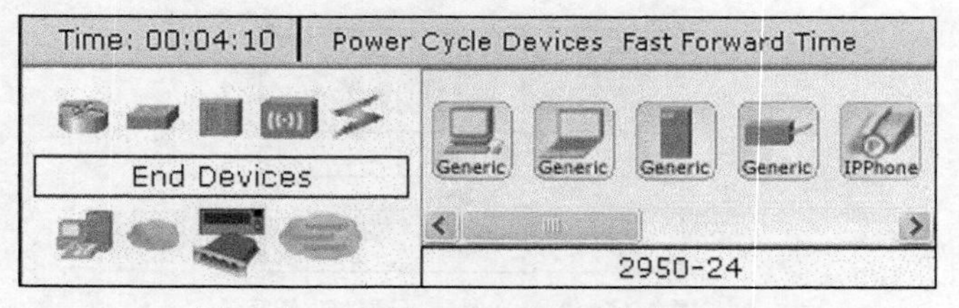

图 6-49　Cisco Packet Tracer 终端设备选项

（3）设备连线

单击 Cisco Packet Tracer 主界面左下角 Connections 图标，如图 6-51 所示，单击直连双绞线后单击 PC0 计算机，出现接口选项后选择 FastEthernet，如图 6-52 所示，继续单击交换机图标，出现接口选项后选择 FastEthernet0/1，如图 6-53 所示。

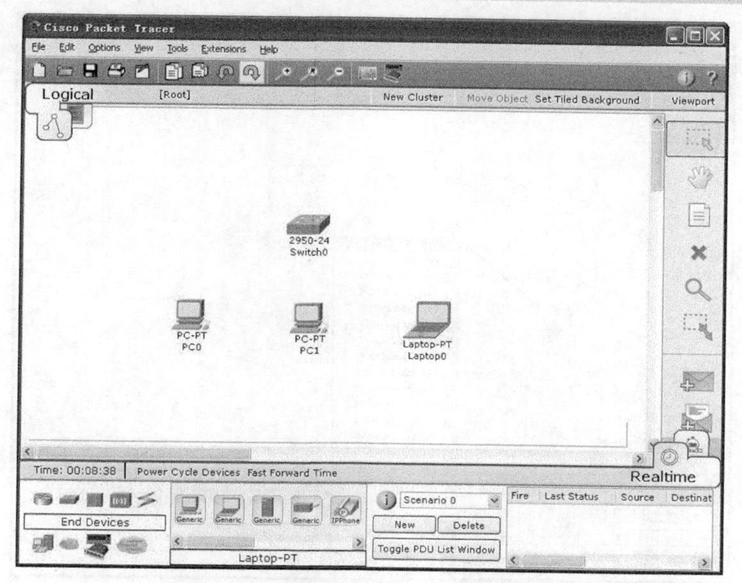

图 6-50　添加计算机

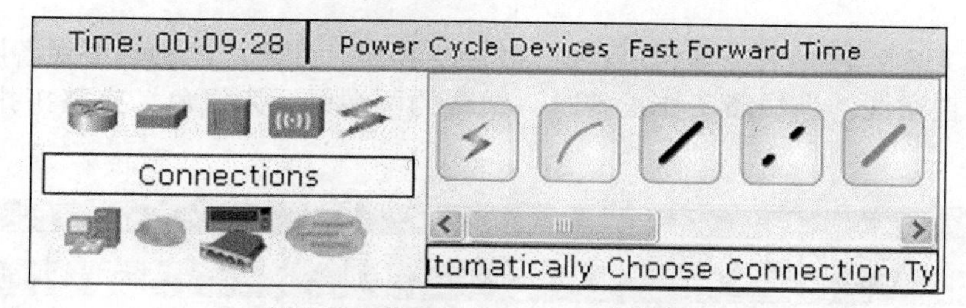

图 6-51　Cisco Packet Tracer 连线选项

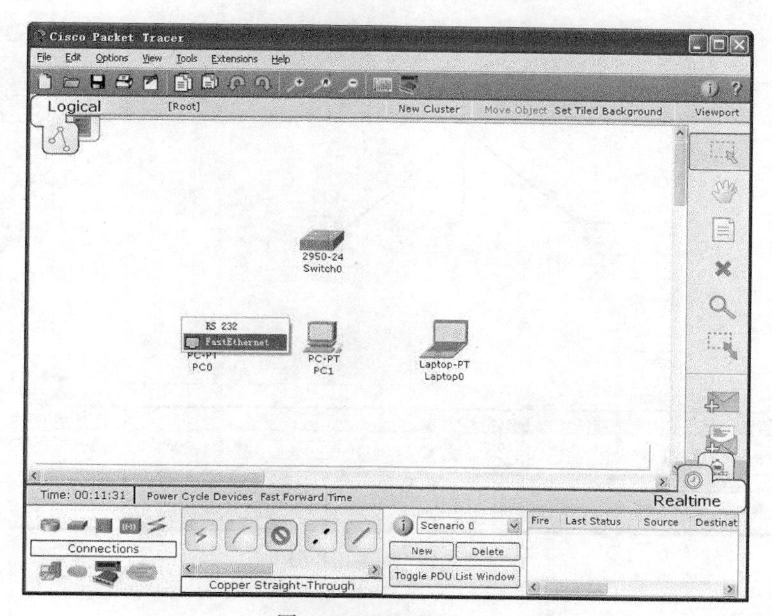

图 6-52　设备连线-PC0

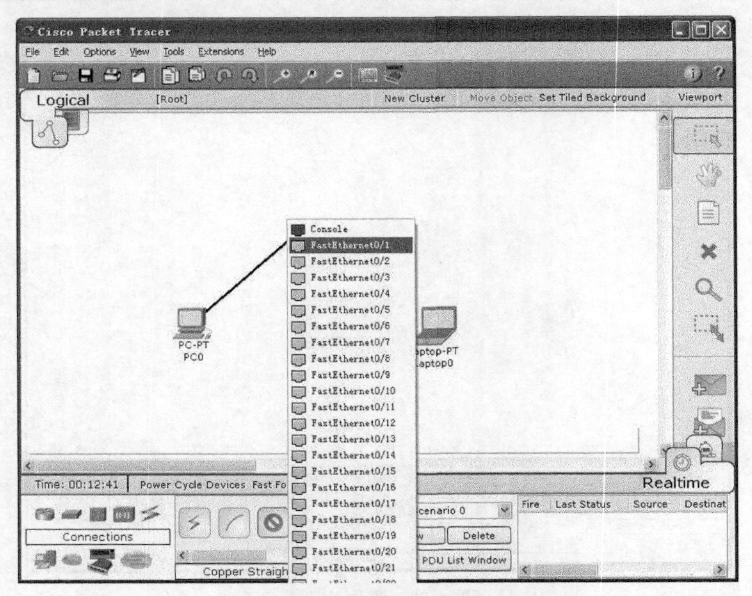

图 6-53 设备连线-交换机 F0/1

同样操作，连接 PC1 和交换机、Laptop0 和交换机，注意：同种类型设备用交叉线，不同类型设备用直通线；当线路工作正常时，线路的两端标示为绿色。完整拓扑图如图 6-54 所示。

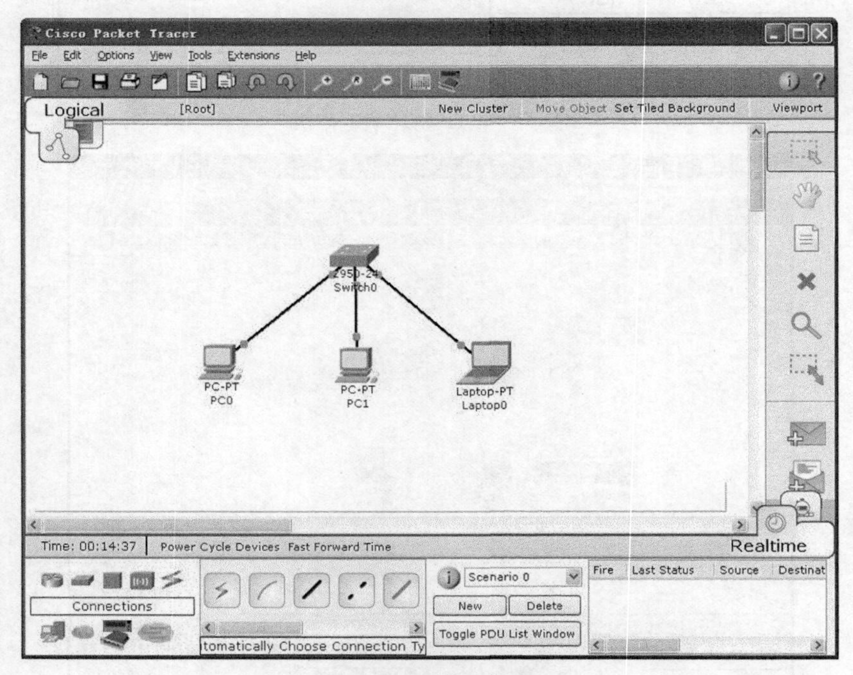

图 6-54 完整拓扑图

（4）配置设备

为 PC0 设置 IP 地址 192.168.1.11、子网掩码 255.255.255.0，双击计算机 PC0 图标，出

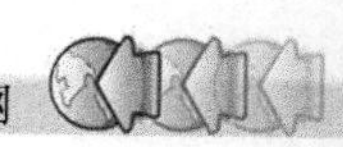

现 PC0 对话框，选择 config 选项—>FastEthernet，设置 IP 地址及子网掩码，如图 6-55 所示。同理，PC1 设置 IP 地址 192.168.1.12、子网掩码 255.255.255.0，Laptop0 设置 IP 地址 192.168.2.13、子网掩码 255.255.255.0。

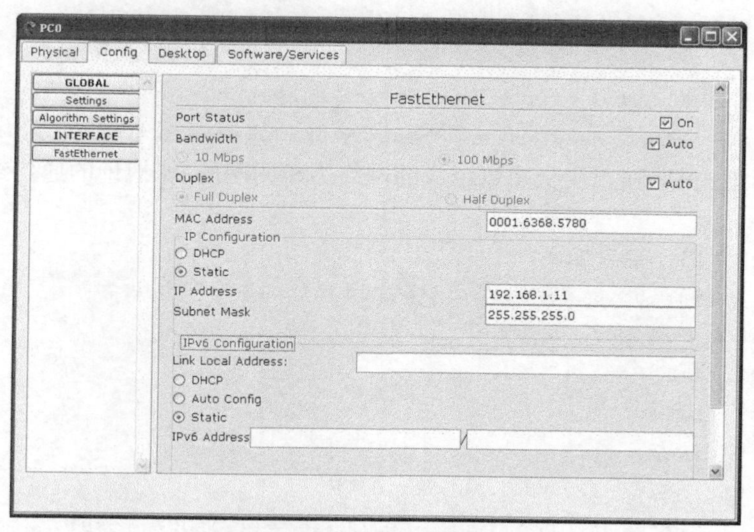

图 6-55　PC0 配置 IP 地址

（5）验证网络运行情况

① 验证计算机 PC 互通情况

验证 PC0 与 PC1 互通情况，双击计算机 PC0 图标，出现 PC0 对话框，选择 config 选项—>Desktop，双击 command prompt，使用 ping 命令，如图 6-56 所示。

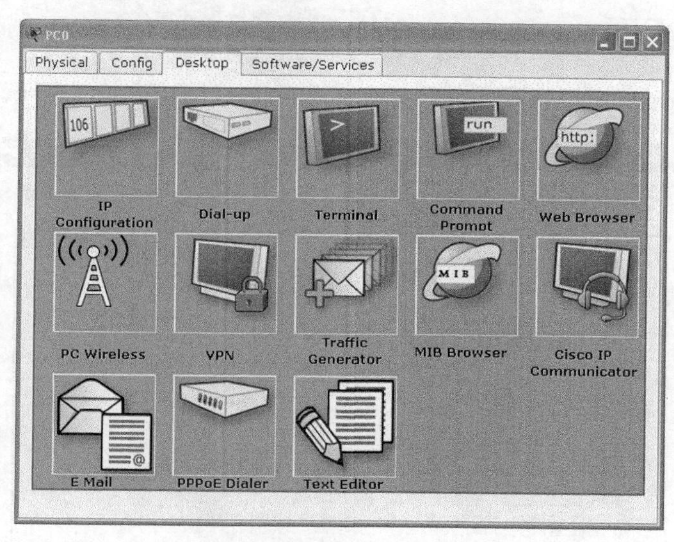

图 6-56　PC0 Desktop

ping 192.168.1.12，结果如下。

```
Pinging 192.168.1.12 with 32 bytes of data:
Reply from 192.168.1.12: bytes=32 time=125ms TTL=128
```

```
Reply from 192.168.1.12: bytes=32 time=47ms TTL=128
Reply from 192.168.1.12: bytes=32 time=62ms TTL=128
Reply from 192.168.1.12: bytes=32 time=62ms TTL=128
Ping statistics for 192.168.1.12:
    Packets: Sent = 4, Received = 4, Lost = 0 (0% loss),
Approximate round trip times in milli.seconds:
Minimum = 47ms, Maximum = 125ms, Average = 74ms
```

可以 ping 通，说明在二层交换机组成的网络中相同网段 ip 地址的通信终端可以进行信息交换。

Ping 192.168.1.13，结果如下。

```
Pinging 192.168.2.13 with 32 bytes of data:
Request timed out.
Request timed out.
Request timed out.
Request timed out.
Ping statistics for 192.168.2.13:
Packets: Sent = 4, Received = 0, Lost = 4 (100% loss),
```

Pc0 不能 ping 通 Laptop0，说明在二层交换机组成的网络中不同网段 ip 地址的通信终端不能进行信息交换。

② 查看交换机运行情况

查看交换机端口（interface）状态，双击交换机 switch0 图标，出现 switch0 对话框，选择 CLI 选项，进入 ios 命令行窗口。

```
Switch>enable                    //进入特权命令模式命令
Switch#                          //特权命令模式下提示符
```

输入 show Interface 命令查看，查看交换机端口状态，如图 6-57 所示。

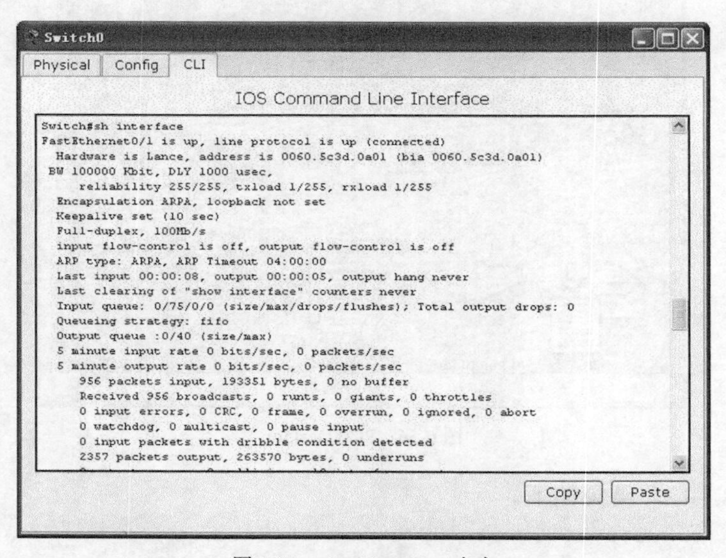

图 6-57　show Interface 命令

在命令行窗口使用？可以查看交换机支持的命令。

```
Switch> ?
  Connect              Open a terminal connection
  disable              Turn off privileged commands
  disconnect           Disconnect an existing network connection
  enable               Turn on privileged commands
  exit                 Exit from the EXEC
  logout               Exit from the EXEC
  ping                 Send echo messages
  resume               Resume an active network connection
  show                 Show running system information
  telnet               Open a telnet connection
  terminal             Set terminal line parameters
  traceroute           Trace route to destination
```

使用 show？可以查看 show 命令使用说明。

```
Switch>sh ?
  arp                  Arp table
  cdp                  CDP information
  clock                Display the system clock
  dtp                  DTP information
  etherchannel         EtherChannel information
  flash:               display information about flash: file system
  history              Display the session command history
  interfaces           Interface status and configuration
  ip                   IP information
  mac.address.table    MAC forwarding table
  mls                  Show MultiLayer Switching information
  privilege            Show current privilege level
  sessions             Information about Telnet connections
  tcp                  Status of TCP connections
  terminal             Display terminal configuration parameters
  users                Display information about terminal lines
  version              System hardware and software status
  vlan                 VTP VLAN status
  vtp                  VTP information
```

6.5.3　单台交换机划分 VLAN

某交换机连接了 4 台计算机，配置 VLAN 的拓扑图如图 6-58 所示。

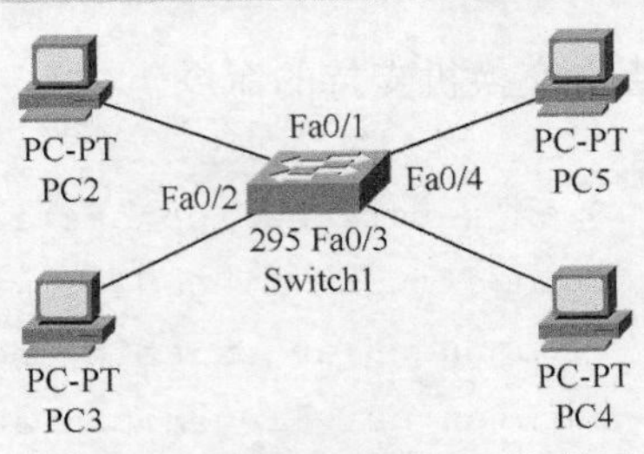

图 6-58　单交换机划分 VLAN 拓扑图

1．创建 VLAN

创建 VLAN 有两种方法，一是在全局模式下使用 VLAN ID 命令，如 switch(config)# vlan 10，二是在 VLAN DATABASE 下创建，如 switch(config)#vlan 10。

2．把端口划分给 VLAN（基于端口的 VLAN）

```
switch(config)#interface fastethernet0/1     //进入端口配置模式
switch(config-if)#switchport mode access     //配置端口为 access 模式
switch(config-if)#switchport access vlan 10 //把端口划分到 vlan 10
```

如果想一次把多个端口划分给 VLAN，可以使用 interface range 命令。

```
switch(config)#interface range f0/2-f0/4
switch(config-if-range)#switchport access vlan 10    //把 2～4 号端口
划分到 10 号 VLAN
```

3．查看 VLAN 信息

```
Switch#show vlan
```

4．删除配置

```
Switch(config)#no vlan 10
Switch(config)#no vlan 20
```

6.5.4　跨交换机组建 VLAN

某企业有两个主要部门：人力资源部和策划部，同一部门的主机在同一个局域网上，在人力资源部的办公室里有一个策划部的人员，为了控制广播活动，以及各部门的资料安全性，在人力资源部的策划人员不能与其他两个人力资源部的人员通信，根据虚拟局域网 VLAN 的特点和性质来完成此次的配置。

1．网络拓扑结构

这是由两台交换机 2950-24switch0 和 2950-24switch1，以及 6 台模拟计算机设备组成的拓扑结构，人力资源-1 连接到交换机的 switch0 的 F0/1 接口，人力资源-2 连接到交换机 switch0 的 F0/2 接口，策划-1 连接到交换机 switch0 的 F0/3 接口，策划-2 连接到交换机 switch1 的 F0/1 接口，策划-3 连接到交换机 switch1 的 F0/2 接口，策划-4 连接到交换机

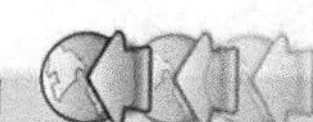

switch1 的 F0/3 接口，如图 6-59 所示。

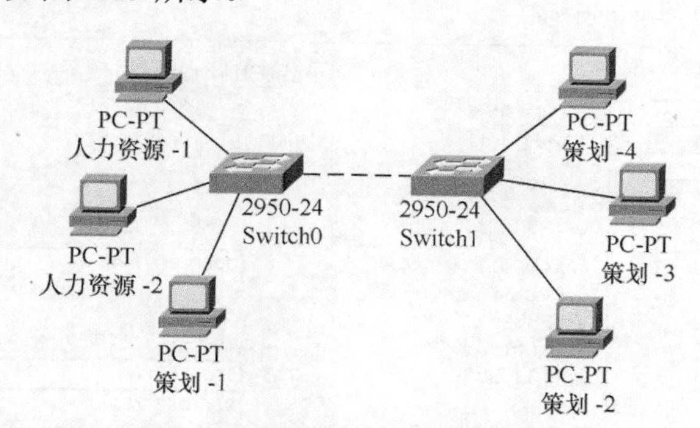

图 6-59　跨交换机划分 VLAN 拓扑图

2．虚拟局域网 VLAN 配置

（1）建立实验拓扑图，如图 6-59 所示。

（2）交换机端口连线配置，如表 6-9 所示。

表 6-9　交换机端口连线配置

Switch0		Switch1	
FROM	TO	FROM	TO
F0/1	人力资源-1	F0/1	策划-2
F0/2	人力资源-2	F0/2	策划-3
F0/3	策划-1	F0/3	策划-4
F0/11	Switch1 F0/11		

（3）给主机设备配 IP 地址，各主机 IP 地址规划见表 6-10。

表 6-10　主机 IP 地址规划表

PC 主机	IP 地址	子 网 掩 码
人力资源-1	192.168.1.1	255.255.255.0
人力资源-2	192.168.1.2	255.255.255.0
策划-1	192.168.1.3	255.255.255.0
策划-2	192.168.1.4	255.255.255.0
策划-3	192.168.1.5	255.255.255.0
策划-4	192.168.1.6	255.255.255.0

以配置 PC0 与 PC1 的 IP 地址与子网掩码为例，其他 PC 主机同理配置，单击主机在弹出的对话框中单击 confing 键，根据提示进行配置，如图 6-60 所示。

（4）增加 VLAN。

双击交换机 switch0 图标，出现 switch0 对话框，选择 Config 选项，单击 VLAN Database。增加 Vlan 2（人力资源部 vlan），vlan 名字设置为 hr；增加 Vlan 3（策划部 vlan），vlan 名字设置为 plan。switch0 VLAN 配置如图 6-61 所示。switch1 与 switch0 同理配置。

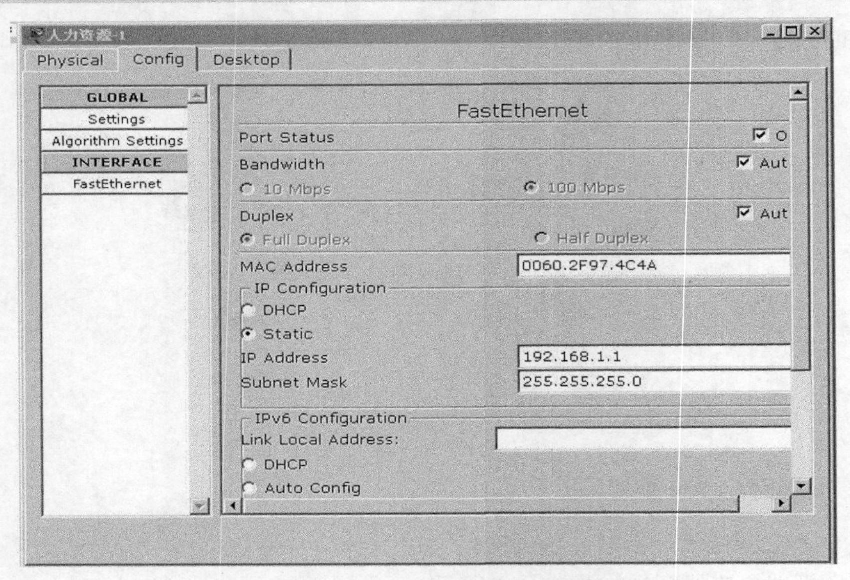

图 6-60　人力资源-1 主机 IP 地址与子网掩码配置

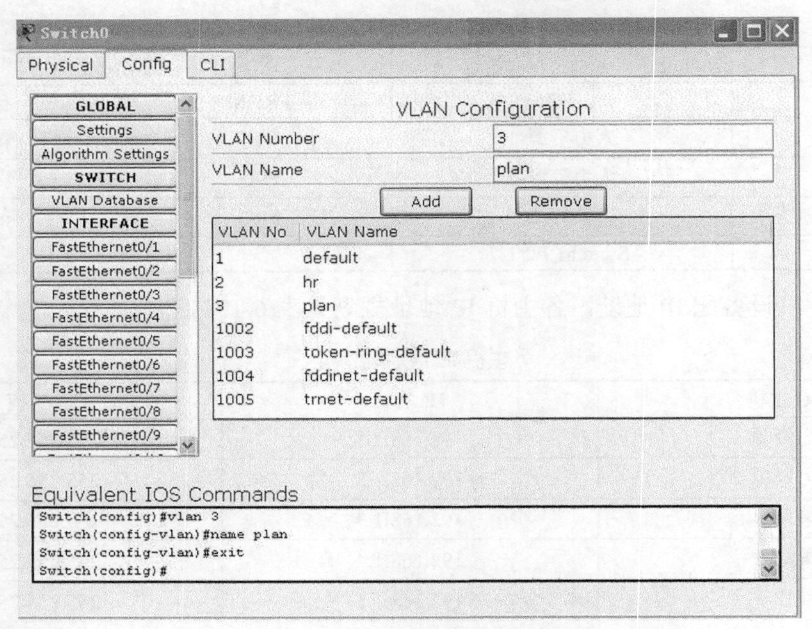

图 6-61　switch0 VLAN 配置

（5）配置交换机端口 VLAN。

按照 VLAN 规划，将 switch0、switch1 的各个端口划分在相应 VLAN 中。

switch0 的 F0/1 接口（与人力资源-1 相连）、switch0 的 F0/2 接口（与人力资源-2 相连）划分到 VLAN 2（人力资源 vlan）。

switch0 的 F0/3 接口（与策划-1 相连）、switch1 的 F0/1 接口（与策划-2 相连）、switch1 的 F0/2 接口（与策划-3 相连）、switch1 的 F0/3 接口（与策划-4 相连）划分到 VLAN 3（策划 VLAN）。

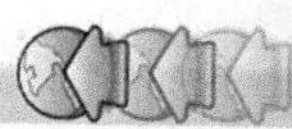

① switch0 的 F0/3 接口划分到 VLAN 2

双击交换机 switch0 图标，出现 switch0 对话框，选择 Config 选项，单击 FastEthernet0/1，将该端口 VLAN 号设置为 2：hr，具体过程如图 6-62 所示。

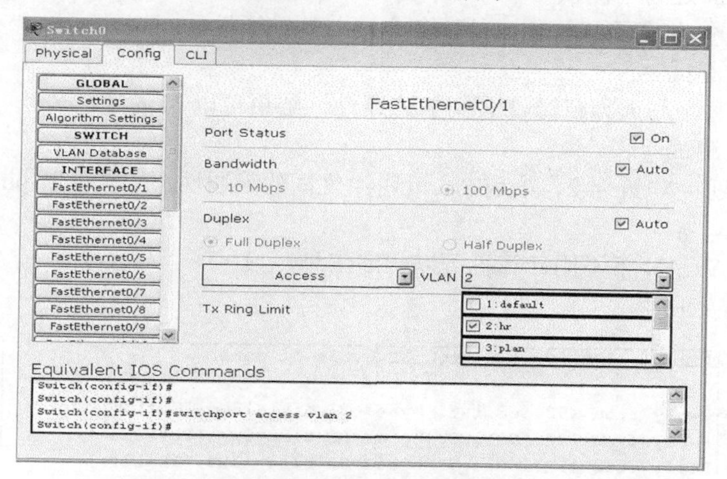

图 6-62　将 switch0 的端口划分在 VLAN 中

注意：图 6-62 所示操作等同于在 ios 命令行界面配置模式下输入以下命令。

```
Switch(config)#interface FastEthernet  0/1
Switch(config-if)#switchport mode access
Switch(config-if)#switchport access vlan 2
```

② 同理设置 switch0 的 F0/2。

③ 同理设置 switch0 的 F0/3 接口以及 switch1 的 F0/1 接口、F0/2 接口、F0/3 接口。

④ 设置 switch0 的 FastEthernet 0/11 端口（与 Switch1 连接）为 Trunk。

注意：图 6-63 所示操作等同于在 ios 命令行界面配置模式下输入以下命令。

```
Switch(config-if)#interface FastEthernet 0/11
Switch(config-if)#switchport mode trunk
```

⑤ 同理设置 switch1 的 FastEthernet 0/11 端口（与 Switch0 连接）为 Trunk。

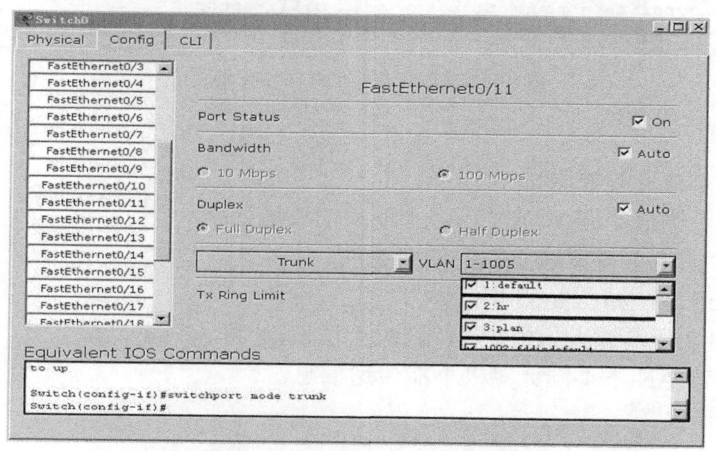

图 6-63　配置与 switch1 相连的 trunk 接口

3. VLAN 运行验证

（1）同 VLAN 连通性测试

使用 ping 指令测试同一个 VLAN 下各个端口的连通性。

① VLAN 2 测试

测试人力资源-1 与人力资源-2 之间的连通性，结果可以 ping 通。

② VLAN 3 测试

测试人力策划-1 与策划-2、策划-3、策划-4 之间的连通性，结果可以 ping 通，如图 6-64 所示。

结论：相同 VLAN 下不同计算机可以传递信息。

```
Pinging 192.168.1.3 with 32 bytes of data:

Reply from 192.168.1.3: bytes=32 time=15ms TTL=128
Reply from 192.168.1.3: bytes=32 time=0ms TTL=128
Reply from 192.168.1.3: bytes=32 time=15ms TTL=128
Reply from 192.168.1.3: bytes=32 time=16ms TTL=128

Ping statistics for 192.168.1.3:
    Packets: Sent = 4, Received = 4, Lost = 0 (0% loss),
Approximate round trip times in milli-seconds:
    Minimum = 0ms, Maximum = 16ms, Average = 11ms

PC>ping 192.168.1.4

Pinging 192.168.1.4 with 32 bytes of data:

Reply from 192.168.1.4: bytes=32 time=156ms TTL=128
Reply from 192.168.1.4: bytes=32 time=78ms TTL=128
Reply from 192.168.1.4: bytes=32 time=94ms TTL=128
Reply from 192.168.1.4: bytes=32 time=78ms TTL=128

Ping statistics for 192.168.1.4:
    Packets: Sent = 4, Received = 4, Lost = 0 (0% loss),
Approximate round trip times in milli-seconds:
    Minimum = 78ms, Maximum = 156ms, Average = 101ms
```

图 6-64　策划-1 与策划-2 的 ping 通测试

（2）不同 VLAN 连通性测试

使用 ping 指令测试不同 VLAN 下各个端口的连通性。

① 测试人力资源-1 与策划-1 之间的连通性。

结果无法 ping 通，如图 6-65 所示。

② 测试策划-2 和测试人力资源-2，结果无法 ping 通。

结论：不同 VLAN 下不同计算机不能传递信息。

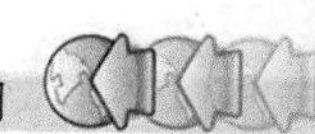

```
Pinging 192.168.1.1 with 32 bytes of data:

Reply from 192.168.1.1: bytes=32 time=63ms TTL=128
Reply from 192.168.1.1: bytes=32 time=4ms TTL=128
Reply from 192.168.1.1: bytes=32 time=16ms TTL=128
Reply from 192.168.1.1: bytes=32 time=15ms TTL=128

Ping statistics for 192.168.1.1:
    Packets: Sent = 4, Received = 4, Lost = 0 (0% loss),
Approximate round trip times in milli-seconds:
    Minimum = 4ms, Maximum = 63ms, Average = 24ms

PC>ping 192.168.1.3

Pinging 192.168.1.3 with 32 bytes of data:

Request timed out.
Request timed out.
Request timed out.
Request timed out.

Ping statistics for 192.168.1.3:
    Packets: Sent = 4, Received = 0, Lost = 4 (100% loss),
```

图 6-65　人力-1 与策划-1 的 ping 通测试

（3）查看交换机运行情况

① 查看交换机端口（interface）状态，双击交换机 switch0 图标，出现 switch0 对话框，选择 CLI 选项，进入 ios 命令行窗口。

```
Switch>enable                    //进入特权命令模式命令
Switch#                          //特权命令模式下提示符
```

输入 show Interface 命令查看，查看交换机端口（interface）状态。

② 查看交换机 VLAN。

输入 show vlan 命令查看，查看交换机 VLAN 情况。

小结

1．局域网（LAN）是一种在有限的地理范围内将大量 PC 及各种设备互连在一起，实现数据传输和资源共享的计算机网络。

2．局域网是应用最广泛的网络，常用的局域网的网络拓扑结构有星形拓扑结构、环形拓扑结构和总线型拓扑结构。

3．LAN 常用的传输介质有双绞线、同轴电缆和光纤等有线传输介质及微波、红外线等无线传输介质。

4．在局域网产品中，以太网是最具生命力的，采用的访问控制协议是 CSMA/CD，常用的以太网有共享以太网和交换以太网。

5．虚拟局域网（VLAN）是将一组设备或用户逻辑地划分成不同网络的技术。通过 VALN 技术，连接在一台交换机上的计算机可以属于不同的 IP 网络，连接在不同交换机上的计算机可以属于同一个 IP 网络。

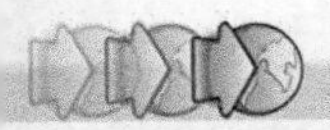

6．网卡是网络接口卡的简称，又叫网络适配器，是计算机与计算机网络中其他设备通信的网络接口板，是计算机网络中必不可少的基本设备。

7．集线器（Hub）是一种能够改变网络传输信号，扩展网络规模，连接 PC、服务器和外设构建网络的最基本的设备。

8．局域网中的交换机是专门设计的、使各计算机能够独享带宽进行通信的网络设备。

9．综合布线系统（PDS）是专为通信与计算机网络而设计的，它可以满足各种通信与计算机信息传输的要求，是为具有综合业务需求的计算机数据网开发的。

10．与传统布线系统相比，综合布线系统具有兼容性、开放性、灵活性、可靠性、经济性、先进性等特点。

11．综合布线系统由 6 个子系统组成，即水平子系统、垂直子系统、工作区子系统、管理子系统、设备间子系统及建筑群子系统。

12．交换机的管理方式基本分为两种：带内管理和带外管理。

带内管理指通过业务通道对设备进行维护与管理。带外管理指用 PC 直接通过连接交换机的 Console 口对设备进行维护与管理。

13．交换机主要有一般用户配置模式、特权配置模式、全局配置模式、端口配置模式等模式。

14．交换机常用网络命令包括 ipconfig、ping、Netstat、ARP、Tracert 等。

思考题与练习题

6-1 什么是局域网，局域网的拓扑结构有哪几种？

6-2 网卡的功能是什么，网卡之间传递数据使用什么地址？

6-3 IEEE 802 标准中的局域网体系结构是怎样的？

6-4 简述 CSMA/CD 的工作原理。

6-5 使用 Hub 连接的以太网和使用交换机连接的以太网有什么不同？

6-6 什么是广播域？一个冲突域是否属于一个广播域？为什么？

6-7 什么是虚拟局域网，其作用是什么？

6-8 什么是交换机的带外管理和带内管理？这两种管理方式各有什么特点？

6-9 什么是交换机的 CLI 界面配置？

6-10 交换机配置模式有哪几种？画图说明各模式间的切换关系。

6-11 简述交换机 CLI 命令的配置技巧有哪些。

6-12 交换机常用网络命令有哪些？

6-13 简述局域网的设计步骤。

6-14 什么是综合布线？综合布线由哪几个子系统构成？

6-15 网管员想将其交换机 S1 上的端口 Fa0/5～Fa0/10 分配给 VLAN10，并将其命名为 student，请帮其将下列配置补充完整。

```
S1>________________________________________
S1#________________________________________
S1(config)#__________ 10___________________
```

```
S1(config-vlan)#______________________________student
S1(config-vlan)#int range_____________________________
S1(config-if-range)#switchport mode___________________
S1(config-if-range)#switchport________________________
```

6-16　利用 Packet Tracer 仿真软件完成下图要求的配置。

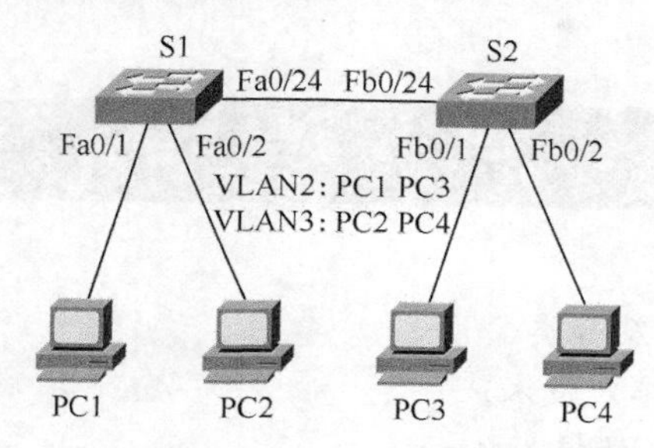

6-17　某高校有电信工程系、计算机系、经济系、邮政管理系 4 个系部，请利用 Packet Tracer 仿真软件为其组建局域网并划分 4 个 VLAN，保证各系部内部能够通信，系部之间不能通信。

第 7 章 接入网技术

【本章内容】

- 接入网的标准、特点及分类。
- 电话网、ISDN 网的接入技术。
- xDSL、FTTx 和 HFC 的接入技术。
- 无线接入技术及特点。

【本章重点、难点】

- 接入网的标准及定义。
- xDSL 和 FTTx 的接入技术及特点。
- 无线接入网技术。
- xDSL、FTTx 和 HFC 的接入技术。
- 无线宽带接入技术。

【本章学习的目的和要求】

- 掌握接入网的标准及概念。
- 了解目前的主要接入技术。
- 掌握 ADSL、FTTx 和 HFC 接入技术的特点、应用。
- 掌握无线宽带接入技术的特点、应用。

7.1 接入网络概述

在 21 世纪的信息化社会中，随着网络的广泛普及和用户对宽带业务需求的不断增加，接入网，特别是宽带接入网，已成了电信网的发展重点和关键。

1975 年英国电信首次提出接入网概念。1995 年 11 月，ITU-T 发布第 1 个接入网标准 G.902，此标准主要是基于电信网的接入网，接入网首次作为一个独立的网络出现。2000 年 11 月 ITU-T 发布第 2 个标准 Y.1231，此标准是基于 IP 网的接入，符合 Internet 迅猛发展的潮流，揭开了 IP 接入网迅速发展的序幕。

7.1.1 接入网标准

接入网有两个重要标准，一个是电信接入网标准 G.902，另一个是 IP 接入网标准 Y.1231。

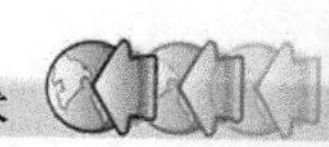

1．G.902 建议标准

（1）电信接入网的定义

ITU-T G.902 建议从功能的角度定义接入网，接入网（Access Network，AN）是由一系列实体（诸如线缆装置、传输设备等）组成的，为在一个业务节点接口（SNI）和每一个与之相关联的用户网络接口（UNI）之间提供电信业务而提供所需传送承载能力的一个实现。接入网可以经由 Q3 接口进行配置和管理。接入网可以实现的 UNI 和 SNI 的类型和数量原则上没有限制。接入网不解释用户信令。

（2）电信接入网结构的界定

G.902 定义的接入网由 3 个接口界定，即用户终端通过 UNI 连接到接入网，接入网通过 SNI 连接到业务节点（SN），通过 Q3 接口连接到电信管理网（TMN），如图 7-1 所示。

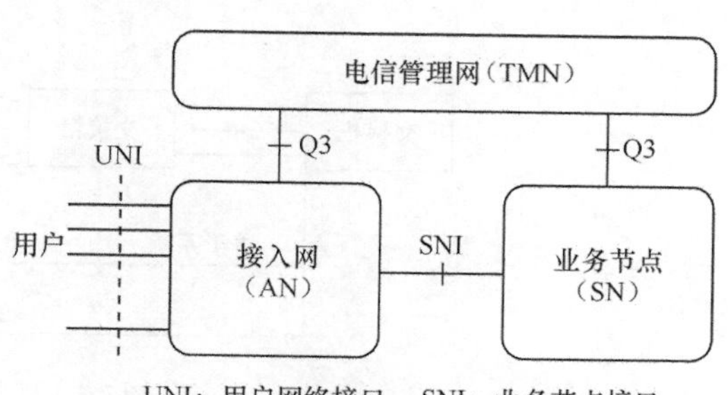

图 7-1　电信接入网的界定

① 用户-网络接口（UNI）

UNI 是用户和网络之间的接口，位于接入网的用户侧，支持各种类型业务的接入。UNI 主要包括 PSTN 模拟电话接口（Z 接口）、ISDN 基本速率接口（BRI）、ISDN 基群速率接口（PRI）和各种专线接口。

② 业务节点接口（SNI）

SNI 是接入网和业务节点之间的接口，主要有 V5窄带接口系列和 VB5 宽带接口系列。

V5窄带接口系列有 V5.1 和 V5.2。V5.1 接口由单个数据传输速率为 2.048Mbit/s 的链路构成，时隙与业务端口一一对应，不含集线功能；V5.2 接口按需可以由 1～16 个数据传输速率为 2.048Mbit/s 的链路构成，并支持集线功能，时隙动态分配。

VB5 宽带接口系列有 VB5.1 和 VB5.2。VB5.1 是 ATM 接口，提供 2～622Mb/s 固定接口速率；VB5.2 也是 ATM 接口，提供接口速率为 2～622Mb/s，但通过指配可改变接口速率。

③ Q3 管理接口

Q3 管理接口是操作系统（OS）和网络单元（NE）之间的接口，该接口支持信息传送、管理和控制功能。

（3）接入网在电信网中的位置

从整个电信网的角度讲，可以将全网划分为公用网和用户驻地网（Customer Premises Network，CPN）两大部分，其中 CPN 属用户所有，因而，通常意义的电信网指的是公用电信网部分。

公用电信网又可以划分为长途网（长途端局以上部分）、中继网（长途端局与市话局之间以及市话局与市话局之间的部分）和接入网（市话局至用户之间的部分）3 部分。长途网和中继网合并称为核心网。相对于核心网，接入网介于本地交换机和用户之间，是用户到电信核心网承载电信业务的一系列实体，图 7-2 所示为接入网在电信网中的位置。

（4）接入网的用户环路结构

接入网是指从本地网端局（市话交换机或远端模块局）到用户终端之间的所有机线设

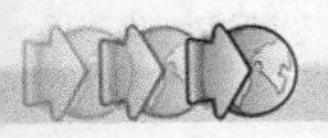

备，有时也称用户环路、用户网。典型的用户环路结构可以用图 7-3 表示。图中的主干系统承担多个用户信息的复用传输，长度一般为数千米（很少超过 10 公里）；配线系统按用户地址将各个用户信息分别接到分线盒，长度一般为数百米；而引入线将信号分给每个用户终端，长度通常仅数十米而已。

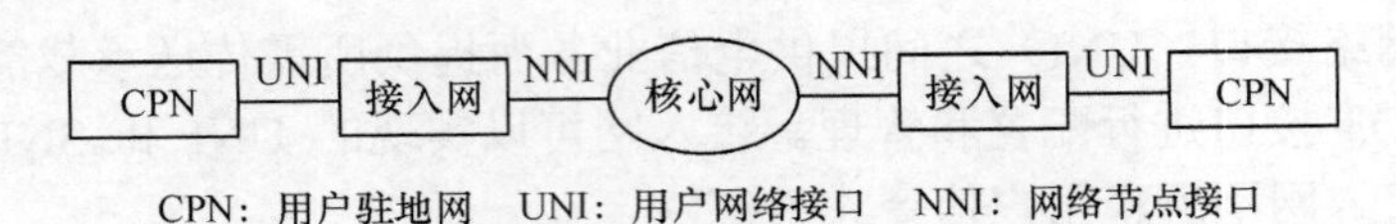

图 7-2　接入网在电信网中的位置

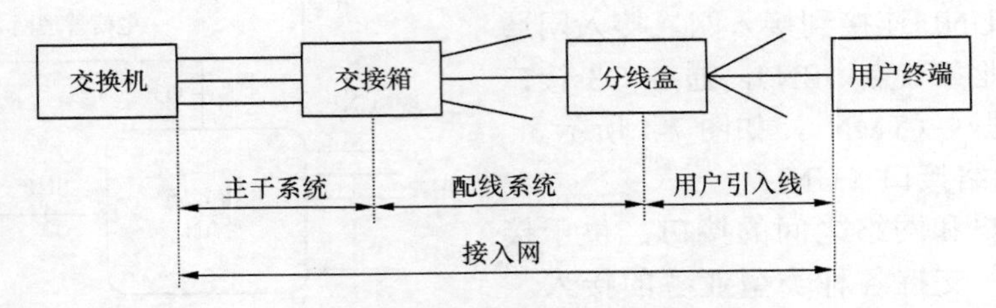

图 7-3　典型的用户环路结构

从图 7-3 中看，电信接入网即为本地交换机与用户之间的连接部分，主要实现数字交叉连接、复用和传输功能，接入网一般不含交换功能。

G.902 建议的接入网定义存在一定弱点：　由于接入网不解释用户信令，所以电信接入网不具备交换能力，这是电信接入网定义的一个重大不足；强调通过 Q3 接口管理，没有考虑 SNMP 等其他管理协议的地位；使用业务需要在 UNI 与 SNI 之间逐一建立关联，这种关联的相对静态特性与当今互联网的主流应用模式不一样。

2. Y.1231 建议标准

随着因特网的发展和电信运营市场的日益开放，IP 业务迅猛增长，电信运营商都把建设面向 IP 业务的电信网作为网络建设的重点，IP 化成为电信接入网的基本特征之一，IP 接入网应用越来越多，相对于传统的 PSTN 接入网，IP 接入网是无连接的网络，以路由器转发为中心。

（1）IP 接入网的定义

ITU-T Y.1231 建议对 IP 接入网定义是：由网络实体组成提供所需接入能力的一个实施系统，用于在一个“IP 用户”和一个“IP 服务者”之间提供 IP 业务所需的承载能力。由定义可见 IP 接入网由 IP 用户和 IP 服务提供者之间提供接入能力的实体组成，并由这些实体提供承载 IP 业务的能力，定义中的 IP 服务提供者是一种逻辑实体。IP 接入网的总体结构如图 7-4 所示。

图 7-4　IP 接入网的总体结构

（2）IP 接入网的功能

IP 接入网有 3 大功能：运送功能、接入功能、系统管理功能。IP 接入网的统一接口是 RP。

（3）IP 接入网与电信接入网的区别

① IP 接入网位于 IP 核心网和用户驻地网之间，它由参考点（RP）来界定，RP 是指逻辑上的参考连接；而 PSTN 接入网是由 UNI 和 SNI 来界定的。

② G.902 定义的电信接入网包含交叉连接、复用和传输功能，一般不包含交换功能，通过 V5 接口与交换机连接，可兼容任何类别的交换机；而 Y.1231 定义的 IP 接入网包含交换或选路功能等，并且 IP 接入网还可根据需要增加功能，如动态分配 IP 地址、地址翻译、计费和加密等。

7.1.2　接入网特点与分类

1．接入网的特点

接入网的任务是将用户正确地接入到核心网。因此，在网络运行环境、业务量密度及所采用的技术手段等方面，接入网与核心网有很大的差别。其主要特点如下。

（1）适应各类业务传输，包括电话业务、低速数据业务（≤2Mbit/s）、模拟租用线和非本地交换业务、宽带业务等。

（2）业务量密度低。核心网是高度互连的网络，可以应付很高密度的业务量需求。用户接入电路业务量密度极低。

（3）相对成本高。核心网的成本是由大量的用户来分担的，即使采用复杂昂贵的设备也能达到规模经济效益。而接入网中用户接入线往往由个别用户专用，即使共享，共享的程度也很有限。

（4）成本与业务量无关。核心网的总成本可根据对业务量的预测进行最佳的配置。而在接入网中，当采用特定的接入技术时，用户的接入成本与其业务量基本无关。

（5）运行环境差。核心网的主要设备，如交换机和复用传输设备多安装在环境可控的机房内，保持在一定的温度和湿度条件下。而接入网设备往往安装在不可控的环境下（如路边），工作在恶劣环境下，所以在技术上和机械保护上需要很多特殊措施。

（6）技术更新慢。核心网的技术变化周期很短，在过去几十年间，无论是交换设备还是传输设备都经历了几代的更新。而接入网方面，直到近年来的宽带业务需求迅猛发展，光纤接入技术和无线接入技术等新技术才在接入网中应用。

2．接入网的分类

在通信网发展的过程中，形成了多种接入网并存的局面。从广义上讲，接入网可分为有线接入网和无线接入网。有线接入网包括双绞线铜缆接入网、光纤接入网和混合光纤/同轴电缆接入网，无线接入网包括固定无线接入网和移动无线接入网，如表 7-1 所示。

表 7-1　　　　接入网的种类

接入网	有线接入网	铜线接入网	普通用户线（Modem）
			高比特率数字用户线（HDSL）
			非对称数字用户线（ADSL）
			甚高速率数字用户线（VDSL）
		光纤接入网	光纤到路边（F T TC）
			光纤到大楼（F T TB）
			光纤到户（F T TH）
		光纤+双绞线接入网	F T TX + LAN F T TX + VDSL
		混合光纤同轴电缆（HFC）接入网	
	无线接入网	固定无线接入网	微波一点多址
			固定蜂窝、固定无绳
			直播卫星（DBS）
			多点多路分配业务（MMDS）
			本地多点分配业务（LMDS）
			甚小型天线地球站（VSAT）
		移动无线接入网	蜂窝移动通信
			无线局域网
			卫星移动通信
			集群调度

7.2　窄带接入技术

公用电话交换网（PSTN）是一种主要以传输、处理话音业务为主的电话网络。随着数据业务用户的不断增加和 Internet 的广泛普及，PSTN 也实现着数据业务的接入。

7.2.1　PSTN 接入

PSTN 接入也就是普通电话 Modem（俗称“猫”）的接入，是一种利用电话线和公用电话网接入 Internet 的技术。目前，在用户电话线上传输的是模拟信号，而计算机处理和传输的是数字信号，因此，当计算机通过用户电话线上网时，就需要通过调制解调器（Modem）来实现模拟信号和数字信号之间的转换，其接入结构如图 7-5 所示。

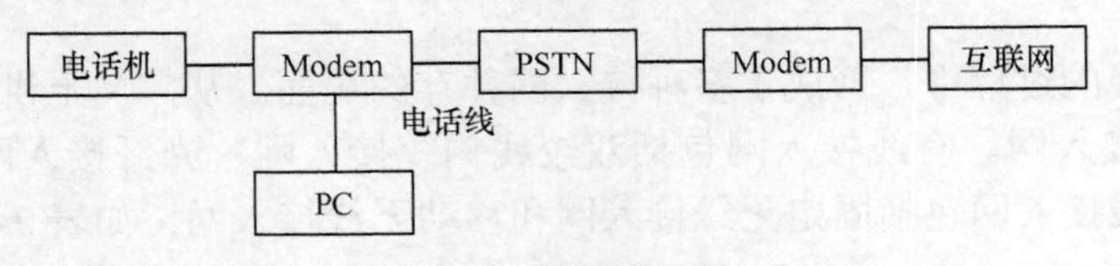

图 7-5　PSTN 接入

要想通过电话 Modem 拨号上网，必须先安装 Modem，然后对计算机进行必要的拨号网

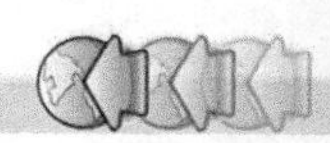

络设置之后，方可上网传递信息。上网速度的快慢与 Modem 的速率有着直接的关系，可通过普通电话线来实现 Internet 的接入。

这种接入技术的优点是简单、方便，缺点是接入速度低，上网和打电话不能同时进行。

7.2.2 ISDN 接入

1. ISDN 接入示意图

ISDN 俗称“一线通”，一种典型的双绞线铜缆窄带接入技术，可提供 64kbit/s、128kbit/s 等速率的用户网络接口，其接入示意图如图 7-6 所示。

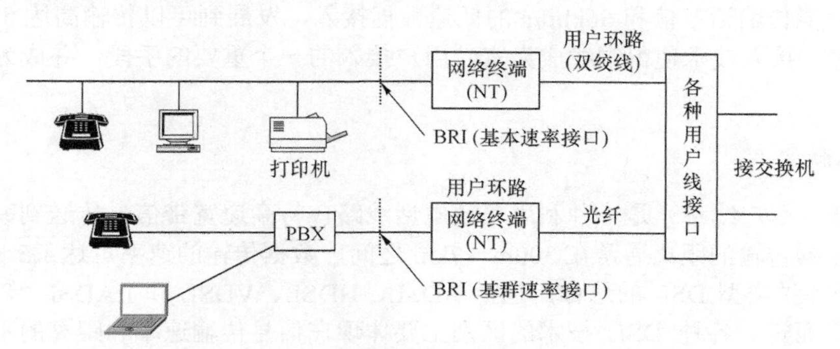

图 7-6　ISDN 接入示意图

ISDN 包括 N-ISDN（传输速率小于或等于 2Mbit/s）和 B-ISDN（传输速率大于 2Mbit/s），这里所说的 ISDN 是指 N-ISDN。用 N-ISND 接入 Internet 的典型下载速率在 64kbit/s 以上，基本上能够满足用户对 Internet 浏览的需要。

2. ISDN 接口类型

根据用户对业务的不同需求，N-ISDN 向用户提供两种速率的接口，即基本速率接口（BRI）和基群速率接口（PRI）。

（1）基本速率接口

基本速率接口（BRI）由 2 个用户信息通路（B 通路）和 1 个信令通路（D 通路）组成，即 2B+D 的接入方式，其中 B 通路的传输速率是 64kbit/s，D 通路的传输速率是 16kbit/s，因此一个 2B+D 连接可以提供 144kbit/s 的传输速率。通过 ISDN 的网络终端设备（NT），一对用户线最多可以连接 8 个用户终端，适用于家庭用户和小型办公室。

（2）基群速率接口

基群速率接口（PRI）由 30 个用户信息通路（B 通路）和 1 个信令通路（D 通路）组成，即 30B+D 的接入方式，其中 B 通路和 D 通路的传输速率都是 64kbit/s，因此总的传输速率为 2 048kbit/s。PRI 采用光缆接入，适合企事业单位和团体用户接入。

3. ISDN 接入的特点

ISDN 接入的主要优点是易用性和经济性，既可以满足用户上网的需求，同时又可满足打电话的需求，还可以满足一户二线，改善了电话拨号接入的不足。但是 N-ISDN 接入

的数字终端费用高且普及率低，由于 ADSL 接入技术的发展，N-ISDN 的接入受到了一定的制约。

7.3 xDSL 接入技术

7.3.1 xDSL 技术概述

传统铜线接入技术，即借助电话线路，通过调制解调器拨号实现用户接入的方式，速率已达 56kbit/s，但这种速率还远远不能满足用户对宽带业务的需求。随着 xDSL 技术的问世，铜线从只能传输话音信和 56kbit/s 的低速数据接入，发展到可以传输高达 55Mbit/s 的数据信号。xDSL 接入技术使得铜线成为宽带用户接入的一个重要的手段，并成为宽带接入的主流技术。

1．基本概念

DSL（数字用户线路）是一种利用普通电话线路，将高速宽带信息传送到家庭和小型企业的技术。数据传输的距离通常在 300m～7km 之间，数据传输的速率可达 1.5～52Mbit/s。

xDSL 是各种类型 DSL 的总称，包括 ADSL、HDSL、VDSL 和 RADSL 等。其中“x”由取代的字母而定。各种 DSL 技术的区别主要体现在信号传输速率和距离的不同，以及上行速率和下行速率是否具有对称性两个方面。

目前，xDSL 系统是能满足普通用户一定带宽需要的最为经济的接入方案。因此，它受到了住宅用户和企、事业单位的普遍欢迎。

2．xDSL 的主要技术特点及标准

表 7-2 是 xDSL 的主要技术特点及标准。由表 7-2 可以看出，xDSL 系统有两大类：一类是对称工作模式的 DSL 系统，另一类是非对称工作模式的 DSL 系统。

表 7-2　　xDSL 主要技术特点及其标准

名　称	中文含义	传输速率（Mbit/s）	使用线对数	工作模式
SDSL	对称数字用户线	0.128～2.32	1 对	对称
HDSL	高速数字用户线	1.544 或 2.048	2 对或 3 对	对称
HDSL2	二代高比特率数字用户线	0.144	1 对	对称
SHDSL	单线对高速数字用户线	0.192～2.3	1 对	对称
IDSL	综合业务数字网数字用户线	0.144	1 对	对称
ADSL	非对称数字用户线	上行：0.016～0.640 下行：1.5～8	1 对	非对称
G.lite ADSL	简化的非对称数字用户线	上行：0.016～0.512 下行：1.5	1 对	非对称
RADSL	速率自适应数字用户线	上行：0.016～0.640 下行：1.5～8	1 对	非对称
VDSL	甚高速数字用户线	上行：1.5～6 下行：13～52	1 对	非对称或对称

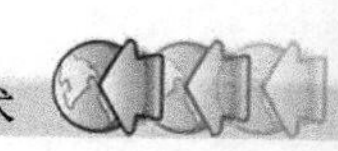

必须指出的是，xDSL 系统的数字传输速率，不仅与系统采用的调制解调技术、DSL 技术有关，而且与环路的导线直径和传输距离直接相关。一般，环路导线越粗，传输距离越短，速率也就越高。在 xDSL 系统中，传输速率最高的是 VDSL 系统，但它的传输距离也最短。

在表 7-2 中，对于同一系统，在传输速率一定的情况下，若使用多线对，则传输距离较远，若使用一线对，则传输距离较近，在传输距离一定的情况下，若使用多线对，则传输速率较高，若使用一线对，则传输速率较低。

7.3.2　高比特率数字用户线

高比特率数字用户线 HDSL 是一种对称的高速数字用户环路技术，其上行速率和下行速率相等，通过两对或 3 对双绞线提供全双工 1.544/2.048Mbit/s（T1/E1）数据信息传输能力。

1．基本原理

HDSL 传输技术是一种基于现有铜线的技术。HDSL 采用了先进的数字信号自适应均衡技术和回波抵消技术，以消除传输线路中的近端串音、脉冲噪声以及因线路阻抗不匹配而产生的回波对信号的干扰，从而能够在现有的普通电话双绞线（两对或 3 对）上全双工传输 T1/E1 速率数字信号，无中继传输距离可达 3～6km。

2．HDSL 组成及参考配置

图 7-7 所示规定了一个 HDSL 接入系统的功能参考配置示例。该参考配置是以 2 线对为例，但同样适合 3 线对或更多线对的 HDSL 系统。

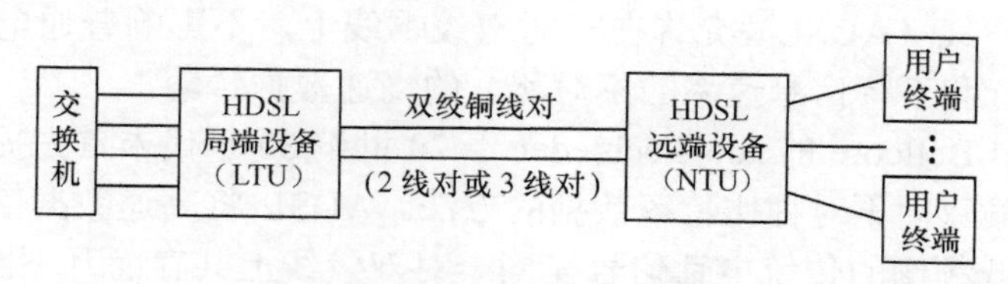

图 7-7　HDSL 的参考配置

LTU（线路终端单元）为 HDSL 的局端设备，它提供与业务（交换）节点（SN）网络侧的接口，并将来自业务节点的信息透明地传送给位于远端用户侧的 NTU 设备。

NTU（网络终端单元）为 HDSL 传输系统提供用户侧接口，将来自交换机的用户信息经接口传送给用户设备。在实际应用中，NTU 可以提供复接、集中或交叉连接的功能。

3．HDSL 系统的分类

目前与具体应用无关的 HDSL 系统分类有很多种。下面介绍两种常见的分类。

（1）按传输线对的数量分，常见的 HDSL 系统可分为 2 线对和 3 线对两种。在 2 线对系统中，每线对的传输速率为 1168kbit/s；在 3 线对系统中，每线对的传输速率是 784kbit/s。在一般情况下，采用 2 线对的 HDSL 系统，因为其成本相对较低。

需要指出的是 HDSL 还有 4 线对和 1 线对系统，其应用不普遍，这里不再介绍。

（2）按线路编码分，HDSL 系统可分为 2B1Q 码和 CAP 码两种。

- 2B1Q 码。2B1Q 码是一种无冗余度的 4 电平脉冲幅度调制（PAM）码，它将 2 比

特分成一组（对应于 2B），然后再转换为一个四进制码（对应于 1Q），其编码规则是 10→+3V，11→+1V，01→−1V，00→−3V。

- CAP 码。CAP 码是一种有冗余的无载波幅度相位调制码。CAP 的基本原理与 QAM 一样，数据经过两分支正交信号分别调制后叠加，只是在 CAP 中抑制了载波。

2B1Q 的优点是简单、成熟，与 PSTN 和 ISDN 的兼容性好。CAP 码系统比 2B1Q 码系统的码间干扰和近端串音小，但价格较贵。

4．HDSL 的特点

HDSL 的优点是：①满足用户需求。充分利用了现有的铜线资源实现了扩容，在一定范围内解决部分用户对宽带信号的需求。②误码率低。采用 2B1Q 码，可保证误码率低于 1×10^{-7}，加上特殊的外围电路，其误码率可达 1×10^{-9}。采用 CAP 码的 HDSL 系统性能更好。③可靠性好。当 HDSL 的部分传输线路出现故障时，系统仍可以利用剩余的线路实现较低速率的传输，减小了业务的损失，保证了网络的可靠。④系统初期投资少，安装维护方便，使用灵活，升级容易，可较平滑地向光纤过渡。

HDSL 的缺点是目前还不能提供 2Mbit/s 传输速率以上的信息，传输距离一般不超过 6km。因此，其接入能力是有限的，只能作为接入技术发展过程中一种过渡性的措施。

7.3.3　非对称数字用户线

1．ADSL 概述

非对称数字用户线（ADSL）允许在一对双绞铜线上，不影响普通电话业务的情况下，进行非对称性（上行和下行信息速率的不对称）的高速数据传输。

ADSL 技术是由 Bellcore 的 Joe Lechleder 于 20 世纪 80 年代末首先提出的，它是一种利用现有的双绞线传输双向不对称比特率数据的方法。ADSL 将高速数据信号安排在普通电话频段的高频侧，与低频侧的传统电话信号在同一对双绞线上共存而互不影响。ANSI T1.413 规定，ADSL 的下载速率最大是 8Mbit/s，上传速率最大是 640kbit/s。总体上说，ADSL 的最大数据速率取决于传输距离、线路规格和受干扰情况。从 ADSL 的传输速率和距离上看，ADSL 能较好地满足目前电话用户接入 Internet 的要求，而且 ADSL 这种不对称的传输技术符合 Internet 业务下行数据量大、上行数据量小的特点。

2．ADSL 接入

图 7-8 为 ADSL 接入示意图。从图中可以看到，ADSL 的用户端在原来电话终端的基础上，增加了一个 POTS 分频（分离/分路）器和 ADSL Modem，局端也有相对应的一套。

（1）POTS 分频器

POTS 分频器实际上是由低通滤波器和高通滤波器合成的设备。它把 4kHz 以下的电话低频信号和 ADSL Modem 调制用的高频信号分离，以实现两种业务互不干扰的传输。ADSL 使用两个 POTS 分频器，一个位于客户端，另一个位于交换局端。客户端分频器的低通滤波器是将 POTS 信号从 ADSL 信号中分离出来，以避免 ADSL 信号进入电话设备时产生人耳所无法接受的信号声；高通滤波器的作用是保护 ADSL 信号，避免低频的 POTS 信号进入 ADSL 线路中产生噪声。局端分频器的作用是把低频话音和高频数据信号分开，以

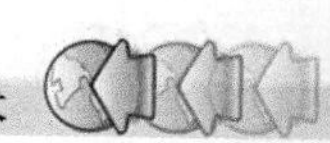

送往不同的业务网。

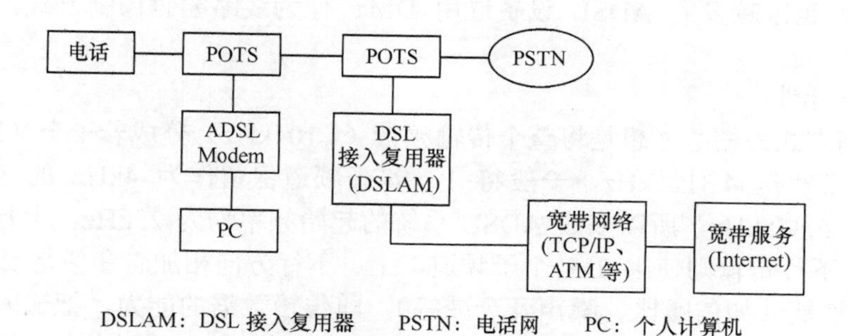

图 7-8　ADSL 接入示意图

POTS 分频器可以是外部独立式的，或者内置在调制解调器中。POTS 可以是有源的，也可以是无源的，为了设计上的方便和避免馈电的麻烦，通常采用无源器件构成。

（2）ADSL Modem

用户端的 ADSL Modem 通常被称做 ATU-R（ADSL Transmission Unit-Remote），其作用是完成数据信号的调制和解调，以便使数字信号能在模拟信道上传输。交换局侧 ADSL Modem 被称作 ATU-C（ADSL Transmission Unit-Central），产品大多具有复用功能，DSLAM 为数字用户线接入复用器（DSL Access Multiplexer）。各条 ADSL 线路传来的信号在 DSLAM 中进行复用，通过高速接口向主干网侧的路由器等设备转发，这种配置可以节省路由器的端口，布线也得到了简化。目前，已有将数条 ADSL 线路集束成一条 10Base-T 的产品，将交换机架上全部数据综合成 155Mbit/s ATM 端口的产品。

3．ADSL 频谱划分

在双绞线上传输传统话音只使用了 4kHz 以下的带宽，而在 ADSL 技术中则将带宽的上限扩展到 1.1MHz。通常 ADSL 将铜线带宽划分成 3 部分，高速下行数据信道、中速上行数据信道和低速话音信道。低频端仍用来传输普通电话业务（POTS），高频段被划分成上行和下行两个数据信道，如图 7-9 所示。

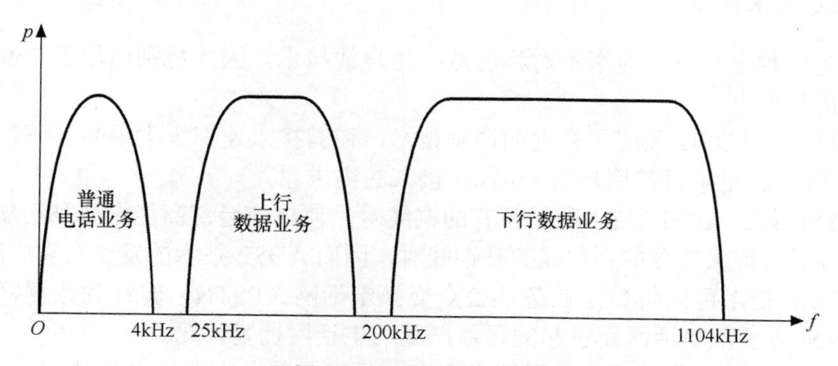

图 7-9　ADSL 的频谱划分

4．ADSL 调制方式

目前 ADSL 的调制技术有两种：一种是 ANSI T1.143 规定的离散多音频（DMT）技

术，另一种是市场上广泛使用的无载波幅度相位调制（CAP）技术。由于 DMT 技术已成为国际标准，因此越来越多的 ADSL 设备选用 DMT 作为线路编码调制方式。这里着重介绍 DMT 调制技术。

（1）DMT 调制

DMT 调制方式的核心思想是将整个传输频带（1 104kHz）分成若干个（256）子频带，每个子频带的带宽是 4.3125kHz，一般将 1#～6#子频道保留作为 4kHz 的普通电话业务频道，6#频道为 25.875kHz，所以多数 ADSL 系统的起始频率均为 25kHz。上行传输一共使用 32 个子频道，下行传输则使用 218 个子频道，上、下行方向相加总和便是 250 个子频道。子频道根据其性能（如信噪比、噪声及衰减等），即传输数据的能力，把输入数据自适应地分配到每个子频道上。如果某个子频道无法承载数据，则简单地予以关闭，而对于那些能够载送数据的子频道，则根据其瞬时特性，在一个码元包络内载送 1～11bit 信息。

在位处理能力方面，其速率为每秒 0～16bits/Hz，即每一个 4kHz（4.3125kHz）的子频道最高可达 64kbit/s，但事实上，由于传输距离的限制以及线路质量和噪声的影响，以目前的技术这是很难达到的。ANSI T1.413 建议以每秒 8bits/Hz 为基础，各子频道的速率是 32kbit/s。ANSI T1.413 规定，ADSL 的下载速率需支持 32kbit/s 的倍数，从 32kbit/s～6.114Mbit/s 或 8Mbit/s，上传传输速率需支持 16kbit/s 以及 32kbit/s 的倍数，从 32～640kbit/s。

（2）DMT 技术的优点

- 更好的带宽利用率。通过 DMT 自适配功能，可以调整各个子频道的速率，达到比单频调制高很多的频道速率。
- 动态分配带宽。由于所有的传输带宽被分成许多子频道，因此可根据服务的带宽需要，灵活地决定子频道的数目，按实际需要来分配带宽。
- 抗窄频噪声。只要关闭被窄频噪声所覆盖的子频道，就可克服窄频噪声的干扰。
- 抗脉冲噪声。在频率上越窄的信号，在时域上便越宽，由于各子频道的带宽都非常窄，所以各子频道的信号在时域上为持续时间较长的符号，相对之下，一个短的脉冲信号对它的影响就会非常小了。

5. ADSL 技术特点

ADSL 是一种上、下行速率不对称的数字用户线技术，因此特别适用于 Internet 接入业务。其技术优势如下。

（1）速度高。ADSL 采用了先进的调制技术，使其接入速率大大提高。下行速率最多可以达到 8Mbit/s，满足了目前用户对 Internet 接入的需求。

（2）经济性好。ADSL 技术利用现有的铜线对，使电信运营商能充分利用现有的投资和维护经验。并且目前大部分的用户线都是铜线对，因而 ADSL 技术的发展具有广泛的基础。

（3）ADSL 技术可以将数据业务从公众交换电话网（PSTN）转移到数据网，缓解了由大量 Internet 业务涌入电话网而引起的日益严重的电话网拥塞问题。

（4）ADSL 安装简易、快捷。对用户而言，只需在普通电话线上加装 ADSL Modem，在计算机上安装网卡即可使用。

（5）ADSL 接入技术可以平滑地向全光网过渡。ADSL 技术是传送多媒体业务最经济和最有效的方法之一。在实现光纤宽带接入之前，ADSL 是能将宽带业务送向用户的重要手段。

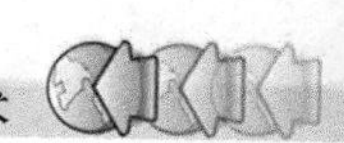

（6）ADSL 接入使上网、打电话可在一条电话线上同时进行。上网不影响打电话，真正实现上网、打电话两全其美，且节省费用，利用电话线上网不用交电话费。

（7）ADSL 技术独享带宽，线路专用，不受用户增加的影响，速率比普通拨号快数十倍，可享受视频点播（VOD），突破传统 Modem 网上视频播放差的限制。

（8）可多机共享一线上网，适合中小型公司、上网发烧友及一般家庭用户。

当然，在 ADSL 的使用过程中也存在一些不足之处。

（1）ADSL 的传输距离受业务速率和铜线本身特点的限制。铜线的直径、衰减、串音和脉冲杂音等特点限制了 ADSL 的传输距离，同时速率越高，能够达到的距离就越近。

（2）同一电缆束中的不同线对之间容易产生串音干扰。

6．ADSL 设备的安装

ADSL 的安装包括局端线路设备和用户端设备安装。在局端方面，服务商将原来的电话线接入 ADSL 局端设备，一般只需要 2～3 分钟；用户端 ADSL 安装需要将电话线连上 POTS 分离器，POTS 分离器与 ADSL Modem 之间用一条两芯的电话线连上，ADSL Modem 与计算机的网卡之间用一条交叉网线连通即可完成硬件安装，再将 TCP/IP 中的 IP、DNS 和网关参数设置好，便可完成安装工作，如图 7-10 所示。

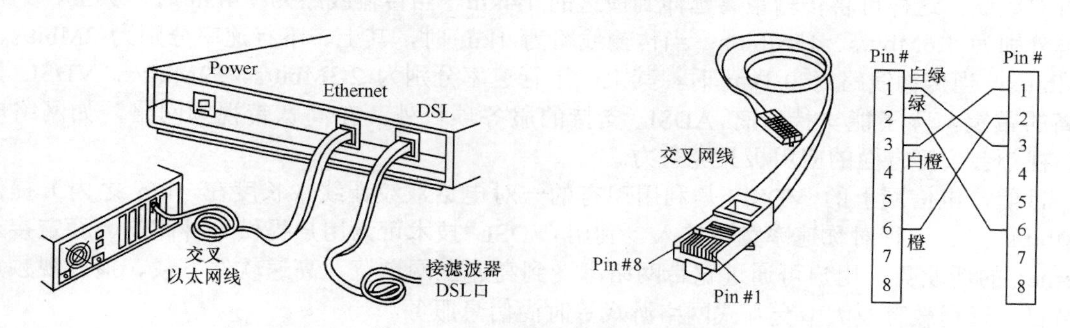

图 7-10　ADSL 用户端设备的安装图

局域网用户的 ADSL 安装与单机用户的安装没有多大的区别，只需要加一个集线器，用直连网线将集线器与 ASDL Modem 连接起来就可以了，具体过程如图 7-11 所示。

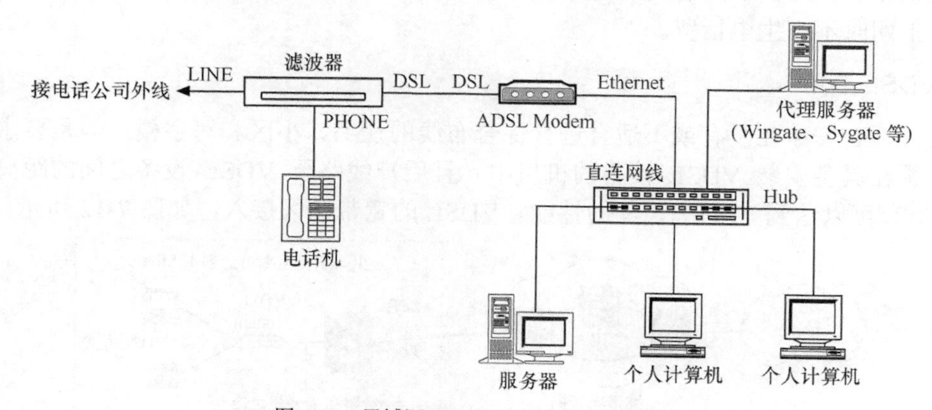

图 7-11　局域网 ADSL 用户端设备的安装

7．ADSL 接入方式

ADSL 接入 Internet 有虚拟拨号接入和专线接入两种方式。

采用虚拟拨号接入方式的用户在上网之前需要建立拨号连接，采用类似电话拨号的一个程序，叫作虚拟拨号程序，输入用户名与密码，当连接成功后才能登录网络。

采用专线接入的用户只要开机即可直接接入 Internet，无需进行拨号连接的建立。

7.3.4 甚高速数字用户线

1．基本概念

甚高速数字用户线（VDSL）在所有 xDSL 系列中传输速度最快。VDSL 是 ADSL 的发展方向，是目前最先进的数字用户线技术。VDSL 通常采用 DMT 调制方式，在一对铜双绞线上可实现对称或不对称的工作方式，其下载时速率可达 13～52Mbit/s，上传时速率达到 1.5～2.3Mbit/s。由于其速率高，所以被视为是 FTTH 的低成本替代方案，但是这种非对称传输最远的操作距离，从机房到用户间为 0.3～1.4km。为延长其传输距离，采用了一种光网络单元（ONU）中继的方式，即从机房到 ONU 之间使用光纤，从 ONU 到用户之间使用单对双绞线，这样可将传输距离延伸到最远的 1.4km。当传输线路为 1.4km 时，其上、下行速率分别为 1.6Mbit/s、13Mbit/s；当传输线路为 1km 时，其上、下行速率分别为 2Mbit/s、26Mbit/s；当传输线路为 0.3km 时，其上、下行速率分别为 2.3Mbit/s、52Mbit/s。VDSL 如此高的带宽，除了能支持所有 ADSL 支持的服务项目外，在高宽带视频网络，如网络电视、视频会议等方面的应用极具竞争力。

目前，电信网上的 VDSL 是利用现有的一对电话双绞铜线（长度在 1km 之内）提供 10Mbit/s 上、下行对称速率宽带接入。利用 VDSL 技术可为用户提供一种高速、稳定接入 Internet 的新业务。用户可通过宽带网络享受到高速上网浏览、高速软件下载、播放视频点播节目、远程教育及大型交互式网络游戏等时尚信息服务。

2．VDSL 特点

（1）VDSL 可直接利用现有电话线，采用 FTTx+VDSL 的方式（FTTx 是指 FTTB/C/Z）为用户提供 10Mbit/s 上、下行对称速率宽带接入。

（2）上网时不产生电话费。

3．VDSL 应用

VDSL 适合安装在没有或不适合进行综合布线的住宅、小区和写字楼，但是要求用户电话线路集中在具备安装 VDSL 设备的机房中，且用户线路至 VDSL 设备之间的距离不超过 1km。VDSL 可以达到 FTTx+LAN 的性能。VDSL 的宽带社区接入，如图 7-12 所示。

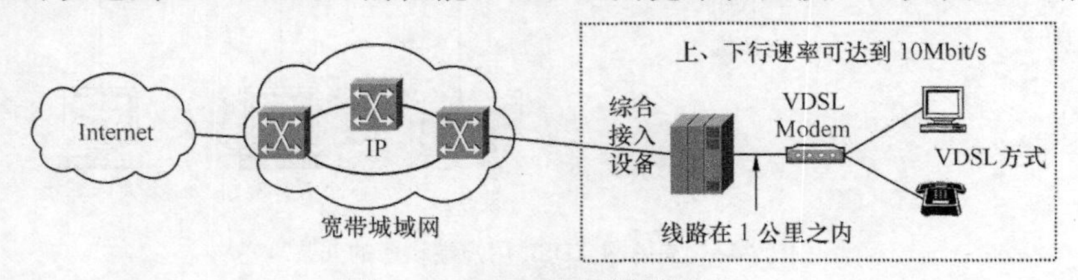

图 7-12 VDSL 的宽带社区接入

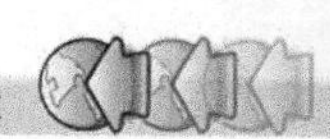

7.4　光纤接入技术

光纤接入网（OAN）就是采用光纤技术的接入网，即指本地交换机或远端交换模块与用户设备之间全部采用光传输或部分采用光传输的系统。

7.4.1　OAN 的参考配置

图 7-13 所示是 OAN 的参考配置（ITU-T G.982）。在图 7-13 中，ODN 是用无源光分路器等无源光器件实现的光配线网，从 OLT 之后到光网络单元 ONU 之前都是无源光器件，所以又称为无源光网络（PON），如果以电复用（PDH、SDH 或 ATM）的远程光终端代替无源光分路器，就成为有源光网络（AON）。通常光接入网（OAN）是指无源光网络（PON），这里也只介绍 PON。图中从 V 接口到单个用户接口（T 接口）之间的传输手段的总和称为接入链路。因此，光接入网又可定义为：共享同一网络侧接口且由光接入传输系统支持的一系列接入链路，由光线路终端（OLT）、光分配网（ODN）、光网络单元（ONU）及适配功能块（Adapter Function，AF）组成，可能包括若干与同一 OLT 相连的 ODN。

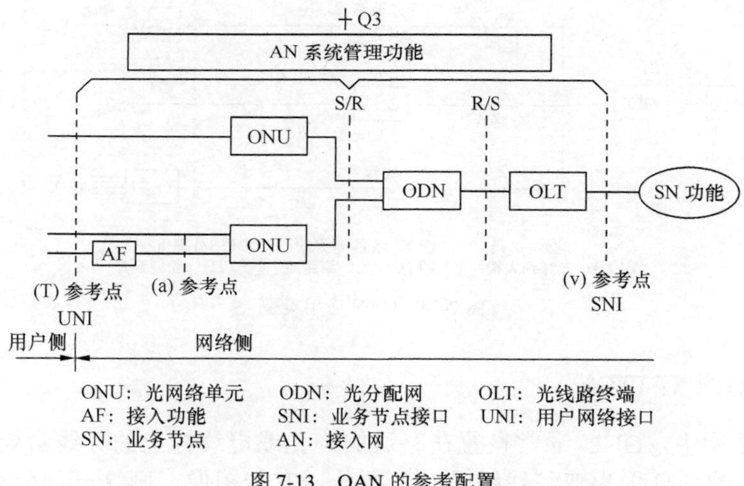

图 7-13　OAN 的参考配置

1．光线路终端（OLT）

OLT 的作用是为光接入网提供网络侧与本地交换机之间的接口，并经一个或多个光分配网（ODN）与用户侧的光网络单元（ONU）通信，OLT 与 ONU 的关系为主从通信关系。OLT 可以直接设置在本地交换机接口处，也可以设置在远端的远端集中器或复用器接口处。OLT 在物理上可以是独立设备，也可以与其他设备集成在一个设备内。

2．光配线网络（ODN）

ODN 在 OLT 与 ONU 之间提供光传输手段，其主要功能是完成光信号功率的分配。ODN 是由无源光器件（光纤光缆、光连接器和光分路器等）组成的纯无源的光分配网，通常呈树形分支结构。

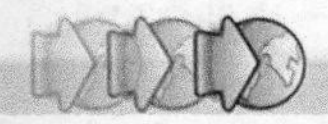

3．光网络单元（ONU）

ONU 位于用户和 ODN 之间，实现 OAN 的用户接入，为用户提供通往 ODN 的光接口。

4．适配功能块（AF）

AF 为 ONU 和用户设备提供适配功能，物理实现可以包含在 ONU 内，也可以完全独立。

由于无源光网络（PON）在 OLT 和 ONU 之间均为无源器件，大大减少了人工维护的工作量，同时 OLT 到分支点的光缆为众用户共享，降低了每个用户的成本，但 ONU 的供电一般都要由电信局远供，另外无源分配器的传输距离也受限制。

7.4.2 无源光网络的应用

按照光网络单元（ONU）在光接入网中所处的具体位置不同，可以将无源光网络（PON）划分为 3 种基本的应用类型，分别是光纤到路边（FTTC）、光纤到大楼（FTTB）以及光纤到户（FTTH）或光纤到办公室（FTTO），如图 7-14 所示。

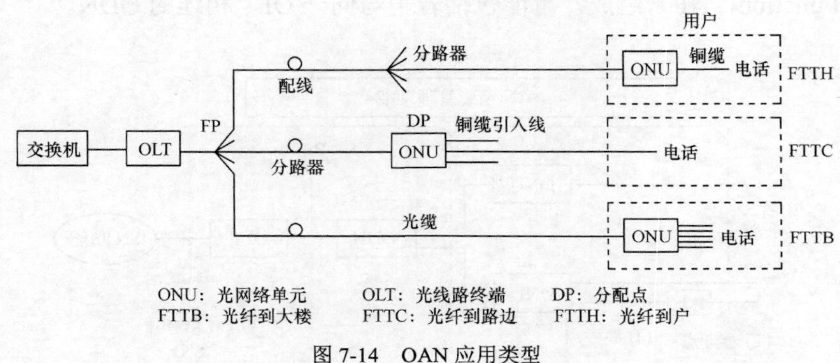

图 7-14　OAN 应用类型

1．光纤到路边（FTTC）

在 FTTC 结构中，ONU 通常设置在路边的小孔或电线杆上的分线盒处。此时从 ONU 到各个用户之间的部分仍为双绞线铜缆。若要传送宽带图像，则这一部分可能会需要同轴电缆。

FTTC 结构主要适用于点到点或点到多点的树形分支拓扑结构。用户为居民住宅用户或小企事业用户，典型用户数在 128 个以下，经济用户数正逐渐降低至 8～32 乃至 4 个左右。目前 FTTC 结构在提供 2Mbit/s 以下窄带业务时，仍然是光接入网中最现实、最经济的方式。

2．光纤到大楼（FTTB）

FTTB 也可以看作是 FTTC 的一种变型。不同处在于 ONU 直接放到楼内（通常为居民住宅公寓或小型企事业单位办公楼），再经多对双绞线将业务分送给各个用户。FTTB 是一种点到多点结构。FTTB 的光纤化程度比 FTTC 更进一步，光纤已敷到楼内，因而更适于高密度用户区，也更接近于长远发展目标，很适合于那些新建工业区或居民楼。

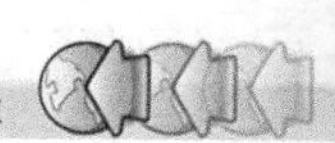

3．光纤到家（FTTH）或光纤到办公室（FTTO）

在原来的 FTTC 结构中，如果将设置在路边的 ONU 换成无源光分路器，然后将 ONU 移到用户家，即为 FTTH 结构。如果将 ONU 放在企事业单位（公司、大学、研究所及政府机关等）的用户终端设备，并能提供一定范围的灵活业务，则构成所谓的 FTTO 结构。FTTO 主要用于企事业用户，业务量需求大，因而结构上适用于点到点或环形结构。而 FTTH 用于居民住宅用户，业务量需求很小，因而经济的结构必须是点到多点方式。

一般而言，FTTC 更适合于分散用户，FTTB 更适合于集中的公寓住宅用户，FTTO 更适合于大型企事业用户。从长远来看，FTTH 则是发展的方向。FTTH 是一种全光纤网，是接入网的发展目标。图 7-15 是一个 FTTC+LAN 的具体应用示意图。

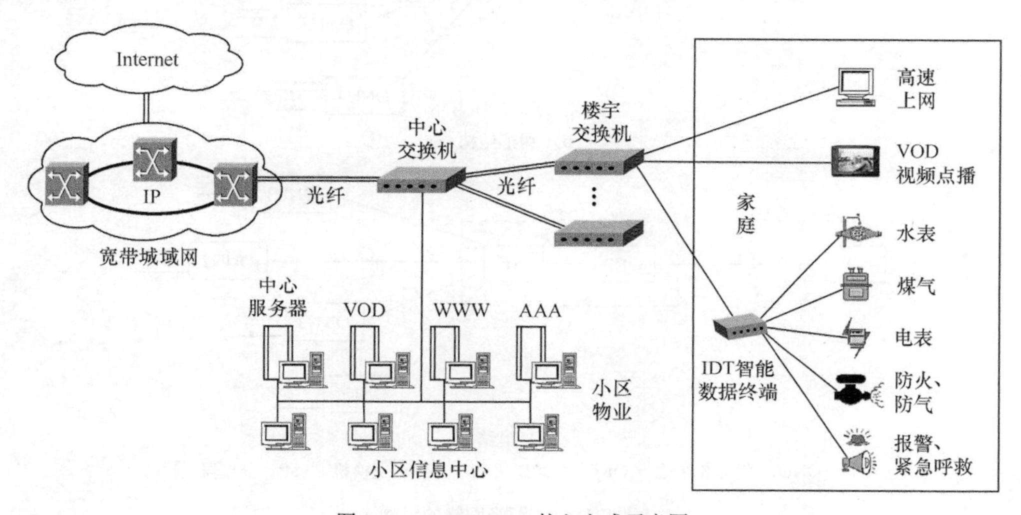

图 7-15　FTTC+LAN 接入方式示意图

7.4.3　无源光网络的组网

无源光网络（PON）的组网有总线结构、树形结构、星形结构和混合结构，如图 7-16 所示的几种类型。图中 SP 是光分支器，一个 OLT 一般能带 500 个用户，一个 ONU 可带 4、16、32 及 64 个用户。

1．总线形结构

总线形结构是点到多点配置的基本结构，该结构利用了一系列串联的非均匀光分路器，从总线上检出 OLT 发送的信号，同时又能将每一个 ONU 发送的信号插入光总线送回给 OLT。这种非均匀光分路器在光总线中只引入少量损耗，并且只从光总线中分出少量的光功率。其分路比由最大的 ONU 数量、ONU 所需的最小输入光功率等具体要求确定。这种结构非常适合于沿街道、公路线状分布的用户环境。

2．树形结构

树形结构也是点到多点的基本结构，该结构用一系列级联的光分路器对下行信号进行分路，传给多个用户，同时利用分路器将上行信号结合在一起送给 OLT。

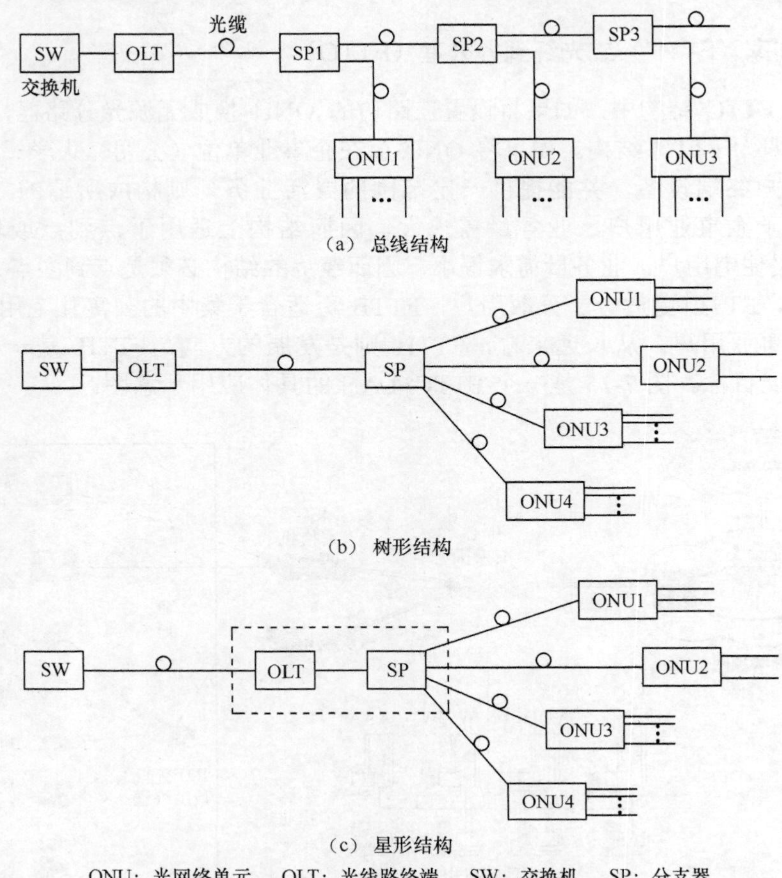

图 7-16　无源光网络的组网

3．星形结构

星形结构是在 ONU 与 OLT 之间实现点到点配置的基本结构，即每个 ONU 经一根或一对光纤直接与 OLT 相连，中间没有光分路器。由于这种配置不存在光分路器引入的损耗，因此传输距离远大于点到多点配置。用户间互相独立，保密性好，易于升级扩容。缺点是光纤和光设备无法共享，初装成本高，可靠性差。星形结构仅适合大容量用户。

7.4.4　无源光网络技术

无源光网络（PON）主要有 APON/BPON、EPON 和 GPON 3 种可用技术。随着 ATM 的淡出，以 ATM 为基础的 APON 呈现自然消亡状态。EPON 与 GPON 都需要在实践中不断完善、发展。我国部署的 PON 系统以 EPON 为主，但 GPON 也开始得到试用。现阶段 EPON 与 GPON 在我国有可能并存，在进行实际网络部署时，需要对具体应用环境、设备性能和成本等因素综合评估后进行选择。

1．EPON 技术

EPON 采用点到多点结构及无源光纤传输方式，在以太网之上提供多种业务。一个典型

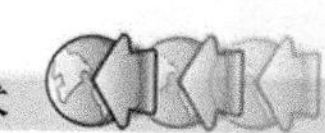

的 EPON 系统由 OLT、ONU 和 POS 组成，如图 7-17 所示。OLT 放在中心机房，ONU 放在网络接口单元附近或与其合为一体。POS（Passive Optical Splitter）是无源光纤分支器，是一个连接 OLT 和 ONU 的无源设备，它的功能是分发下行数据并集中上行数据。OLT 既是一个交换机或路由器，又是一个多业务提供平台，它提供面向无源光纤网络的光纤接口。OLT 除了提供网络集中和接入的功能外，还可以针对用户 QoS/SLA 的不同要求进行带宽分配、网络安全和管理配置。OLT 根据需要可以配置多块 OLC（Optical Line Card），OLC 与多个 ONU 通过 POS 连接，POS 是一个简单设备，它不需要电源，可以置于全天候的环境中，一般一个 POS 的分线率为 8、16 或 32，并可以多级连接。在 EPON 中，OLT 到 ONU 间的距离最大可达 20km，如果使用光纤放大器（有源中继器），距离还可以扩展。

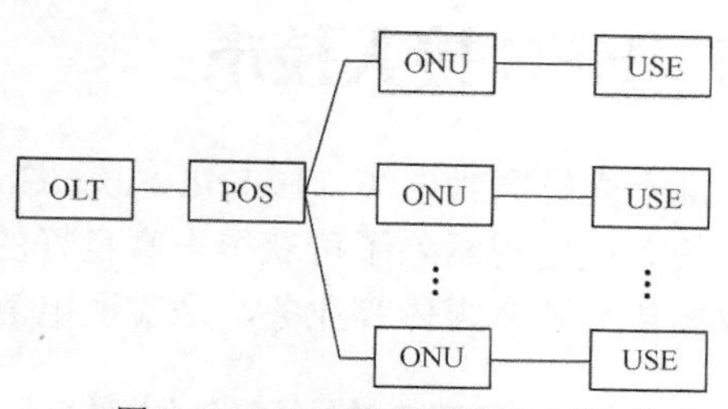

图 7-17 EPON 系统结构示意图

2. GPON 技术

GPON 也是一种采用点到多点拓扑结构的无源光接入技术，由局侧的 OLT（光线路终端）、用户侧的 ONU（光网络单元）以及 ODN（光分配网络）组成，其系统参考配置如图 7-18 所示。

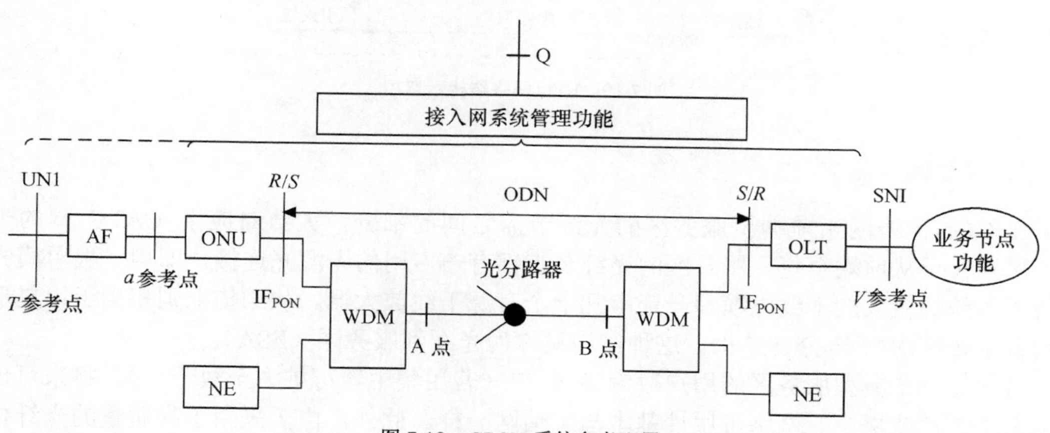

图 7-18 GPON 系统参考配置

GPON 在下行方向（OLT 到 ONU）采用 TDM 广播方式，上行方向（ONU 到 OLT）采用 TDMA（时分多址接入）方式，可以灵活地组成树形、星形、总线形等拓扑结构，其中典型结构为树形结构。GPON 系统要求 OLT 和 ONU 之间的光传输系统使用符合 ITU-T G.652 标准的单模光纤，上下行一般采用波分复用技术实现单纤双向的上下行传输，上行使用 1 260～1 360nm 波长，下行使用 1 480～1 500nm 波长。此外，GPON 系统还可以采用第三波长方式（1 540～1 560nm 波长）实现 CATV 业务的承载。

GPON 系统的 ONU/ONT（ONT 是用于 FTTH 并具有用户端口功能的 ONU）可放置在交接箱、楼宇/分线盒、公司/办公室、家庭等不同的位置，形成 FTTCab（光纤到交接箱）、FTTB/C（光纤到楼宇/分线盒）、FTTO（光纤到办公室）、FTTH（光纤到家庭用户）等不同的网络结构。

7.5 HFC 接入技术

混合光纤同轴电缆（Hybrid Fiber Coaxial，HFC）接入网通过对现有电视网进行双向改造后，使有线电视网除了可获得丰富良好的电视节目之外，还可以提供电话、Internet 接入、高速数据传输和多媒体等业务，是实现电信、广播电视及数据三网融合的接入方案之一。

7.5.1 HFC 的网络结构

HFC 网基本上是星形/总线形结构，典型结构如图 7-19 所示。HFC 由 3 部分组成，即馈线网、配线网和用户引入线。HFC 网服务区（SA）内基本保留着传统 CATV 网的树形-分支形同轴电缆网（实际为总线式），而不是星形的双绞线铜缆网。HFC 网中的光纤节点和分支器位置与电话网中的远端节点和路边的分线盒大致相对应。

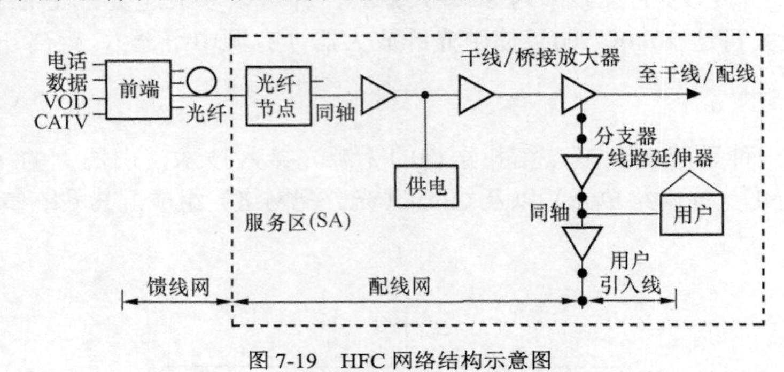

图 7-19 HFC 网络结构示意图

1. 馈线网

HFC 的馈线网指前端至服务区的光纤节点之间的部分，大致对应于 CATV 网的干线段。区别在于从前端至每一服务区的光纤节点都有一专用的无源光连接，即用一根单模光纤代替了传统的粗大的干线电缆和一连串几十个有源干线放大器。从结构上则相当于用星形结构代替了传统的树形-分支结构。这种结构又称为光纤到服务区（FSA）。

目前，一个典型服务区的用户数为 500 户（若用集中器可扩大至数千户），将来可进一步降至 125 户或更少。网络可用性基本与电话网一样。此外，由于采用了高质量的光纤传输也使得图像质量得到改进，维护运行成本得以降低。

2. 配线网

在传统 CATV 网中，配线网指干线/桥接放大器与分支点之间的部分，典型范围 1～3km。而在 HFC 网中，配线网指服务区光纤节点与分支节点之间的部分，大致相当于电话网中远端节点与分线盒之间的部分。在 HFC 网中，配线网部分采用与传统 CATV 网基本相同的树形-分支同轴电缆网，很多情况常为简单的总线结构，但其覆盖范围则已大大扩展，可达 5～10km，因而仍需保留几个干线/桥接放大器。这一部分的设计好坏关系到整个 HFC 网的业务量和业务类型，十分重要。

HFC 网中采用服务区的概念是一个重要的革新。在一般光纤网络中，服务区越小，各个用户可用的双向通信带宽越大，通信质量也越好。然而随着光纤逐渐靠近用户，成本会迅

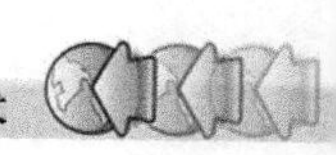

速上升。HFC 网采用了光纤和同轴电缆的混合结构，从而妥善地解决了这一矛盾，既保证了足够小的服务区（约 500 户），又避免了成本上升。

3. 用户引入线

用户引入线指分支点至用户之间的部分，因而与传统 CATV 网相同，分支点的分支器是配线网与用户引入线的分界点。所谓分支器基本是信号分路器和方向耦合器结合的无源器件，负责将配线网送来的信号分配给每一用户。在配线网上平均每隔 40～50m 就有一个分支器，单独住所区需要 4 路分支器即可，高楼居民区常常将多个 16 路或 32 路分支器结合应用。用户引入线负责将射频信号从分支器经无源引入线送给用户，传输距离仅几十米。与配线网使用的同轴电缆不同，用户引入线电缆采用灵活的软电缆以适应住宅用户的线缆敷设条件及作为电视、录像机、机顶盒之间的跳线连接电缆。

7.5.2　HFC 的电缆调制解调器

电缆调制解调器（Cable Modem，CM）或称线缆调制解调器，是一种可以通过有线电视（CATV）网络实现高速数据接入（如接入 Internet）的设备。Cable Modem 通常至少有两个接口，一个用来接墙上的有线电视端口，另一个与计算机相连。通过 Cable Modem 系统，用户可在有线电视网络内实现 Internet 访问、IP 电话、视频会议、视频点播、远程教育、网络游戏等功能，如图 7-20 所示。

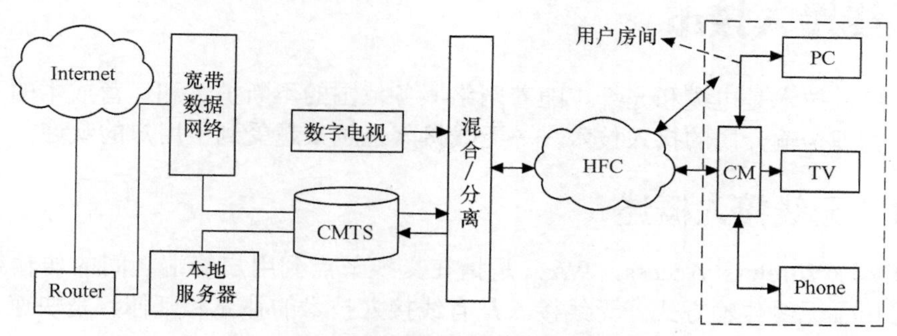

图 7-20　HFC 系统结构示意图

Cable Modem 本身不单纯是调制解调器，它集 Modem、调谐器、加/解密设备、桥接器、网络接口卡、SNMP 代理和以太网集线器的功能于一身。Cable Modem 无需拨号上网，不占用电话线，可永久连接。Cable Modem 多采用标准化接口，如使用最广泛的 10Base-T 接口，不仅可以直接与局域网相连，而且解决了计算机间不兼容的问题。

一个 Cable Modem 要在两个不同的方向上接收和发送数据，把上行、下行数字信号用不同的调制方式调制在双向传输的某一个 6MHz（或 8MHz）带宽的电视频道上。它把上行的数字信号转换成模拟射频信号，类似电视信号，所以能在有线电视网上传送。接收下行信号时，Cable Modem 把它转换为数字信号，以便计算机处理。

Cable Modem 的传输速度一般可达 3～50Mbit/s，距离可以是 100km，甚至更远。Cable Modem 终端系统（CMTS）能和所有的 Cable Modem 通信，但是 Cable Modem 只能和 CMTS 通信。如果两个 Cable Modem 需要通信，那么，必须由 CMTS 转播信息。

7.5.3 HFC网的频带分配

在HFC网中，各种信号最后在光纤和同轴电缆分配网上是频分复用的。频带分配如表7-3所示。同轴网络带宽划分为上行通道和下行通道，上行通道频率范围为5～30MHz（或42MHz），下行通道频率范围为50～750MHz（或860MHz）。

表7-3　HFC频带分配

波段	频率范围 MHz	业　务	波段	频率范围 MHz	业　务
R	5.00～30.0	（上行）电视及非广播业务	A2	223.0～295.0	模拟广播电视
R1	30.0～42.0	（上行）电信业务	B	295.0～463.0	模拟广播电视
I	47.5～92.0	模拟广播电视	IV	470.0～582.0	数字或模拟广播电视
FM	87.0～107.0	调频广播	V	582.0～710.0	电信业务（1）（VOD等）
AI	111.0～167.0	模拟广播电视	VI	710.0～750.0	电信业务（2）（电话、数据）
III	167.0～223.0	模拟广播电视			

7.6 无线接入技术

传统的接入技术是电缆和光纤，随着网络服务范围的不断扩大和运营成本的不断降低，另一种无需物理传输介质的接入技术——无线接入也越来越受到了用户的欢迎。

7.6.1 无线接入概述

无线接入（Wireless Access，WA）是指在交换节点到用户终端之间的传输线路上，部分或全部采用了无线传输方式。无线接入是有线接入技术的补充和延伸，是快速、灵活提供业务的重要途径。

1. 无线接入系统的结构

从概念上讲，无线接入网是由业务节点（交换机）接口和相关用户网络接口之间的一系列传送实体组成，为传送电信业务提供所需承载能力的无线实施系统。一个无线接入系统一般由4个基本模块组成，即用户台（MS）、基站（BS）、基站控制器（BSC）和网络管理系统（NMS），如图7-21所示。

（1）用户台（Mobile Subscriber，MS）：是用户携带或固定在某一位置的无线收发信机。用户台的功能是将用户信息（语音、数据及图像等）从原始信号转换成适合于无线传输的信号，并建立与基站的连接。用户台可分为固定式、移动式和便携式3种。

（2）基站（Base Station，BS）：是一个多路的收发信机，受基站控制器控制，通过无线接口提供与用户单元之间的无线信道。BS覆盖范围称为一个“小区”（对全向天线）或一个扇区（对方向性天线），小区范围从几百米到几十千米不等。

（3）基站控制器（Base Station Controller，BSC）：是控制整个无线接入运行的子系统，它决定了各个用户电路的分配，监控系统的性能，提供并控制无线接入系统与外部网络间的接口，同时还提供其他诸如切换和定位等功能，一个基站控制器可控制多个基站。

（4）网络管理系统（Network Management System，NMS）：主要负责整个系统的运行维护工作及所有信息的存储和管理。

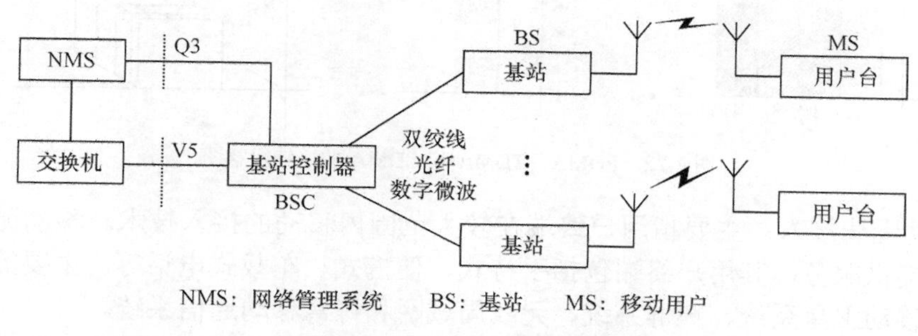

图 7-21　无线接入系统示意图

2．无线多址接入技术

所谓多址技术是指多个用户终端和基站之间以何种方式占有信道并传递信息的技术。常用的多址接入技术主要有频分多址（FDMA）、时分多址（TDMA）和码分多址（CDMA）。

（1）频分多址

频分多址（FDMA）是发送端对所发信号的频率参量进行正交分割，形成许多互不重叠的频带。在接收端利用频率的正交性，通过频率选择（滤波）从混合信号中选出相应的信号。第一代移动通信系统采用的是 FDMA 技术。

（2）时分多址

时分多址（TDMA）是发送端对所发信号的时间参量进行正交分割，形成许多互不重叠的时隙。在接收端利用时间的正交性，通过时间选择（选通门）从混合信号中选出相应的信号。GSM 系统采用的是 TDMA 技术。

（3）码分多址

码分多址（CDMA）是发送端用各不相关的、相互（准）正交的地址码（伪随机码，PN）调制其所发的信号，在接收端利用码型的（准）正交性，通过地址识别（相关检测）从混合信号中选出相应的信号，如 CDMA 移动通信。

CDMA 的特点是网内所有用户使用同一载波、占用相同的带宽，并且各个用户可以同时发送或接收信号。

CDMA 是当前最先进的数字移动通信技术，单从系统容量来看，在相同频率的带宽下，CDMA 系统每个蜂窝小区所能提供的信道数，是模拟 FDMA 系统的 20 倍左右，是数字 GSM 系统的 3 倍以上。FDMA、TDMA 和 CDMA 的比较如图 7-22 所示。

3．无线接入分类

（1）根据终端能否移动，无线接入分为固定无线接入和移动无线接入。

- 固定无线接入：又称无线本地环路（Wireless local loop，WLL），其用户终端（电

话机、传真机和计算机等）固定或只有有限的移动性。主要的固定无线接入系统包括多路多点分配业务（MMDS）、本地多点分配业务（LMDS）、一点多址微波系统、固定无绳通信系统、直播卫星系统（DBS）等。

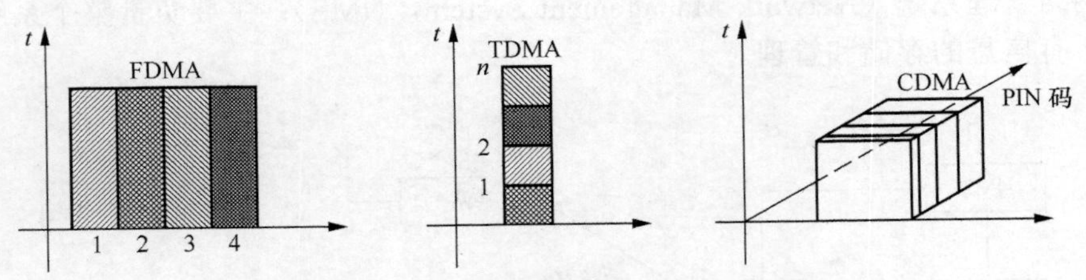

图 7-22　FDMA、TDMA 和 CDMA 的比较示意图

● 移动无线接入：主要指用户终端在较大范围内移动的接入技术。移动无线接入主要为移动用户提供服务，其用户终端包括手持式、便携式、车载式电话等。主要的移动无线接入系统包括移动卫星系统、集群系统、无线局域网和蜂窝移动通信系统。

（2）根据覆盖范围，无线接入分为基于 IEEE802.15 的无线个域网（WPAN）、基于 IEEE802.11 的无线局域网（WLAN）、基于 IEEE802.16e 的无线城域网（WMAN）和基于 IEEE802.20 的无线广域网（WWAN）。

● 无线个域网（WPAN）：在个人周围空间形成的无线网络，通常指覆盖范围在 10m 半径以内的短距离无线网络，尤其是指能在便携式消费者电器和通信设备之间进行短距离特别连接的自组织网。

● 无线局域网（WLAN）：计算机网络与无线通信技术相结合的产物，通常指采用无线传输介质的计算机局域网。

● 无线城域网（WMAN）：主要用于解决城域网的接入问题，覆盖范围为几千米到几十千米，除提供固定的无线接入外，还提供具有移动性的接入能力。

● 无线广域网（WWAN）：采用无线网络把物理距离极为分散的局域网（LAN）连接起来的通信方式。

4．无线接入网的特点

与有线网络相比，无线接入网具有以下优点。

（1）无线接入网的成本与传输距离无关，对用户密度等因素不敏感，特别适于距离稍长、用户密度不高的地区。

（2）运营成本低，取消了铜线分配网和铜线分接线，无需人员修复设备线路，减少费用。

（3）采取逐步增加投资的方式可以更准确地跟踪用户需求的增长，扩容方便而且资金回收快。

（4）组网灵活，安装迅速，建设周期短。

（5）安全性好，抗灾能力强。对地震、水灾等，无线系统比有线系统的抗灾能力强，同时灾毁后易于修复。

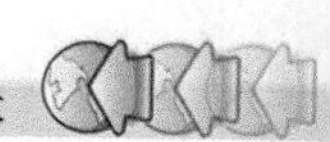

7.6.2　无线个域网

1．WPAN 的概念

无线个域网（Wireless Personal Area Network，WPAN）就是在个人周围空间形成的无线网络，通常指覆盖范围在 10m 半径以内的短距离无线网络，尤其是指能在便携式消费者电器和通信设备之间进行短距离特别连接的自组织网。WPAN 能够有效地解决“最后的几米电缆”的问题，进而将无线联网进行到底。

与无线广域网（WWAN）、无线城域网（WMAN）、无线局域网（WLAN）相比，无线个域网的范围最小，位于整个网络链的末端，它们的关系和通信范围如图 7-23 所示。

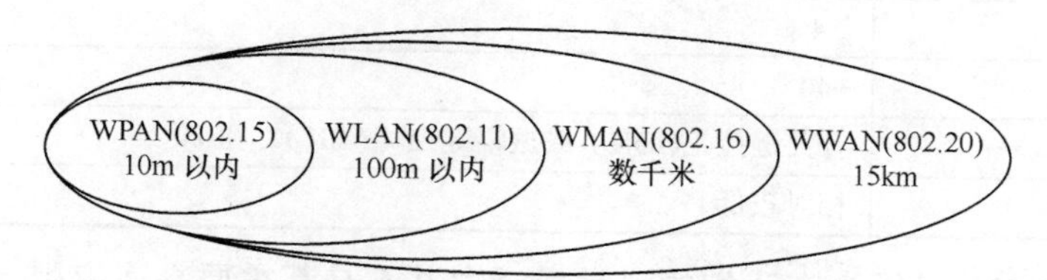

图 7-23　4 种无线网络之间的关系与通信范围

2．WPAN 的分类

WPAN 被定位于短距离无线通信技术，但根据不同的传输速率又分为超高速 WPAN、高速 WPAN（HR-WPAN）和低速 WPAN（LR-WPAN）3 种。

（1）高速 WPAN

高速 WPAN 是按照 IEEE 802.15.3 建立的，目前界定的传输速率为 55Mbit/s，网络采用动态拓扑结构，采用便携式装置能够在极短的时间内（小于 1s）加入或脱离网络。发展高速 WPAN 是为了连接下一代便携式消费者电器和通信设备，支持各种高速率的多媒体应用，包括高质量声像配送、多兆字节音乐和图像文档传送等。这些多媒体设备之间的对等连接要提供 20Mbit/s 以上的数据速率以及在确保的带宽内提供一定的服务质量（QoS）。高速率 WPAN 在宽带无线移动通信网络中占有一席之地。

（2）超高速 WPAN

在日常生活中，无线通信装置急剧增长，对更高速率和更快的内容传送的需求与日剧增，这一需求将把网络中各种信息传送速率推向更高，IEEE 802.15.3 高速 WPAN 将不能满足这些应用需求。为此，IEEE 802.15.3a 工作组提出了更高数据速率的物理层标准，用以替代高速 WPAN 的物理层，从而构成超高速 WPAN 或超宽带（UWB）WPAN。

超高速 WPAN 工作在 3.1～10.6GHz 的非特许频段，可支持 110Mbit/s、200Mbit/s、480Mbit/s 的数据传输速率，对应的通信距离分别是 10m、4m 和 4m 以下。

（3）低速 WPAN

低速 WPAN 是按照 IEEE 802.15.4 为近距离联网设计的。其技术特性如表 7-4 所示。

表 7-4　　低速 WPAN 技术特性

技术特性	基本要求
原始数据速率（kbit/s）	2～250
通信距离	一般为 10m，性能折衷可增至 100m
电池寿命	电池寿命取决于工作，有些应用电池无电也能工作（在功率为零的情况下）
传输时延（ms）	10～50
位置感知	可选
网络节点	最多可达 65534 个（实际数字根据需要来确定）
网络拓扑结构	星形或网状网
业务类型	以异步数据为主，也可支持同步数据
工作频率（GHz）	2.4
工作温度（℃）	−40～+85
调制方式	开关键控（OOK）或振幅键控（ASK），扩频
复杂性	相对较低

发展低速 WPAN 是因为在我们的日常生活中并不是都需要高速应用。在家庭、工厂与仓库自动化控制，安全监视、环境监视，军事行动、消防队员操作指挥、货单自动更新、库存实时跟踪以及在游戏和互动式玩具等方面都可以开展许多低速应用。

3．WPAN 的关键技术

无线个域网是基于计算机通信的专用网，工作在个人操作环境，把需要相互通信的装置构成一个网络，且无需任何中央管理装置及软件。支持无线个域网的通信技术有很多，如 IrDA、蓝牙、UWB、ZigBee 等，下面就几种主要的技术进行讲述。

（1）IrDA 技术

IrDA 是红外数据组织（Infrared Data Association）的简称，该技术是一种利用红外线进行点对点短距离通信的技术。红外线是波长在 0.75～400μm 之间的无线电波，是人用肉眼看不到的光线。红外数据传输一般采用红外波段内波长在 0.75～25μm 之间的近红外线。红外数据协会成立后，为保证不同厂商基于红外技术的产品能获得最佳的通信效果，规定所用红外波长在 0.85～0.90μm 之间。

IrDA 技术的主要特点有：利用红外传输数据，无需专门申请特定频段的使用执照；具有设备体积小、功率低的特点；由于采用点到点的连接，数据传输所受到的干扰较小，数据传输速率高，速率可达 16Mbit/s。

IrDA 技术缺陷主要有：受视距影响其传输距离短（0.1～1m）；要求通信设备的位置固定；其点对点的传输连接，无法灵活地组成网络等。

（2）蓝牙技术

蓝牙（Blue Tooth）技术是由爱立信、IBM、Intel、诺基亚及东芝 5 家公司开展标准化活动而提出的近距离无线（2.4GHz）数据接入技术。利用“蓝牙”技术，能够有效地简化掌上电脑、笔记本电脑和移动电话手机等移动终端之间的通信，也能成功地简化以上这些设备与 Internet 之间的通信，从而实现各种数据终端快速、方便和灵活的接入。

蓝牙技术采用的是 GFSK 调制技术，最高传输速率为 1Mbit/s，实际的数据有效速率为

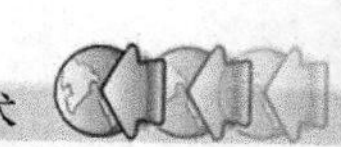

721kbit/s。通信协议采用 TDMA，在 2.4GHz 的频带上设立 79 个带宽为 1MHz 的信道，用每秒切换 1 600 次频率的调频扩展技术来实现信息的收发。

蓝牙技术的主要特点表现在它的灵活性和方便性方面，它可以广泛地应用在 Internet 的接入、影像资料的传递、数据共享及移动办公等方面。随着移动办公和家庭办公的不断增多，蓝牙这种无需布线和广泛应用在各个领域的通信方式，越来越受用户的青睐。

（3）超宽带（UWB）技术

超宽带（Ultra Wide Band，UWB）技术是基于 IEEE 802.15.3 的超高速、短距离无线接入技术。作为室内通信，2002 年美国联邦通信委员会（FCC）已经将 3.1～10.6GHz 频带向 UWB 通信开放，IEEE 802 委员会也已将 UWB 作为个域网（PAN）的基础技术候选对象来探讨。

UWB 是一种无载波通信技术，它利用纳秒至微微秒级的非正弦波窄脉冲传输数据。UWB 在较宽的频谱上传送极低功率的信号，能在 10m 左右的范围内实现数百 Mbit/s 至数 Gbit/s 的数据传输速率。UWB 技术不需复杂的射频转换电路和调制电路，它只需要一种数字方式来产生脉冲，并对脉冲进行数字调制，收发电路成本很低。

UWB 信号的宽频带、低功率谱密度的特性，决定了其以下优势。

① 易于与现有的窄带系统，如全球定位系统（GPS）、蜂窝通信系统、地面电视等共用频段，大大提高了频谱利用率。

② 易于实现多用户的短距离、高速数据通信。

③ 对多径衰落具有鲁棒性。

适合 UWB 技术的实际应用方案主要包括高速无线个域网、无线以太接口链路、智能无线局域网、户外对等网络，以及传感、定位和识别网络。

（4）ZigBee 技术

ZigBee 技术是基于 IEEE 802.15.4 标准的一种短距离、低功耗的无线通信技术，是当前面向无线传感器网络的技术标准。虽然存在多种无线网络技术与之竞争，但其优越特性使其脱颖而出，其主要特性有低速率、近距离、低功耗、低复杂度和低成本，目前适合应用在短距离无线网络通信方面。

ZigBee 工作于 2.4GHz 的 ISM 频段，采用跳频和扩频技术，传输速率 20～250kbit/s，通信距离为 10～100m。它很接近于蓝牙，但比蓝牙更简单，传输速率和功耗更低。它在大多数时间内处于休眠态，适用不需实时传输或连续更新的场合，如自动控制和远程控制领域，可以嵌入各种设备。

ZigBee 可与 254 个节点联网。节点可以包括仪器和家庭自动化应用设备。ZigBee 本身的特点使得其在工业监控、传感器网络、家庭监控、安全系统等领域有很大的发展空间。

上面介绍的 4 种无线个域网关键技术的主要性能比较见表 7-5。

表 7-5　　4 种 WPAN 关键技术的主要性能

技术指标	IrDA	蓝　牙	UWB	ZigBee
工作频段	红外线	2.4 GHz	3.1～10.6 GHz	2.4GHz
传输速率	16Mbit/s	1Mbit/s	480Mbit/s	20～250kbit/s
通信距离	定向 1m	10m	10m	10～100m
应用前景	中	一般	好	好

7.6.3 无线局域网

1．WLAN 的概念

无线局域网（Wireless Local Area Network，WLAN）是计算机网络与无线通信技术相结合的产物，通常指采用无线传输介质的计算机局域网，如图 7-24 所示。它利用射频（RF）技术，取代旧式的双绞线构成局域网络，提供传统有线局域网的所有功能。无线网络所需的基础设施不需再埋在地下或隐藏在墙里，并且可以随需移动或变化。

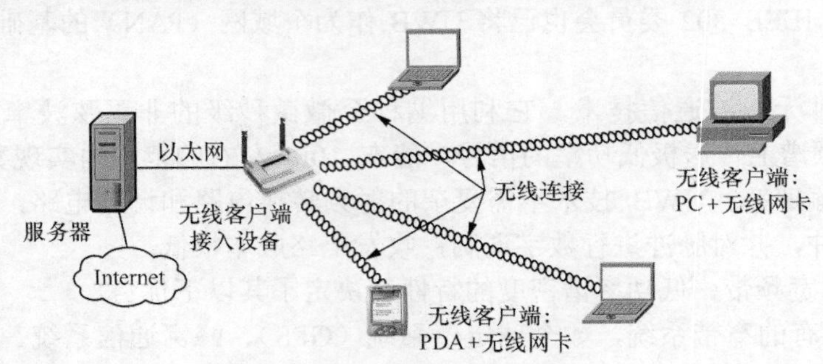

图 7-24 无线局域网示意图

WLAN 主要面向个人用户，一般部署在商旅人士经常出入的场所或数据业务需求较大的公共场合，呈“岛形覆盖”或“热点覆盖”，如机场、会议中心、展览馆、宾馆、咖啡屋或大学校园等，定位于慢速移动的无线接入技术。

WLAN 包含一系列的技术标准，即 802.11 系列标准，如表 7-6 所示。该标准由 IEEE 制定，主要用于解决局域网中用户与用户终端的无线接入。

表 7-6 WLAN 标准族

	802.11	802.11b	802.11a	802.11g	802.11n
标准发布时间	1997.7	1999.9	1999.9	2003.6	2009.9
频率范围	2.4GHz	2.4GHz	5.8GHz	2.4GHz	2.4GHz/5GHz
非重叠信道	3	3	12	3	3/12
调制技术	FHSS/DSSS	CCK/ DSSS	OFDM	CCK/OFDM	MIMO/OFDM
理论吞吐量	2Mbps	11Mbps	54Mbps	54Mbps	300Mbps
兼容性	N/A	与 11g 产品可互通	与 11b/g 不能互通	与 11b 产品可互通	与 11a/b/g 产品互通

2．WLAN 特点

相对于有线网络，WLAN 的组建、配置和维护更容易。主要特点包括如下几点。

（1）安装便捷：无线局域网的安装工作简单，它无需施工许可证，不需要布线或开挖沟槽。它的安装时间只是安装有线网络时间的零头。

（2）覆盖范围广：在有线网络中，网络设备的安放位置受网络信息点位置的限制。而无线局域网的通信范围，不受环境条件的限制，网络的传输范围大大拓宽，最大传输范围可达几十公里。

（3）经济节约：由于有线网络缺少灵活性，这就要求网络规划者尽可能地考虑未来发展

的需要，所以往往导致预设大量利用率较低的信息点。而一旦网络的发展超出了设计规划，又要花费较多费用进行网络改造。WLAN 不受布线接点位置的限制，具有传统局域网无法比拟的灵活性，可以避免或减少以上情况的发生。

（4）易于扩展：WLAN 有多种配置方式，能够根据需要灵活选择。这样，WLAN 就能胜任从只有几个用户的小型网络到上千用户的大型网络，并且能够提供像“漫游”（Roaming）等有线网络无法提供的特性。

目前，无线局域网还不能完全脱离有线网络，它只是有线网络的补充，而不是替换。与有线网络相比，无线局域网有以下不足。

（1）性能。无线局域网是依靠无线电波进行传输的，这些电波通过无线发射装置进行发射，而建筑物、车辆、树木和其他障碍物都可能阻碍电磁波的传输，所以有时信号质量差，有时不稳定，掉线率高。

（2）速率。无线信道的传输速率与有线信道相比要低得多。目前，无线局域网的最大传输速率为 54Mbit/s，只适合于个人终端和小规模网络应用。

（3）安全性。本质上无线电波不要求建立物理的连接通道，无线信号是发散的。从理论上讲，很容易监听到无线电波广播范围内的任何信号，造成通信信息泄漏。

3. WLAN 组成

（1）WLAN 的组成

WLAN 由端站、无线介质、接入点、接入控制器、分布式系统等组成，如图 7-25 所示。

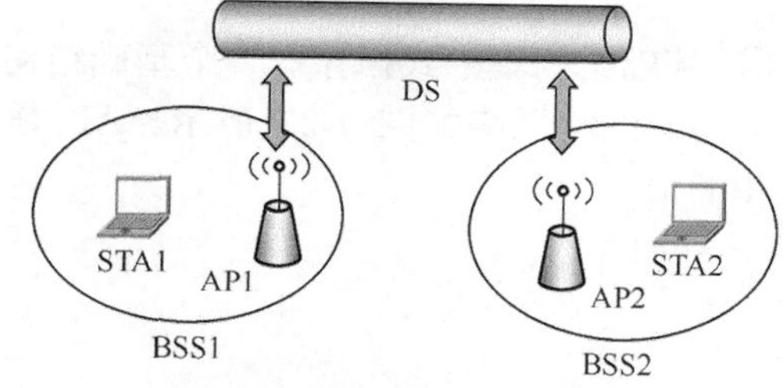

图 7-25　WLAN 网络结构

① 端站（Station，STA）：无线网络终端，STA 通过无线链路接入 AP。

② 无线介质（Wireless Media，WM）：无线介质是 WLAN 中站或 AP 间通信的传输介质，空气是无线电波和红外线传播的良好介质。WLAN 中的无线介质由物理层标准定义。

③ 接入点（Access Point，AP）：AP 通过无线链路和 STA 进行通信。AP 上行方向与 AC 通过有线链路连接。它不仅包含单纯性无线接入点，也同样是无线路由器、无线网关等类设备的统称。

④ 接入控制器（Access Controller，AC）：在无线局域网和外部网之间充当网关功能。AC 将来自不同 AP 的数据进行汇聚，与 Internet 相连。AC 支持用户安全控制、业务控制、计费信息采集及对网络的监控。

⑤ 基本服务集（Basic Service Set，BSS）：是 WLAN 网络的基本构成单元。能相互进行通信的 STA 可以组成一个 BSS。如果一个站移出 BSS 的覆盖范围，它将不能再与 BSS 的其他成员通信。

⑥ 扩展服务集（Extend Service Set，ESS）：多个 BSS 可以构成一个扩展网络，称为 ESS 网络。一个 ESS 网络内部的 STA 可以互相通信，是采用相同的 SSID 的多个 BSS 形成的更大规模的虚拟 BSS。连接 BSS 的组件称为分布式系统（Distribution System，DS）。

⑦ 服务集标识（Service Set Identifier，SSID）：在同一 BSS 内的所有 STA 和 AP 必须

具有相同的 SSID，否则无法进行通信。

（2）WLAN 的拓扑结构

BSS 是 WLAN 的基本构造模块，有两种基本拓扑结构或组网方式，即分布对等式拓扑和基础结构集中式拓扑。单个 BSS 称单区网，多个 BSS 通过 DS 互联构成多区网。

① 分布对等式拓扑：是一种独立 BSS（IBSS），至少有两个站。通信范围内的任意站之间可直接通信而无需依赖 AP 转接，如图 7-26 所示。由于没有 AP，站之间是对等、分布式或无中心的。由于 IBSS 网络不必预先计划，可按需要随时构建，因此该模式被称为自组织网络。适合小规模的 WLAN 组网，多用于临时组建和军事通信中。

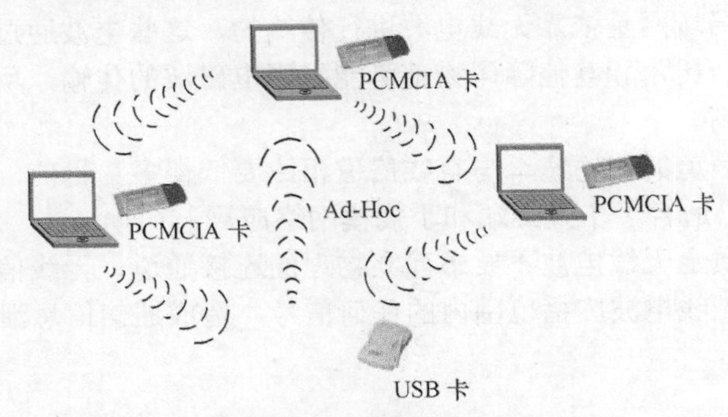

图 7-26　分布对等式拓扑

② 基础结构集中式拓扑：一个基础结构除 DS 外，至少要有一个 AP。只包含一个 AP 的单区基础结构网络如图 7-27 所示。AP 是 BSS 的中心控制站，其他站在该中心站的控制下互相通信。

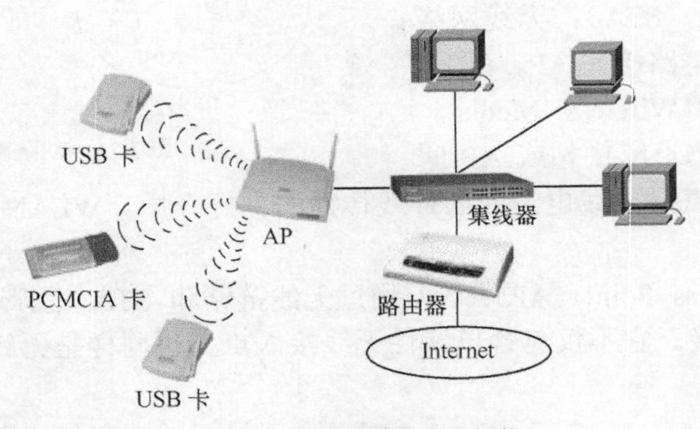

图 7-27　基础结构集中式拓扑

在该结构中，BSS 的可靠性较差，如 AP 遭破坏，整个 BSS 就会瘫痪。此外，中心站 AP 的复杂度较大，成本也较高。

在该结构中，如果一个站想与同一 BSS 内的另一站通信，需经源站→AP→目标站的两跳过程，由 AP 进行转接。这样就需要较多的传输容量，增加了传输时延。

7.6.4　无线城域网

无线城域网（WMAN）主要用于解决城域网的接入问题，覆盖范围为几千米到几十千米，除提供固定的无线接入外，还提供具有移动性的接入能力，包括多信道多点分配系统

（MMDS）、本地多点分配系统（LMDS）、IEEE 802.16 等技术。

1．多信道多点分配系统

多信道多点分配系统（Multichannel Multipoint Distribution System，MMDS）是网络结构呈点对多点分布，并能提供宽带业务的一种无线系统。MMDS 使用的频段主要集中在 2～5GHz。相对而言，这个频率段的资源比较紧张，各国能够分配给 MMDS 使用的频率要比 LMDS 少得多。由于 2～5GHz 频段受雨衰的影响很小，并且在同等条件下空间传输损耗也较 LMDS 低，所以 MMDS 频段可应用于半径为几十千米的大范围覆盖。MMDS 系统的特色在于受雨雪等天气影响小，全天候可靠覆盖范围一般在 10 千米以上，但是带宽较小，适合小型用户群使用。

目前 MMDS 主要用于无线式电缆电视的微波传输。

2．本地多点分配业务

本地多点分配业务（Local Multipoint Distribution System，LMDS）是使用微波射频的一种宽带固定蜂窝无线接入系统。由于 LMDS 的可用带宽往往大于 1GHz，用户接入速率可达到 155Mbit/s，可与光纤接入系统相媲美。LMDS 采用一种类似蜂窝的服务区结构，将一个需要提供业务的地区划分成若干个服务区，在每个服务区内设一个基站，基站设备经点到多点的无线链路与服务区内用户进行通信。每个服务区覆盖范围为几千米至几十千米，并在频率上可以相互重叠。

LMDS 的宽带性决定了它可以提供话音、数据及视频等多种业务。LMDS 特点是：运营商初期投资少，可提供极高的通信带宽，提供的业务多，业务提供迅速，在组网方面具有灵活性。

当然，LMDS 在使用过程也存在一些不足，如服务区的覆盖范围较小，受外界天气的影响比较大，基站设备费用相对比较贵等问题。

目前，在短期内无法实现 FTTH 的情况下，通信的接入技术不可避免地出现多元化，这为 LMDS 的宽带接入技术提供了有利的时机。

3．WiMAX

WiMAX（Worldwide Interoperability for Microwave Access）即全球微波接入互操作性，是一项基于 IEEE 802.16 标准的无线宽带接入城域网（Broadband Wireless Access Metropolitan Area Network，BWAMAN）技术，是针对微波和毫米波频段提出的一种空中接口标准。其基本目标是：提供一种在城域网一点对多点的多厂商环境下，可有效互操作的无线宽带接入手段。可替代现有的有线和 DSL 连接方式，来提供最后一公里的无线宽带接入。

WiMAX 可以应用的频段非常宽，包括用于视距传播的 10～66 GHz 频段，用于非视距传输的 2～11 GHz 频段。如果用于支持移动性，则推荐采用 6 GHz 以下频段。在 WiMAX 联盟中建议用于固定和游牧方式下的频点为 3.5 GHz、5.8 GHz 频段。WiMAX 所能提供的最高接入速度是 75Mbit/s，目前实际应用时每 3.5MHz 载波可传输净速率为 18Mbit/s，频率利用系数高。

WiMAX 作为宽带接入的一种手段，与传统的宽带有线接入技术 ADSL 和 LAN 相比，具有如下优势。

① 灵活性强：无需等待数周时间安装线路，无线宽带接入可以轻松快速地在任何临时站点建立起来。同时可根据用户需求和信道状况动态分配系统资源，减少资金或设备的浪费。

② 应用范围广：在不便于部署有线宽带接入技术的区域，WiMAX 具有更强的适应能力。例如，ADSL 接入的有效覆盖范围仅限于距局端 5 km 以内的区域，而 WiMAX 则可以打破这一距离限制。

③ 成本低：在城郊和农村等部署传统宽带接入成本较高的地区，采用无线接入手段可以有效地降低成本，运营商可以通过单个基站为成千上万用户提供不同的服务。

但是，WiMAX 也有其固有的局限性。虽然其相对于有线网络的成本较低，但在城市等适宜有线宽带接入的地区，WiMAX 用户侧接入设备的成本仍然比较高；虽然 WiMAX 信号的最远传播距离可达 50 km，但通常只有 3.5 km 范围内才可以真正体验 75 Mbit/s 的高速度，一旦超过这一范围，数据传输速率会下降：相对于有线接入，无线通信的安全问题也不可避免地成为 WiMAX 竞争能力的弱势。

7.6.5 无线广域网

无线广域网（WWAN）是指覆盖全国或全球范围内的无线网络，它可以提供更大范围内的无线接入，但数据传输速率偏低。与 WPAN、WLAN、WMAN 相比，无线广域网强调的是快速移动性。典型的无线广域网是 2G 和 3G 移动通信系统，它们使得笔记本电脑或者其他的设备装置在蜂窝网络覆盖范围内可以在任何地方连接到互联网。

1．蜂窝网络

把移动电话的整个服务范围划分成若干个正六边形的小区，形成的网络覆盖形状非常像蜂窝，因此被称为蜂窝网络。陆地移动通信系统采用蜂窝结构，每个蜂窝小区建立一个基站，负责该小区用户的连接和通信，同时它还实现用户在不同小区移动时的切换、频率的再利用等问题。

2．无线广域网接入方式

（1）GPRS 接入方式

GPRS（General Packer Radio Service，通用分组无线业务）是一种基于 GSM 系统的无线分组交换技术，提供端到端的、广域的无线 IP 连接。简单地说，GPRS 是一项高速数据处理的技术，其方法是以“分组”的形式传送数据。GPRS 按需动态占用资源，其频谱利用率较高，数据传输速率最高可达 171.2kbit/s，适合各种突发性强的数据传输。GPRS 接入无线网络具有空间和时间的自由度，在“有手机信号”的地方，用户就可以无线上网，缺点是其可提供的接入速率、多媒体业务有限。

（2）EDGE 接入方式

EDGE（Enhanced Data Rate for GSM Evolution，增强数据速率的 GSM 演进技术）是一种基于 GSM/GPRS 网络的数据增强型技术，理论数据传输速率可高达 384～473.6kbit/s，因此也被称为 2.75G 技术。

（3）cdma2000 1x 接入方式

CDMA（Code-Division Multiple Acess）即码分多址分组数据传输技术，是数字移动通

信进程中出现的一种先进的无线扩频通信技术。CDMA 能够满足市场对移动通信容量和品质的高要求，具有频谱利用率高、语音质量好、保密性强、掉话率低、电磁辐射小、容量大、覆盖广等特点，可以大量减少投资和降低运营成本。

cdma2000 1x 是从窄带 CDMA one 演化而来的，可以看作是 2.5G 技术。它能够在 1.25MHz 的带宽上提供高达 153.6kbit/s 的双向数据业务。核心网部分在原来的电路交换网基础上，增加了一个分组交换网络，支持移动 IP 业务，支持 QoS，能适应更多、更复杂的多媒体业务。

（4）3G 接入方式

3G 是 3rd Generation 的缩写，指第三代移动通信技术，标准包括 WCDMA、cdma2000、TD-CDMA。与第二代移动通信系统相比，第三代移动通信技术最大的优势是能够向用户提供移动宽带数据接入。第三代移动通信能够处理图像、音乐、视频流等多种媒体形式，提供包括网页浏览、电话会议、电子商务等信息服务。为了提供多种服务，无线网络必须能够支持不同的数据传输速率，也就是说在室内、室外和行车的环境中能够分别支持至少 2Mbit/s、384kbit/s 以及 144kbit/s 的传输速率。

小结

1．接入网（AN）有电信接入网和 IP 接入网之分。IP 接入网位于 IP 核心网和用户驻地网之间，它由参考点（RP）来界定，RP 是指逻辑上的参考连接；而电信接入网是由 UNI 和 SNI 来界定的。

2．电信接入网包含交叉连接、复用和传输功能，一般不包含交换功能，通过 V5 接口与交换机连接，可兼容任何类别的交换机；而 IP 接入网包含交换或选路功能等，并且 IP 接入网还可根据需要增加功能，如动态分配 IP 地址、地址翻译、计费和加密等。

3．从广义上讲，接入网可分为有线接入网和无线接入网。有线接入网包括双绞线铜缆接入网、光纤接入网、混合光纤/同轴电缆接入网。无线接入网包括固定无线接入网和移动无线接入网。

4．有线宽带接入技术中的 HDSL 可提供对称 2Mbit/s 的传输速率。ADSL 提供的下行速率为 8Mbit/s，上行速率为 640kbit/s。ADSL 的调制有 DMT 和 CAP 两种，目前多用 DMT。VDSL 接入在下载时速率可达 13～52Mbit/s，上传时达到 1.5～2.3Mbit/s，传输距离为 0.3～1.4km。实际应用中多用 FTTx+LAN 和 FTTx+VDSL 接入。

5．光纤接入网（OAN）现多指无源光网络（PON），PON 按照光网络单元（ONU）在光接入网中所处的具体位置不同，有 3 种基本的应用类型，即光纤到路边（FTTC）、光纤到大楼（FTTB）以及光纤到户（FTTH）或光纤到办公室（FTTO）。

6．混合光纤同轴（HFC）接入网络是在有线电视网中提供电信业务而采用的一种接入技术，它可提供下行速率达 30Mbit/s，上行速率达 10Mbit/s 的接入业务。

7．无线接入是有线接入技术的补充和延伸，是快速、灵活提供业务的重要途径。根据覆盖范围将无线接入划分为无线个域网、无线局域网、无线城域网和无线广域网。

思考题与练习题

7-1　什么是接入网？并说明接入网在电信网中的位置。

7-2　接入网是如何分类的，其特点有哪些？

7-3　什么是 HDSL？说明其技术特点。

7-4　什么是 ADSL？画出其接入示意图，并说明各部分的作用。

7-5　试述 ADSL 的技术特点。

7-6　ADSL 的接入速率是多少？接入方式有哪些？接入技术又有哪些？

7-7　VDSL 提供的接入速率是多少？其特点有哪些？

7-8　什么是光纤接入网？其参考配置包括哪些单元？

7-9　什么是 PON？PON 的应用类型有哪些？

7-10　PON 的接入技术有哪些？它们的区别是什么？

7-11　什么是 HFC？在 HFC 系统结构中，Cable Modem 的作用是什么？

7-12　什么是无线接入？目前主要有哪些无线接入技术？

7-13　WPAN 的关键技术有哪些？

7-14　WLAN 系统由哪些部分组成？并简述各部分的作用。

7-15　WiMAX 有哪些特点？

7-16　无线广域网的接入方式有哪些？

参 考 文 献

[1] 程庆梅，等. 路由型与交换型互联网基础. 北京：机械工业出版社，2010.
[2] 程庆梅，等. 路由型与交换型互联网基础实训手册. 北京：机械工业出版社，2010.
[3] 孙青华，等. IP 数据通信. 北京：高等教育出版社，2010.
[4] 李志球. 计算机网络基础（第 3 版）. 北京：电子工业出版社，2010.
[5] 杨功元，等. 思科系列丛书：Packet Tracer 使用指南及实验实训教程. 北京：电子工业出版社，2012.
[6] 肖学华，等. 网络设备管理与维护实训教程：基于 Cisco Packet Tracer 模拟器. 北京：科学出版社，2011.
[7] 范兴娟，等. 交换技术. 北京：北京邮电大学出版社，2012.
[8] 范兴娟，等. 程控交换与软交换技术. 北京：北京邮电大学出版社，2011.
[9] 杨彦彬. 数据通信技术. 北京：北京邮电大学出版社，2009.
[10] 李文海. 数据通信与网络. 北京：电子工业出版社，2008.
[11] 杨心强，等. 数据通信与计算机网络. 北京：电子工业出版社，2007.
[12] 周昕. 数据通信与网络技术. 北京：清华大学出版社，2004.
[13] 田庚林. 计算机网络技术基础. 北京：清华大学出版社，2009.
[14] 谢希仁. 计算机网络教程（第二版）. 北京：人民邮电出版社，2006.
[15] [美]Terry Ogletree.网络技术金典. 北京：电子工业出版社，2000.
[16] 达新宇，等. 数据通信原理与技术（第二版）. 北京：电子工业出版社，2010.
[17] 张辉，等. 数据通信与网络. 北京：人民邮电出版社，2007.
[18] 樊昌信，等. 通信原理（第 5 版）. 北京：国防工业出版社，2009.
[19] 陶智勇，等. 综合宽带接入技术. 北京：北京邮电大学出版社，2005.